식생활과 건강

한정아 • 박희정 • 김범식 • 배윤정 • 백진경

창지사

머리말

식생활은 식문화, 식습관, 식품의 선택 및 소비 등 식품의 섭취와 관련된 포괄적인 의미이며, 건강, 노화, 일상생활, 환경 등과 밀접한 연관성이 있습니다. 최근 식품산업이 첨단화되고, 과도한 식품정보가 지속적으로 생산되어 소비자들에게 노출되고 있기 때문에 식품의 현명한 선택이 더욱 중요해지고 있습니다. 본 교재는 영양, 식품, 건강정보, 만성질환 부분을 폭넓게 다루고자 하였고, 식생활과 건강에 관한 심층적인 정보를 제공하여 건강하고 지속 가능한 식습관을 형성하고 유지하는 데 도움을 주고자 마련되었습니다.

영양 부분에서는 영양소의 기본 요소부터 출발하여, 다양한 연령층에 맞는 식사구성을 준비할 수 있는 실용적인 가이드를 제공하여, 본인에게 맞는 식사구성을 할 수 있도록 하였습니다. 또한 가공식품 중 위해가능영양소를 파악하여 건강한 식품 선택에 도움을 줄 수 있도록 하였습니다. 식습관이 건강에 미치는 다양한 영향을 자세히 살펴보고, 다양한 식품 선택과 식단 다양성이 어떻게 건강에 긍정적인 영향을 미칠 수 있는지에 대해 탐구합니다.

식품 부분에서는 식중독을 포함한 식품위생뿐 아니라 식품안전정보에서 최근 이슈가 되고 있는 내분비계장애물질 및 식품첨가물에 대한 내용을 포함하였습니다. 더불어, 가공식품의 식품 표시에 대한 자세한 설명으로 일상생활에서의 실천력을 높이고자 하였습니다. 특별히 식품선택에 있어 정보 분석이 중요한 건강기능식품에 대한 이해도를 높여, 현명한 선택에 도움을 주고자 하였습니다.

건강정보 부분에는 운동, 음주, 흡연, 카페인 등의 정보를 기재하고, 이로 인해 발생할 수 있는 영양 및 건강문제를 살펴보고, 올바른 습관을 유지할 수 있는 실천 가능한 방법을 모색해 보고자 하였습니다.

만성질환 부분에서는 식생활에 의해 영향을 받는, 2030세대부터 특히 고려되어야 하는 질병을 중심으로 기술하였습니다. 건강체중은 20대에서 중요한 개념으로 자리 잡아야 하며, 골다공증 역시 20대부터 준비해야 하는 질병 카테고리입니다. 2030세대에서는 소화기계 관련 유병률이 높아 식도위질환 및 장질환에 대한 이해도를 높일 수 있도록 관련 내용을 포함하였고, 식품 알레르기의 이해도를 높이고자 하였습니다.

건강한 식습관 및 올바른 식생활을 유지하는 것은 본인의 건강을 유지하는 데 도움을 주고, 일상생활에서의 스트레스 관리, 정서적 안정감을 제공할 수 있습니다. 더불어, 만성질병 예방에 기여할 뿐만 아니라, 에너지와 삶의 질을 향상시킬 수 있는 중요한 역할을 합니다. 이에 본 교재를 학습한 후, 건강한 식생활 형성에 도움이 되고, 올바른 식생활을 지속적으로 유지할 수 있기를 기대합니다.

이 책이 출판되기까지 수고를 아끼지 않고 지원해 주신 창지사 김기섭 사장님 이하 편집부에 감사의 말씀을 드리고, 독자들의 많은 활용을 부탁드립니다.

2024년 2월

저자 일동

차 례

제1장

식생활이란?

1. 식생활 정의

식생활이란 '성장과 건강을 위한 영양소 섭취, 식욕과 기호 충족으로 삶의 즐거움 제공, 공동체 삶을 위한 사회화 지원 등'을 말하며, 인간 생활의 가장 기본 요소이다. 우리나라 「국민영양관리법」(보건복지부, 2015)에서는 '식생활이란 식문화, 식습관, 식품의 선택 및 소비 등 식품의 섭취와 관련된 모든 양식화된 행위'라고 정의한다.

평생 어떤 음식을 먹는지에 따라 성장 정도, 건강, 그리고 그에 따른 삶의 질에 차이가 있다. 그렇기에 우리 삶에서의 식생활의 중요성을 인지하고 그에 대한 지식을 통해 실천하는 것은 건강하고 만족도가 높은 삶을 살기 위한 필수 조건이라 할 수 있다.

식생활 관리는 단순히 식사를 통한 에너지 공급으로 생명 유지 단계를 넘어 개인과 사회 간의 상호 관련성을 깊이 인식하여 영양적으로 균형 잡힌 식사, 개인의 기호와 식습관을 충족시키는 식사, 경제적이고 합리적인 식사, 위생적이고 안전한 식사, 시간과 에너지 소비가 조화되어 능률적인 식사 계획, 환경친화적인 식생활 관리에 그 목표가 있다.

- 영양 면: 영양적으로 균형 잡힌 식사를 계획하여 구성원들의 건강을 유지하는 것으로, 다양한 식품을 적절한 양으로 섭취하여 영양적으로 균형 잡힌 식사가 이루어지도록 하는 것
- 기호 면: 영양적으로 우수할 뿐 아니라 개인 기호와 식습관을 만족시킬 수 있는 식사를 계획하고 제공하는 것으로, 식품기호에 영향을 미치는 요인은 음식의 색, 향미, 맛, 질감 등 다양하므로 이를 고려하여 식단을 계획하는 것
- 경제 면: 소득 수준에 따라 식비 예산을 세우고 주어진 예산 범위 내에서 합리적 소비를 관리하여 우수한 식사를 계획하는 것으로, 식비의 내용은 주식, 부식, 기호식품, 외식으로 나누어 예산에 맞게 계획하는 것

- 위생 면: 가정 식사나 외식에 의한 식중독이 발생하지 않도록 식생활을 관리하는 것
- 능률 면: 식단 계획, 식품 구매, 식사 준비 및 후처리, 시설 및 설비 관리 등에 소요되는 시간과 에너지 절약을 고려하여 능률적 관리하는 것
- 환경친화 면: 식품의 생산부터 소비까지의 전 과정에서 환경친화적 식생활 방식을 실천하여 음식물 폐기물 발생 감소 및 재활용을 관리하는 것

2. 건강과의 관계

1) 건강

세계보건기구(WHO)는 건강을 “단지 질병이 없거나 허약하지 않다는 것만이 아니라 신체적 · 정신적 · 사회적으로 완전하게 안녕한 상태”라고 정의한다. 건강에 영향을 미치는 요인에는 생물학적 요인(유전, 성, 연령, 인종 등), 환경적 요인(생활환경, 진료시설, 의료체계 등), 생활습관 요인(식생활, 신체활동, 음주, 흡연 등) 등이 있다. 이들 중 생활습관 요인은 현대인의 주요 질환과 관련이 높은 것으로 나타난다.

2) 식생활 문제와 건강

오늘날에는 경제수준의 향상과 식품산업의 발달로 일부 영양소의 섭취 과다 또는 일부 영양소의 섭취 부족에 따른 건강상의 문제가 야기되고 있다. 현재 한국인의 영양문제는 영양과잉과 영양결핍이 공존하는 영양불균형의 복잡한 양상을 보이고 있다.

표 1-1 최근 한국인 주요 사망원인 질환과 식생활 위험 요인

주요 사망원인 질환	식생활위험요인	
	섭취 과다	섭취 부족
암 (폐암, 간암, 대장암, 위암 등)	에너지, 지질, 나트륨, 알코올	식이섬유, 비타민, 칼슘 등 무기질
순환기계 질환 (심뇌혈관질환 등)	에너지, 당류, 지질, 나트륨, 알코올	식이섬유, 비타민, 칼슘 등 무기질
내분비, 영양 및 대사질환 (당뇨병 등)	에너지, 당류, 지질	식이섬유

출처: 2019년 사망원인통계연보. 통계청(2020).

사망원인 상위 10순위는 악성신생물(암), 심장질환, 폐렴, 뇌혈관질환, 고의적 자해(자살), 당뇨병, 알츠하이머병, 간질환, 패혈증, 고혈압성 질환이며, 이러한 10대 사인은 전체 사망원인의 66.0 %를 차지한다.

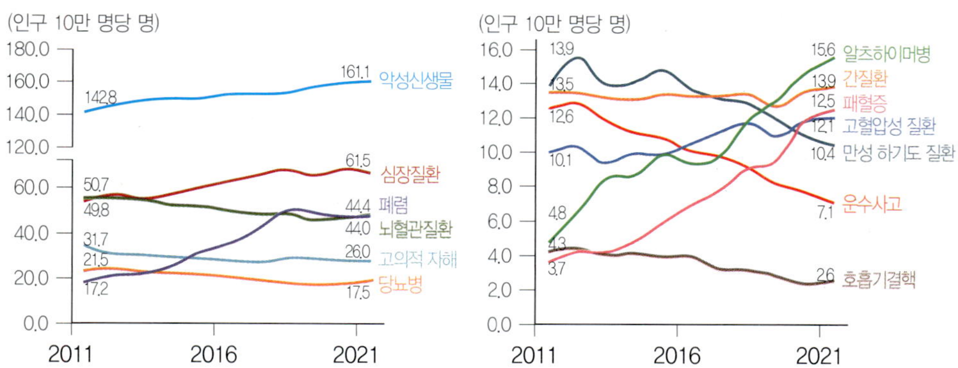

그림 1-1 2011~2021년 주요 사망원인별 사망률 추이

3. 섭취 실태

1) 한국인의 식품군별 섭취 실태

총 식품 섭취량은 2021년 1,463.9 g으로 2020년 1,463.9 g과 유사하다. 음료류 및

육류 섭취량의 경우 지속적인 증가 추세였으나 2021년에는 2020년에 비해 다소 감소하였다.

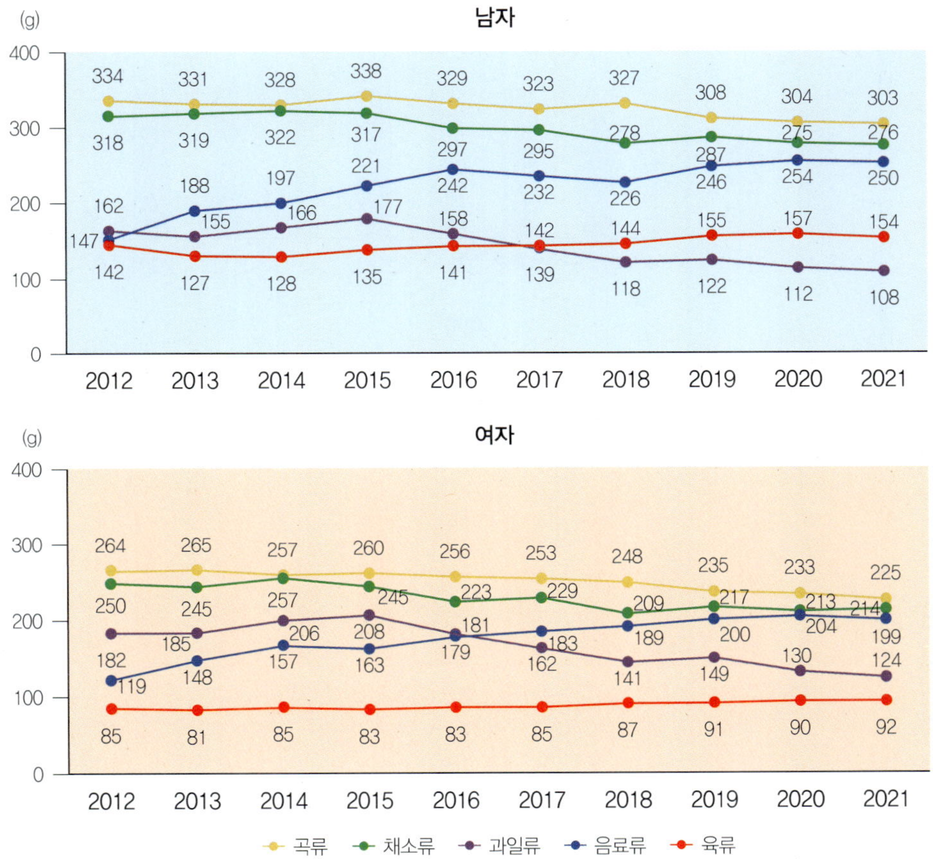

※ 식품군별 섭취량: 1인 1일당 식품군별 섭취량의 평균, 만 1세 이상
※ 채소류, 육류 섭취량: 2013년 이후 자료는 육수 외 섭취량으로 산출
※ 2005년 추계인구로 연령표준화

그림 1-2 식품군별 섭취량 추이

2) 한국인의 영양 섭취 실태

에너지 섭취량은 2021년 1,859.0 kcal로, 2020년 1,900.2 kcal에 비해 41.2 kcal 감소하여 최근 10년간 가장 낮은 수준이었다. 에너지 섭취량은 남자 2,128.9 kcal, 여자 1,576.2 kcal였다. 에너지 필요추정량과 비교했을 때 남자는 93.9 %, 여자는 85.8 %였다.

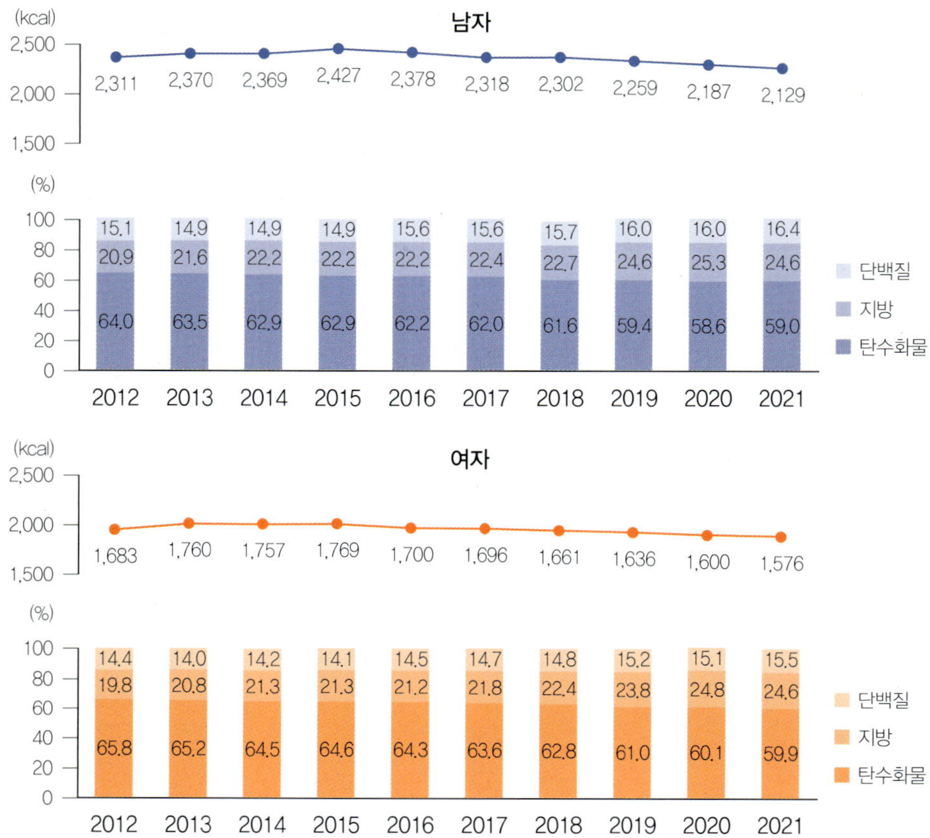

※ 에너지 섭취량: 1인 1일당 에너지 섭취량의 평균, 만 1세 이상
※ 급원별 에너지 섭취분율: (단백질 섭취량) × 4 + (지방 섭취량) × 9 + (탄수화물 섭취량) × 4에 대한 (단백질 섭취량) × 4 또는 (지방 섭취량) × 9(탄수화물 섭취량) × 4의 분율, 만 1세 이상
※ 2005년 추계인구로 연령표준화

그림 1-3 에너지 섭취량 및 급원별 에너지 섭취분율 추이

지방 섭취량은 2021년 51.1 g으로 2020년에 비해 2.2 g 감소하였으며, 에너지 섭취량 중 지방의 에너지 섭취분율 또한 24.6%로 2020년에 비해 0.5%p 감소하였다. 콜레스테롤 섭취량도 2021년 263.6 mg으로 2020년에 비해 2.8 mg 감소하였으며, 탄수화물 섭취량도 260.0 g 으로 2020년에 비해 2.7 g 감소하였다. 나트륨 섭취량은 3,038.0 mg으로 2015년 이후 지속적인 감소 추세를 보이고 있다.

표 1-2 2012~2021년 영양소별 1일 섭취량(표준화): 성별, 만 1세 이상

구분	2012	2013	2014	2015	2016	2017	2018	2019	2020	2021
	평균(표준오차)	평균(표준오차)	평균(표준오차)	평균(표준오차)	평균(표준오차)	평균(표준오차)	평균(표준오차)	평균(표준오차)	평균(표준오차)	평균(표준오차)
전체	(n=7,208)	(n=7,242)	(n=6,801)	(n=6,628)	(n=7,040)	(n=7,167)	(n=7,064)	(n=7,147)	(n=5,808)	(n=5,940)
에너지(kcal)	2,000.5 (19.1)	2,069.4 (16.8)	2,067.6 (14.8)	2,103.5 (17.6)	2,045.5 (18.0)	2,013.6 (21.7)	1,987.7 (17.7)	1,954.0 (16.7)	1,900.2 (17.6)	1,859.0 (18.0)
단백질(g)	72.9 (0.8)	71.9 (0.8)	72.4 (0.7)	74.1 (0.9)	74.1 (0.8)	73.0 (1.0)	72.4 (0.8)	73.3 (0.8)	71.5 (0.8)	71.8 (0.8)
지방(g)	46.7 (0.7)	48.7 (0.7)	49.7 (0.6)	51.2 (0.7)	49.4 (0.7)	49.4 (0.9)	49.5 (0.7)	52.7 (0.7)	53.3 (0.8)	51.1 (0.7)
포화지방산(g)	--	14.8 (0.2)	14.8 (0.2)	15.4 (0.2)	16.5 (0.3)	16.5 (0.3)	16.6 (0.3)	17.4 (0.2)	17.5 (0.3)	16.7 (0.2)
단일 불포화지방산(g)	--	15.5 (0.3)	15.9 (0.2)	16.4 (0.2)	15.7 (0.3)	15.6 (0.4)	16.4 (0.3)	17.2 (0.3)	17.9 (0.3)	16.8 (0.3)
다가 불포화지방산(g)	--	11.5 (0.2)	11.9 (0.2)	12.1 (0.2)	12.2 (0.2)	12.2 (0.2)	12.1 (0.2)	12.6 (0.2)	12.6 (0.2)	12.4 (0.2)
n-3 지방산(g)	--	1.6 (0.0)	1.6 (0.0)	1.7 (0.0)	1.8 (0.0)	1.8 (0.0)	1.8 (0.0)	1.7 (0.0)	1.7 (0.0)	1.8 (0.0)
n-6 지방산(g)	--	10.0 (0.2)	10.4 (0.2)	10.6 (0.2)	10.4 (0.1)	10.4 (0.2)	10.3 (0.1)	10.8 (0.1)	10.8 (0.2)	10.6 (0.2)
콜레스테롤(mg)	--	263.7 (4.5)	265.4 (4.3)	285.6 (5.4)	266.4 (4.3)	248.8 (5.0)	260.4 (4.3)	272.9 (3.6)	266.4 (4.2)	263.6 (4.3)
탄수화물(g)	309.5 (2.7)	308.6 (2.3)	306.6 (2.3)	310.7 (2.5)	299.6 (2.4)	293.0 (2.8)	287.9 (2.3)	273.5 (2.2)	262.7 (2.1)	260.0 (2.5)
식이섬유(g)	--	21.4 (0.2)	22.2 (0.2)	21.9 (0.2)	23.6 (0.3)	22.9 (0.3)	21.9 (0.2)	23.5 (0.2)	22.9 (0.2)	22.8 (0.3)
당(g)	--	--	--	--	67.9 (0.9)	64.8 (1.0)	60.2 (0.9)	62.6 (0.9)	58.7 (0.9)	58.4 (0.9)
칼슘(mg)	503.2 (8.0)	498.5 (6.9)	490.2 (5.1)	499.4 (5.9)	519.7 (6.2)	522.6 (6.3)	516.2 (6.3)	489.1 (4.4)	477.8 (5.7)	484.1 (7.1)
인(mg)	1,159.4 (11.8)	1,085.5 (11.9)	1,087.9 (8.6)	1,096.9 (10.9)	1,083.7 (9.8)	1,073.1 (11.9)	1,050.8 (9.5)	1,061.8 (9.1)	1,032.0 (9.5)	1,041.9 (10.7)
나트륨(mg)	4,549.4 (65.5)	3,847.8 (44.2)	3,744.2 (40.8)	3,874.2 (55.5)	3,337.6 (41.9)	3,330.6 (39.3)	3,255.0 (37.4)	3,236.6 (33.5)	3,124.0 (38.3)	3,038.0 (36.5)
칼륨(mg)	2,893.2 (37.6)	2,874.7 (27.8)	2,932.4 (28.1)	2,936.8 (31.5)	2,757.6 (27.6)	2,715.4 (27.8)	2,572.5 (23.1)	2,617.6 (26.2)	2,512.4 (24.4)	2,529.1 (26.8)
마그네슘(mg)	--	--	--	--	308.4 (3.1)	303.2 (3.1)	295.0 (2.5)	288.2 (2.5)	276.8 (2.5)	282.7 (2.9)
철(mg)	14.3 (0.2)	16.9 (0.3)	16.9 (0.4)	16.7 (0.2)	11.8 (0.1)	11.7 (0.2)	11.4 (0.1)	9.3 (0.1)	9.2 (0.1)	9.5 (0.2)
아연(mg)	--	--	--	--	10.5 (0.1)	10.5 (0.1)	10.3 (0.1)	10.2 (0.1)	10.0 (0.1)	10.0 (0.1)
비타민 A(μg RE)	856.8 (30.8)	707.0 (14.7)	762.4 (22.0)	717.0 (16.1)	--	--	--	--	--	--
비타민 A(μg RAE)	--	--	--	--	391.3 (10.0)	377.5 (7.0)	374.6 (7.3)	381.6 (5.5)	384.8 (9.1)	395.7 (7.2)
비타민 D(μg)	--	--	--	--	3.3 (0.1)	3.3 (0.1)	3.2 (0.1)	3.0 (0.1)	2.8 (0.1)	2.9 (0.1)
비타민 E(mg α-TE)	--	--	--	--	6.6 (0.1)	6.6 (0.1)	6.5 (0.1)	7.0 (0.1)	6.8 (0.1)	6.9 (0.1)
티아민(μg)	1,367.6 (17.4)	2,007.6 (18.8)	2,012.2 (19.0)	2,017.0 (20.5)	1,371.0 (14.3)	1,335.0 (19.4)	1,333.3 (14.0)	1,195.2 (15.1)	1,155.1 (17.1)	1,160.9 (15.0)
리보플라빈(μg)	1,299.1 (17.4)	1,384.6 (14.4)	1,405.1 (15.0)	1,428.0 (16.9)	1,617.5 (18.7)	1,615.7 (21.3)	1,639.6 (20.7)	1,622.0 (15.9)	1,621.2 (18.4)	1,613.1 (19.8)
나이아신(mg)	16.9 (0.2)	15.8 (0.2)	16.5 (0.2)	16.6 (0.2)	13.6 (0.1)	13.6 (0.2)	13.2 (0.1)	12.6 (0.1)	12.3 (0.2)	12.8 (0.2)
엽산(μg DFE)	--	--	--	--	307.2 (3.1)	301.1 (3.5)	292.5 (2.8)	291.3 (2.9)	278.6 (2.7)	285.8 (3.6)
비타민 C(mg)	104.2 (2.4)	89.0 (2.3)	95.3 (2.5)	93.7 (2.8)	61.3 (1.4)	62.2 (1.5)	60.6 (1.4)	66.6 (1.6)	59.8 (1.8)	66.6 (2.8)
급원별 에너지섭취 분율(%) 단백질	14.7 (0.1)	14.5 (0.1)	14.6 (0.1)	14.5 (0.1)	15.1 (0.1)	15.1 (0.1)	15.2 (0.1)	15.6 (0.1)	15.6 (0.1)	15.9 (0.1)
급원별 에너지섭취 분율(%) 지방	20.4 (0.2)	21.2 (0.2)	21.8 (0.2)	21.8 (0.2)	21.7 (0.1)	22.1 (0.2)	22.6 (0.2)	24.2 (0.2)	25.1 (0.2)	24.6 (0.2)
급원별 에너지섭취 분율(%) 탄수화물	64.9 (0.2)	64.3 (0.2)	63.7 (0.2)	63.7 (0.2)	63.2 (0.2)	62.8 (0.2)	62.2 (0.2)	60.2 (0.2)	59.4 (0.2)	59.4 (0.2)

1) 2005년 추계인구로 연령표준화

2) 비타민 A는 2015년까지 레티놀 당량(Retinol Equivalents, RE)으로 산출해 왔으나, 영양소 섭취기준이 레티놀 활성 당량(Retinol Activity Equivalents, RAE)으로 변경됨에 따라 2016년부터 레티놀 활성 당량으로 산출

3) 급원별 에너지 섭취분율: {(단백질 섭취량) × 4 + (지방 섭취량) × 9 + (탄수화물 섭취량) × 4}에 대한 {(단백질 섭취량) × 4} 또는 {(지방 섭취량) × 9}, {(탄수화물 섭취량) × 4}의 분율

3) 한국인의 식습관 실태

아침식사 결식률은 2021년 남자 31.4 %, 여자 32.0 %로, 2020년 남자 35.8 %, 여자 33.2 %에 비해 감소하였고, 특히 2020년에 결식률이 증가했던 12~18세에서 11.7 % 감소하였다.

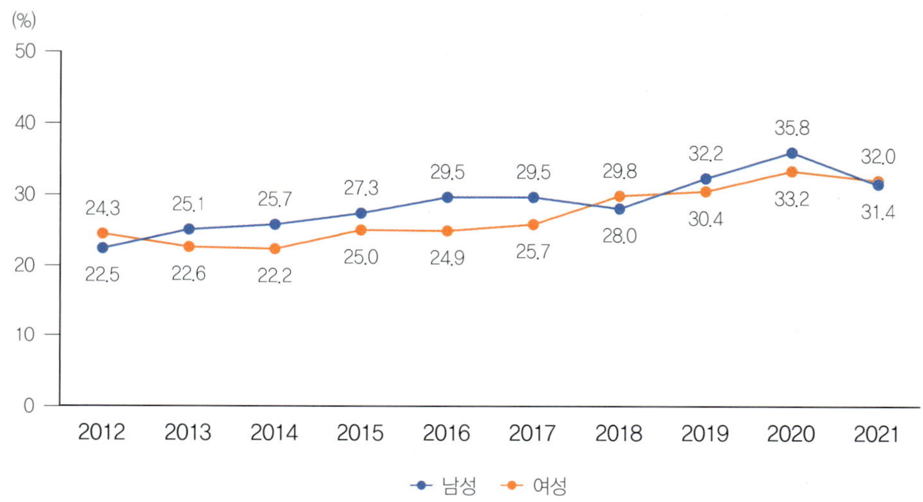

※ 아침식사 결식률: 조사 1일 전 아침식사를 결식한 분율. 만 1세 이상
※ 2005년 추계인구로 연령표준화

그림 1-4 아침식사 결식률 추이

하루 1회 이상 외식을 하는 분율은 2021년 25.5 %로, 2020년에 비해 2.5 % 감소하였다.

최근 1년간 2주 이상 식이보충제 복용한 분율은 2021년 66.9%로, 2020년에 비해 5.2 % 증가하였다.

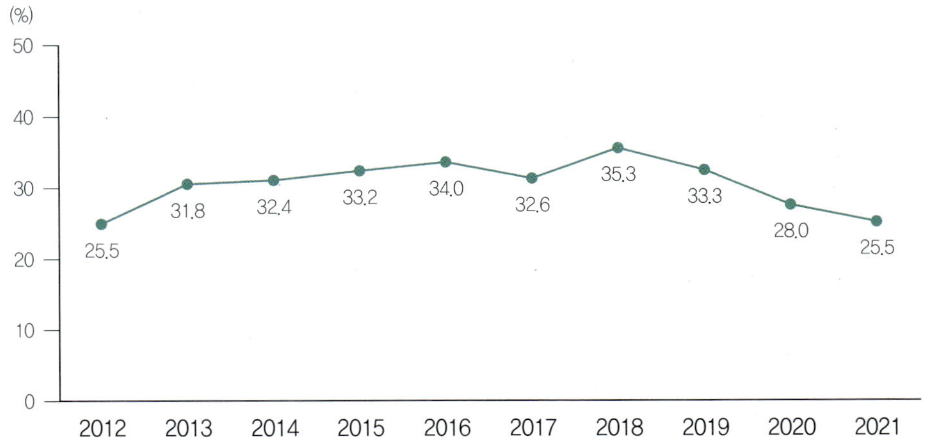

※ 하루 1회 이상 외식률: 외식 빈도가 하루 1회 이상인 분율. 성별, 만 1세 이상
※ 2005년 추계인구로 연령표준화

그림 1-5 2012~2021년 하루 1회 이상 외식률

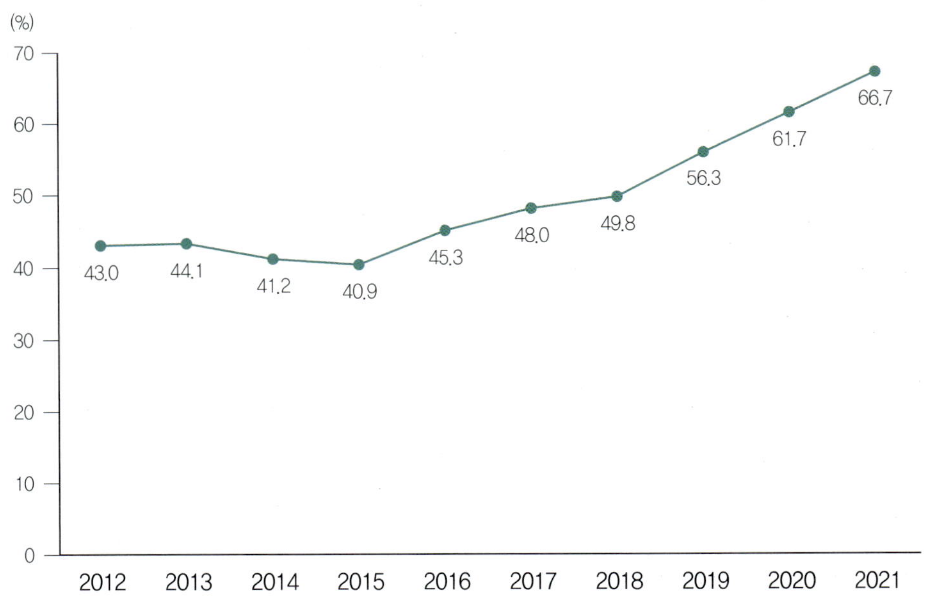

※ 식이보충제 복용률: 최근 1년 동안 2주 이상 지속적으로 식이보충제를 복용한 분율. 성별, 만 1세 이상
※ 2005년 추계인구로 연령표준화

그림 1-6 2012~2021년 식이보충제 복용 경험률

4. 건강한 식생활

건강한 식생활을 하려면 매끼 건강한 식사를 해야 하며, 좋은 식습관을 실천해야 한다.

1) 건강한 식사

다양한 식품(다양성)을 적당한 양(적당량)으로 섭취하여 영양균형(균형)을 이루는 식사를 말한다.

- 다양성: 다양한 식품군뿐만 아니라, 동일 식품군 내에서도 다양한 식품으로 구성하는 것
- 적당한 양: 건강체중을 유지하고 신체 대사 과정이 정상적으로 이루어지도록 적당한 양을 섭취하는 것
- 균형: 신체 성장과 건강에 필요한 모든 영양소가 균형 있게 구성하는 것

2) 좋은 식습관

'식사를 거르지 않고 제때에, 편식하지 않고 골고루, 과식하지 않고 알맞게, 싱겁게 그리고 즐겁게' 하는 것이다.

- 제때에: 식사를 거르거나 제시간에 먹지 않으면 간식 섭취가 많아지거나 과식을 하게 되어 건강에 안 좋은 영향을 미친다.
- 골고루: 신체가 필요로 하는 영양소를 모두 섭취하려면 다양한 식품을 골고루 먹어야 한다. 편식을 하면 특정 영양소만 섭취하게 되고 다른 영양소는 섭취할 수 없어 영양불균형 상태가 된다.
- 알맞게: 영양소 섭취가 부족하면 결핍증이 나타나며, 섭취가 과하면 과잉증이 나타난다.

- 싱겁게: 짜게 먹으면 고혈압, 심혈관계 질환, 비만의 원인이 되므로 싱겁게 먹어야 한다.
- 즐겁게: 여럿이 즐겁게 식사를 하면 식욕이 좋아져 맛있게 먹을 수 있다.

3) 한국인을 위한 식생활 지침

식생활 지침은 건강한 식생활을 위해 일반 대중이 쉽게 이해할 수 있고 일상생활에서 실천할 수 있도록 제시하는 권장 수칙이다.

2016년 4월 보건복지부에서 농림축산식품부, 식품의약품안전청과 공동으로 정부부처에 분산되어 있는 식생활 지침을 종합하여, 국민의 바람직한 식생활을 위한 기본적인 9가지 수칙을 제시하였다. 보건복지부 · 농림축산식품부 · 식품의약품안전처는 2021년 4월에 공동으로 국민의 건강하고 균형 잡힌 식생활 수칙을 제시하는 한국인을 위한 식생활 지침을 새로이 발표하였다. 이는 「국민영양관리법」에 근거하여 2016년 '국민 공통 식생활 지침'을 발표한 이후 5년 만에 마련되었다.

이번 식생활 지침에서는 일부 변화된 점이 있다. '쌀 · 잡곡, 채소, 과일 등 다양한 식품을 섭취하자.'는 '신선한 채소, 과일을 곡류와 함께 섭취'로 변경되었고, '가족과 함께하는 식사 횟수를 늘리자.' 대신 코로나19 팬데믹 상황을 감안해 위생을 강조하기 위하여 '음식을 먹을 땐 각자 덜어 먹기를 실천하자.'가 포함되었다. 이외에도 '과식을 피하고 활동량을 늘리자.'에서 '과식을 피하고 활동량을 늘려 건강체중을 유지하자.'로 바뀌었다.

한국인을 위한 식생활 지침의 구체적인 내용은 다음과 같다.

① 매일 신선한 채소, 과일과 함께 곡류, 고기 · 생선 · 달걀 · 콩류, 우유 · 유제품을 균형 있게 먹자.

② 덜 짜게, 덜 달게, 덜 기름지게 먹자.

③ 물을 충분히 마시자.

④ 과식을 피하고, 활동량을 늘려서 건강체중을 유지하자.

⑤ 아침식사를 꼭 하자.

⑥ 음식은 위생적으로, 필요한 만큼만 마련하자.

⑦ 음식을 먹을 땐 각자 덜어 먹기를 실천하자.

⑧ 술은 절제하자.

⑨ 우리 지역 식재료와 환경을 생각하는 식생활을 즐기자.

우리나라 국민의 과일 · 채소 섭취는 감소하는 추세이고, 나트륨 과잉 섭취와 어린이의 당류 과다 섭취의 문제는 지속되고 있어 만성질환의 효율적인 예방을 위한 영양 · 식생활 개선이 필요하다.

식품 및 영양 섭취 관련 지침

1. 매일 신선한 채소, 과일과 함께 곡류, 고기 · 생선 · 달걀 · 콩류, 우유 · 유제품을 균형 있게 먹자.
2. 덜 짜게, 덜 달게, 덜 기름지게 먹자.
3. 물을 충분히 마시자.

- 만성질환 예방관리를 위한 과일 · 채소의 권고 섭취기준인 1일 500 g 이상을 섭취하는 인구 비율은 2015년 이후 감소하는 추세(2015년 40.5 % → 2017년 34.4 % → 2019년 31.3 %)이다. 특히, 20대의 과일 및 채소 1일 500 g 이상 섭취자 분율은 16.6 %(2019 국민건강통계)로, 젊은 성인의 과일 · 채소류 섭취량이 부족한 상황이다.
- 2020 한국인 영양소 섭취기준에 따르면 19~64세 성인의 '나트륨 만성질환 위험감소섭취량'을 2,300 mg/일로 제시하였다. 한국인의 평균 나트륨 섭취량은 3,289 mg/일(2019년 기준)으로 '만성질환 위험 감소를 위한 섭취량'에 비해 매우 높은 수준이다. 당류의 경우 유아 · 청소년의 첨가당(식품의 제조과정 · 조리 시에 첨가되는 꿀, 시럽, 설탕, 물엿 등) 섭취량이 세계보건기구

(WHO) 권고기준을 초과(어린이 1일 섭취 열량 대비 첨가당 섭취율: 2018년 10.3 %, WHO 권고기준: 10 %)하고 있어 지속적인 관리가 필요하다.

- 한국영양학회에 따르면 물 충분 섭취자 비율은 2015년 42.7 %에서 2018년 39.6 %로 감소하였다.

우리나라 성인 비만율과 아동 · 청소년 비만율은 꾸준히 증가 추세이며, 2019년 성인 남성 10명 중 4명은 비만[2019년 성인 남성 비만 유병률(체질량지수 25 kg/m^2 이상): 41.8 %(질병관리청, 2020)]으로 나타난다. 그에 비해 유산소 신체활동 실천율, 아침식사 결식율, 고위험음주율 등은 개선되고 있지 않아 이에 대한 꾸준한 관리가 필요한 상황이다.

식생활 습관 관련 지침

4. 과식을 피하고, 활동량을 늘려서 건강체중을 유지하자.
5. 아침식사를 꼭 하자.
8. 술은 절제하자.

표 1-3 꾸준한 관리가 필요한 주요 항목

항목	현황
성인 비만 유병률	2014년 30.9 % → 2019년 33.8 % (질병관리청, 2020)
아동 · 청소년 비만율	2015년 11.9 % → 2019년 15.1 % (교육부, 2020)
유산소 신체활동 실천율	2014년 58.3 % → 2019년 47.8 % (질병관리청, 2020)
아침식사 결식률	2014년 24.1 % → 2019년 31.3 % (질병관리청, 2020)
고위험음주율	2014년 13.5 % → 2019년 12.6 % (질병관리청, 2020)

우리나라 음식물류 폐기물 배출량은 증가 추세[음식물류 폐기물 배출량(톤/일): 2013년 12,501 → 2019년 14,314(환경부, 2020)]이며, 코로나19로 인해 위생적인 식습관 문화 정착의 필요성이 더욱 커진 상황이다.

식생활문화 관련 지침

6. 음식은 위생적으로, 필요한 만큼만 마련하자.
7. 음식을 먹을 땐 각자 덜어 먹기를 실천하자.
9. 우리 지역 식재료와 환경을 생각하는 식생활을 즐기자.

- 정부는 '식사문화 개선 추진 방안'을 수립하여 식사문화 인식 전환을 도모하고 있다. 농식품부 · 식약처는 음식 덜어 먹기 확산을 위한 '덜어요' 캠페인을 실시 중이며, 식약처는 남은 음식 싸 주기 등 음식물쓰레기 줄이기 운동을 음식문화개선사업의 일환으로 추진하고 있다.
- 이와 더불어 지역에서 생산된 농산물(로컬푸드)을 기반으로 하는 지역 푸드 플랜을 통해 지역경제 활성화와 함께 신선한 먹거리 제공, 푸드 마일리지(먹거리가 생산자 손을 떠나 소비자 식탁에 오르기까지의 이동거리) 감소 등 환경 보호를 추구하고 있다.

한국인을 위한 9가지 식생활 지침

단원정리

■ 식생활의 정의

식생활이란 '성장과 건강을 위한 영양소 섭취, 식욕과 기호 충족으로 삶의 즐거움 제공, 공동체 삶을 위한 사회화 지원 등'을 말하며, 인간 생활의 가장 기본 요소이다. 넓은 의미에서 식생활이란 우리나라 「국민영양관리법」(보건복지부, 2015)의 정의와 같이 "식문화, 식습관, 식품의 선택 및 소비 등 식품의 섭취와 관련된 모든 양식화된 행위"라고 말할 수 있다.

■ 건강의 정의

세계보건기구(WHO)는 건강을 "단지 질병이 없거나 허약하지 않다는 것만이 아니라 신체적 · 정신적 · 사회적으로 완전하게 안녕한 상태"라고 정의한다.

■ 영양 섭취 실태

경제수준의 향상과 식품산업의 발달로 일부 영양소의 섭취 과다 또는 섭취 부족에 따른 영양불균형이 나타나고 있다. 현재 한국인의 영양 문제는 영양불균형과 영양결핍이 공존하는 매우 복잡한 양상을 보인다.

■ 건강한 식사

다양한 식품(다양성)을 적당한 양(적당량)으로 섭취하여 영양균형(균형)을 이루는 식사를 말한다.

■ 좋은 식습관

'식사를 거르지 않고 제때에, 편식하지 않고 골고루, 과식하지 않고 알맞게, 싱겁게 그리고 즐겁게' 하는 것이다.

제2장

식품과 영양소

1. 영양소

체내에 필요한 영양소는 탄수화물, 지질, 단백질, 비타민, 무기질, 수분이 포함되며, 에너지를 공급하거나 근육, 장기, 뼈, 혈액 등을 구성하는 신체 구성 요소이거나 소화, 흡수, 대사, 배설, 생식 등 생리 기능을 조절할 수 있다.

표 2-1 영양소의 종류와 기능

영양소	체내 기능	영양소	체내 기능
탄수화물	에너지 공급	비타민	생리 기능 조절
지질	에너지 공급, 신체 구성	무기질	신체 구성, 생리 기능 조절
단백질	에너지 공급, 신체 구성, 생리 기능 조절	수분	신체 구성, 생리 기능 조절

2. 탄수화물

탄수화물(carbohydrate)은 체내에서 에너지를 생성하는 영양소이다. 쌀, 보리, 밀, 옥수수, 감자 등의 식물성 식품을 구성하는 성분 대부분을 차지한다. 탄수화물은 소화가 쉽고 체내에서 독성을 생성하는 일이 거의 없어 세계적으로 주식으로 활용되고 있다.

쌀 국수 감자 빵

그림 2-1 탄수화물 식품

1) 탄수화물의 종류

(1) 단당류

단당류는 탄수화물의 기본단위이다. 식품에 가장 흔하게 함유된 당은 육탄당이며, 소화 과정을 거치지 않고 바로 흡수되어 에너지원으로 사용된다. 더 이상 소화될 수 없는 가장 간단한 탄수화물로서 포도당, 과당, 갈락토오스 등이 있다.

① 포도당(glucose)

자연계에 가장 많이 존재하는 단당류이다. 과일, 채소, 꿀 등에 다량 함유되어 있으며, 체내 혈액 중에 약 0.1 % 함유되어 있다. 포도당은 가장 빠르고 효율적으로 에너지 공급이 가능하다.

② 과당(fructose)

천연당 중 단맛이 가장 강하여 감미료로 많이 이용된다. 잘 익은 과일의 과즙, 꿀, 고과당 옥수수 시럽 등에 많이 함유되어 있다.

③ 갈락토오스(galactose)

자연계에서는 유리형으로는 거의 존재하지 않으며, 포도당과 결합된 유당의 형태로 존재한다. 영유아의 뇌 발달에 필수적인 영양소이며, 포유동물의 유즙에 함유된 단당류이다.

(2) 이당류

이당류는 두 개의 단당류가 글리코시드(glycosidic) 결합으로 결합된 것으로 맥아당, 서당, 유당 등이 있다.

① 맥아당(maltose)

식물의 싹이나 식혜, 맥주 등에 함유되어 있다. 가수분해 시 두 분자의 포도당이 생성된다.

② 서당(sucrose)

자당이나 설탕이라고도 한다. 천연에는 벌꿀, 과즙, 단풍당밀시럽 등에 함유되어 있다. 수크라아제(sucrase)에 의해 쉽게 포도당과 과당으로 가수분해된다.

③ 유당(lactose)

포유동물의 유즙에 함유되어 있는 포도당과 갈락토오스가 결합된 이당류이다. 영유아의 뇌 발달에 필수적인 갈락토오스를 제공하고 칼슘의 흡수를 증진시킨다. 유당분해효소인 락타아제가 부족하여 우유 및 유제품 섭취 시 소장에서 유당이 포도당과 갈락토오스로 분해되지 못해 흡수되지 못하는 것을 유당불내증(lactose intolerance)이라고 한다. 유당불내증 시 대장으로 내려간 유당은 박테리아에 의해 산과 가스를 생성하므로 배 속에 가스가 차고 복통, 설사 등의 증세가 나타난다.

(3) 올리고당류

올리고당은 3~10개의 단당류로 구성되어 있으며, 체내에서 소화효소가 없으므로 단당류로 분해되지 않으며, 대장에서 박테리아에 의해 분해된다. 저칼로리 감미료로 단맛을 가지면서 혈당을 빠르게 올리지 않아 혈당 조절을 위한 설탕 대용으로 이용되기도 한다. 장내 유익균의 성장을 돕고 혈중 지방과 콜레스테롤 함량은 낮추며, 충치를 예방하는 등 건강에 이로운 기능을 하여 '기능성 올리고당'이라고 부르기도 하며, 상업적으로 대량생산되기도 한다. 상업적으로 생산되는 기능성 올리고당류에는 프락토올리고당, 이소말토올리고당, 갈락토올리고당 등이 있다.

(4) 다당류

다당류는 수십, 수천 개의 단당류가 일직선 또는 가지를 친 형태로 결합되었으며, 분자량이 크고 구조가 복잡하다. 다당류에는 전분과 글리코겐, 식이섬유가 있다.

① 전분

전분(starch)은 식물성 식품에 들어 있는 포도당의 중합체로서, 곡류와 감자류에 많이 들어 있다. 포도당의 연결방식에 따라 아밀로오스와 아밀로펙틴으로 나뉘며, 아밀로오스는 직선상의 긴 사슬 형태이고, 아밀로펙틴은 가지를 많이 가진 형태를 보인다. 찹쌀은 주로 아밀로펙틴으로 구성되어 있으며, 멥쌀은 20~30 % 정도의 아밀로오스로 구성되어 있다.

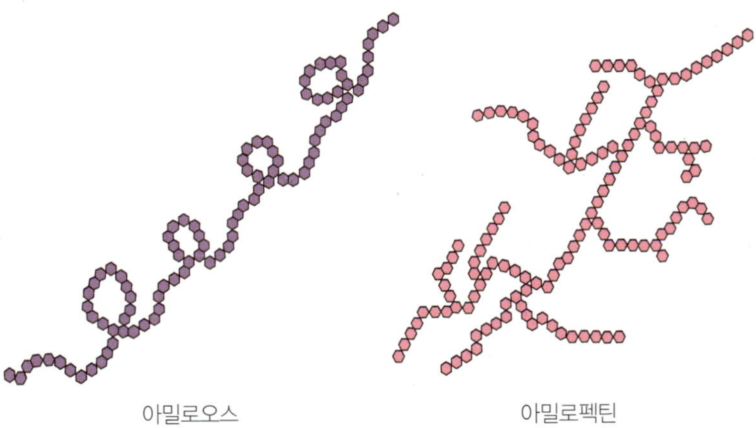

그림 2-2 전분의 구조

② 글리코겐

글리코겐(glycogen)은 동물의 간이나 근육에 있는 포도당 중합체로서, 글리코겐의 포도당 연결방식은 아밀로펙틴과 유사하나 가지가 더 많고 사슬의 길이가 짧은 구조적인 특성을 지닌다.

③ 식이섬유

식이섬유(dietary fiber)는 사람의 소화효소에 의해 가수분해되지 않는 식물 다당류이다. 식이섬유는 에너지원으로 이용되지 못하나 건강에 이로운 작용을 한다. 물에 용해되기 쉬운 수용성 식이섬유와 물이 잘 안 녹는 불용성 식이섬유로 구분할 수 있다.

가. 수용성 식이섬유

펙틴, 검, 해조다당류는 수분 보유력이 높아 물과 겔을 형성하거나 점성이 높아 만복감 부여, 포도당 흡수 지연, 혈청 콜레스테롤 농도 저하 등 만성질환 예방에 유익한 기능을 한다. 주로 과일류, 채소류, 곡류, 해조류, 두류 등에 함유되어 있다.

나. 불용성 식이섬유

셀룰로스, 헤미셀룰로스, 리그닌은 물과 친화력이 적어 겔 형성능력이 낮으며, 대변의 부피를 증가시켜 배변 속도를 증가시켜 변비를 예방하는 기능을 한다. 주로 곡류, 채소, 갑각류 껍질 등에 함유되어 있다.

2) 탄수화물의 기능

(1) 에너지 공급원

탄수화물 1 g은 4 kcal의 에너지를 제공하며, 총 에너지 섭취량 중 탄수화물로부터 에너지 섭취비율의 적정비율은 55~65 %로 정하고 있다. 적혈구, 뇌신경세포 등은 포도당만을 에너지원으로 이용하므로 탄수화물을 반드시 섭취하여야 한다.

(2) 단백질 절약작용

탄수화물 섭취가 부족할 경우 혈당이 저하된다. 저하된 혈당을 보충하기 위해 근육, 간, 신장, 심장 등 여러 기관에서 단백질이 분해되어 아미노산으로부터 포도당을 합성하는 포도당신생합성이 증가하게 된다. 따라서 탄수화물을 충분히 섭취하면 체단백질이 포도당으로 전환되어 에너지원으로 사용되는 것을 예방할 수 있다.

(3) 케톤증 예방

필요한 양만큼 탄수화물을 섭취하지 못하게 되어 탄수화물의 체내 이용이 어려워지는 경우 체지방이 분해되어 주된 에너지원으로 사용하게 된다. 체지방이 분해되면 시트르산 회로를 통해 에너지를 생성하려 하지만 탄수화물 섭취 부족으로 옥살로아세트산 공급이 부족하게 된다. 세포 내 옥살로아세트산의 부족으로 인해 시트르산 회로로 들어가지 못하고 아세틸 CoA가 서로 축합하여 케톤체(ketone body)가 생성된다. 세포에서 케톤체가 대사되는 양보다 많이 생성되어 축적되면 케톤증(ketosis)이 발생한다. 이를 예방하기 위해서는 적어도 하루 50~100 g의 탄수화물 섭취가 필요하다.

(4) 체구성 성분

미량이지만 체구성 성분으로도 존재한다. 포도당은 혈액 내에 약 0.1 % 농도로 함유되어 있고, 오탄당인 리보오스(ribose)는 체내 유전정보와 단백질 합성을 주도하는 DNA와 RNA의 구성성분으로 존재한다.

(5) 식이섬유 제공

식이섬유는 열량원으로 사용되지 않고, 체내에서 분해되지 않은 채 대변으로 배설되기는 하나 장 운동을 증진시켜 변비와 대장질환 예방에 도움이 된다.

(6) 음식에 단맛 제공

정도의 차이는 있지만, 단맛을 내므로 음식의 맛을 좋게 하여 식욕을 증진시킨다. 식품성분과의 상호 작용을 통하여 음식에 색과 향미를 더해 준다.

3) 탄수화물의 섭취기준

2020 한국인 영양소 섭취기준에는 에너지적정비율, 평균필요량, 권장섭취량, 충분섭취량이 설정되어 있다. 한국인 영양소 섭취기준에서 탄수화물의 권장섭취량은 남녀 130 g/일로 정해져 있다. 그리고 성인의 탄수화물에 의한 에너지적정비율은 1일 에너지 섭취량의 55~65 %이다.

표 2-2 한국인의 1일 탄수화물 섭취기준

성별	연령	탄수화물(g/일)			
		평균필요량	권장섭취량	충분섭취량	상한섭취량
영아	0~5(개월)			60	
	6~11			90	
유아	1~2(세)	100	130		
	3~5	100	130		
남자	6~8(세)	100	130		
	9~11	100	130		
	12~14	100	130		
	15~18	100	130		
	19~29	100	130		
	30~49	100	130		
	50~64	100	130		
	65~74	100	130		
	75 이상	100	130		
여자	6~8(세)	100	130		
	9~11	100	130		
	12~14	100	130		
	15~18	100	130		
	19~29	100	130		
	30~49	100	130		
	50~64	100	130		
	65~74	100	130		
	75 이상	100	130		
임산부		+35	+45		
수유부		+60	+80		

출처: 보건복지부 · 한국영양학회(2020).

3. 단백질

단백질(protein)은 '생명 유지에 으뜸가는 것'이라는 뜻의 그리스어에서 유래되었으며, 우리 몸을 구성하는 중요한 영양소이다. 아미노산과 아미노산이 펩티드 결합으로 연결된 고분자 화합물이다. 육류, 난류, 어류, 우유 및 유제품, 콩류 등이 있다.

육류 계란 치즈 두부

그림 2-3 단백질 식품

1) 단백질의 종류

식품 단백질은 영양학적 측면에서 필수 아미노산을 공급하는 특징에 따라 완전단백질과 불완전단백질로 나눈다.

(1) 완전단백질

완전단백질은 성장과 생명 유지를 위해 필요한 필수 아미노산(essential amino acid, EAA)의 종류와 양이 충분한 단백질을 말한다. 완전단백질에는 대부분의 동물성 단백질과 식물성 단백질 중 콩 단백질이 속한다.

(2) 불완전단백질

불완전단백질은 몇 종류의 필수 아미노산 함량이 부족하거나 결여된 단백질을 말한다. 불완전단백질에는 대부분의 식물성 단백질이 속한다.

2) 단백질의 기능

(1) 체조직 구성

섭취된 단백질은 체조직 구성을 위해 주로 이용된다. 근육, 장기, 뼈 등의 구조조직은 단백질로 구성되어 있다. 수명을 다한 세포를 대체해 주는 새로운 세포를 생성하고 조직을 유지하기 위해 단백질은 매일 섭취해야 한다.

(2) 효소, 호르몬 및 항체 합성

단백질은 효소, 호르몬 및 항체를 구성하는 주요 물질이다. 체내에서 항체를 형성해 감염원으로부터 인체를 보호하여 면역을 유지시키는 기능을 한다.

(3) 체액 수분평형 조절

혈액 중의 단백질은 체액의 균형 유지를 도와 부종을 방지하는 작용을 한다. 삼투압 평형 유지의 일부는 혈장 단백질인 알부민에 의해 조절된다. 단백질 섭취가 부족하면 혈액 중 단백질의 농도가 낮아지고 혈관 내 삼투압이 조직보다 낮게 유지되어 혈액의 수분이 조직으로 이동하므로 손과 발이 붓는 부종 현상이 나타난다.

(4) 산 · 염기 평형 조절

체액의 적정 pH는 7.4 정도이다. 체액 중에는 끊임없이 대사산물이 생김으로써 pH가 변화한다. 단백질은 분자 내에 양이온과 음이온을 가지고 있는 양성물질이므로 체액의 pH가 항상 정상값으로 유지되도록 작용한다.

(5) 포도당 신생합성과 에너지 급원

혈당이 저하되었을 때 포도당을 공급하기 위해 체단백질이 분해되어 포도당을 합성하여 혈당을 높여 준다. 단백질 1 g은 4 kcal의 에너지를 낸다. 그러나 단백질의 고유 기능인 체구성과 생리 기능 조절에 먼저 사용될 수 있도록 탄수화물과 지질이 발생하는 에너지를 먼저 사용한다.

3) 단백질의 상호 보완효과

(1) 제한아미노산

제한아미노산은 해당 단백질의 영양적 가치를 떨어뜨리는 가장 적게 함유된 필수 아미노산을 말한다.

(2) 단백질의 상호 보완효과

단백질의 구성 아미노산의 종류와 양이 다르므로 부족한 아미노산과 다른 단백질을 같이 섭취함으로써 필수 아미노산의 상호 보완이 일어나 제한아미노산을 보충해 줌으로써 단백질의 영양가를 높이는 효과이다.

표 2-3 식물성 식품 내 제한아미노산과 단백질 상호 보완

식품	제한아미노산	제한아미노산의 식물성 급원	단백질 상호 보완
콩	메티오닌	곡류, 견과류, 종자류	쌀밥과 두부
곡류	라이신, 트레오닌	두류	콩밥
견과류와 종자류	라이신	두류	참깨된장소스
채소류	메티오닌	곡류, 견과류, 종자류	쌀밥과 나물
옥수수	트립토판, 라이신	두류	옥수수와 콩 샐러드

4) 단백질의 섭취기준

단백질의 권장섭취량은 19~29세 남자 65 g/일, 여자 55 g/일이며, 성인의 단백질에 의한 에너지적정비율은 1일 에너지 섭취량의 7~20 %이다. 단백질은 체내 조직을 구성하는 영양소이므로 양질의 단백질 섭취가 중요하다. 양적인 면뿐만 아

니라, 질적인 면까지 충족시켜야 하므로 동물성 단백질과 식물성 단백질을 적절하게 섭취하여야 한다.

표 2-4 성인 단백질 섭취기준 (단위: g)

연령	남자		여자	
	평균필요량	권장섭취량	평균필요량	권장섭취량
19~29세	50	65	45	55
30~49세	50	65	40	50
50~64세	50	60	40	50
65~74세	50	60	40	50
75세 이상	50	60	40	50

출처: 보건복지부 · 한국영양학회(2020).

4. 지질

지질은 물에 녹지 않고 유기용매에 녹으며, 1 g당 9 kcal의 고에너지를 공급하는 열량 영양소이다. 성상에 따라 실온에서 고체 상태인 지방(fat)과 액체 상태인 기름(oil)으로 나눌 수 있다. 과다 섭취하면 비만, 심뇌혈관계 질환, 암 등의 발생 위험을 높이나 다양한 생리적 기능을 수행하므로 꼭 섭취해야 하는 영양소이다.

삼겹살 식용유 견과류 버터

그림 2-4 지질 식품

1) 지질의 종류

(1) 지방산

식품에 함유된 지질에는 짝수 개의 탄소로 이루어진 지방산이 들어 있다. 지방산은 탄소원자가 사슬 모양으로 길게 연결된 것이며, 첫 탄소원자는 카르복실기(-COOH)에, 마지막 탄소원자는 메틸기(CH_3) 안에 들어 있다.

① 지방산의 이중결합수에 따른 분류

- 포화지방산(saturated fatty acid, SFA): 탄소 간의 결합이 모두 단일결합으로만 되어 있는 지방산이다.
- 단일불포화지방산(monounsaturated fatty acid, MUFA): 탄소 간의 결합 중 이중결합이 1개 존재하는 지방산이다.
- 다가불포화지방산(polyunsaturated fatty acid, PUFA): 탄소 간의 결합 중 이중결합이 2개 이상 존재하는 지방산이다.

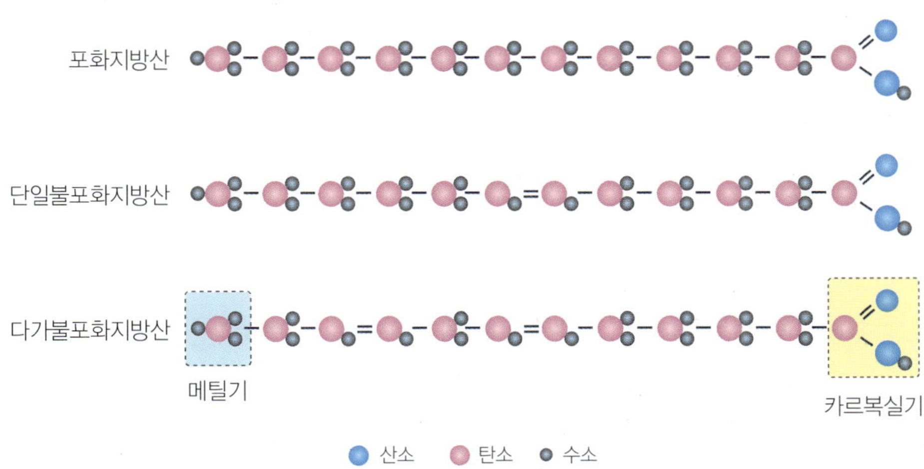

그림 2-5 지방산의 구조

② 이중결합 위치에 따른 분류

- 오메가-6 지방산: 탄소 간의 첫 번째 이중결합이 메틸기로부터 여섯 번째 탄소에 있는 지방산이다. 대표적으로 리놀레산(linoleic acid) 등이 있다.
- 오메가-3 지방산: 탄소 간의 첫 번째 이중결합이 메틸기로부터 세 번째 탄소에 있는 지방산이다. 리놀렌산(linolenic acid), DHA, EPA 등이 있다. 두뇌발달, 심혈관계 질환 예방 효과가 있으며, 등푸른생선기름, 들기름 등에 많이 함유되어 있다.

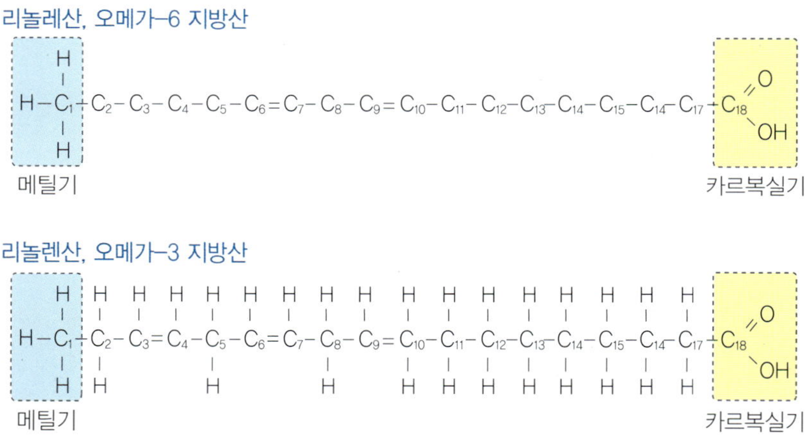

그림 2-6 오메가 지방산의 구조

(2) 중성지방

중성지방(triacylglycerol, triglyceride, TG)은 1분자의 글리세롤과 3분자의 지방산으로 구성되어 있다. 식품이나 체내에 함유된 지질은 중성지방이 대부분이다.

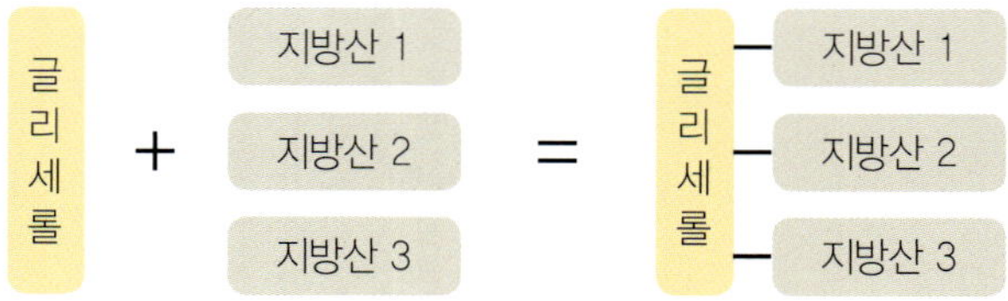

그림 2-7 중성지방의 구조

(3) 인지질

인지질은 중성지방을 구성하는 3개의 지방산 중 한 개의 지방산 대신에 인산기가 결합되어 있다. 인지질은 분자 내에 친수기와 소수기를 모두 가지고 있으므로 물과 기름을 섞는 유화제의 역할을 한다.

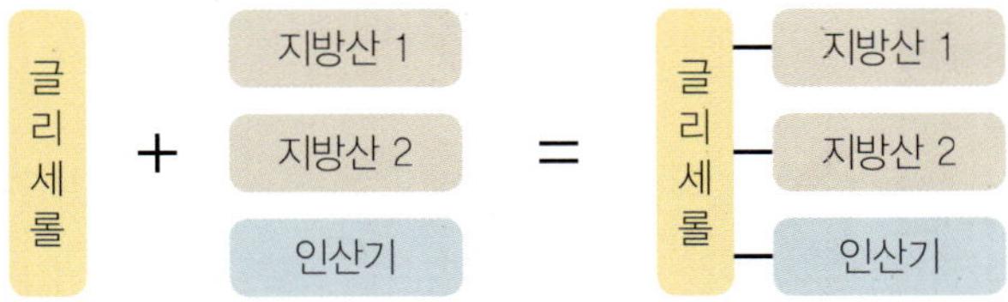

그림 2-8 인지질의 구조

(4) 콜레스테롤

콜레스테롤은 인지질과 함께 세포막을 구성하는 주요 성분이다. 이외에도 성호르몬을 비롯한 여러 스테로이드 호르몬과 비타민 D와 담즙산을 합성하는 전구체로 활용된다. 섭취량이 부족한 경우 주로 간에서 합성되고 일부 소장에서 합성된다. 콜레스테롤 섭취량이 증가하면 합성량은 감소하며, 동물성 식품에만 존재한다.

2) 지질의 기능

(1) 에너지 공급원

지질은 1 g당 9 kcal의 고에너지를 공급하는 매우 효율적인 에너지 급원이다. 체지방은 에너지 섭취 부족 시 분해되어 에너지를 제공한다.

(2) 세포막 구성성분

인지질과 콜레스테롤은 세포막을 구성하는 기본성분이다.

(3) 필수 지방산 공급

필수 지방산은 체내에서 합성되지 못하거나 필요량만큼 충분히 합성되지 못하여 반드시 식품으로 섭취해야 하는 지방산이다. 이들은 식물성 기름, 어유 등의 지질 급원식품으로부터 공급받을 수 있다.

(4) 지용성 비타민 흡수 촉진

식이 섭취된 지질은 식품 속의 지용성 비타민을 용출시키는 매개체로 작용하므로 최소한의 지질 섭취는 지용성 비타민의 흡수를 위한 필수 요소이다.

(5) 체내 활성물질 합성

콜레스테롤은 담즙산, 비타민 D, 성호르몬, 부신피질 호르몬의 체내 합성의 전구체로서 사용된다.

(6) 체온 조절 및 장기 보호 기능

체내의 피하지방조직은 열전도율이 낮아 체열 손실을 막아 준다. 또한, 체지방은 내장기관을 외부의 물리적 충격으로부터 보호하는 역할을 한다.

(7) 맛 · 향미 · 포만감 제공

지질은 음식의 맛과 향미를 풍부하게 해 주어 식욕을 돋워 주며, 지질 함유 음식은 위장에 오래 머물러 포만감을 준다.

3) 지질의 섭취기준

지질의 섭취기준은 정해져 있지 않다. 다만, 2020 한국인 영양소 섭취기준에서 성인의 지질에 의한 에너지적정비율은 1일 에너지 섭취량의 15~30 %로 정해져 있다. 지나치게 많이 섭취하면 비만, 만성 퇴행성 질환에 걸릴 위험이 높아질 수 있으므로 적정량의 지질을 섭취하는 것이 바람직하다.

표 2-5 지질의 섭취기준(에너지비율, %)

지질	한국(2020)			
	1~2세	3~18세	19세 이상	비고
총지질	20~35 %	15~30 %	15~30 %	
n-6계 지방산	4~10 %	4~10 %	4~10 %	
n-3계 지방산	1 % 내외	1 % 내외	1 % 내외	
포화지방산	-	8 % 미만	7 % 미만	
트랜스지방산	-	1 % 미만	1 % 미만	
콜레스테롤	-	-	300 mg/일 미만	목표섭취량

출처: 보건복지부 · 한국영양학회(2020).

5. 비타민

비타민은 체내 조절 작용을 통해 에너지 대사와 성장 및 건강을 유지하는 데 중요한 기능을 한다. 물에 대한 용해도에 따라 지용성 비타민과 수용성 비타민으로 나누며, 체내에서 합성할 수 없거나 합성량이 충분하지 않아 반드시 식품으로 섭취해야 하는 영양소이다. 비타민의 섭취량이 부족하게 되면 결핍증이 발생하고 지나치게 섭취하면 과잉증이 나타난다.

1) 지용성 비타민

(1) 비타민 A

비타민 A는 동물성 식품에서 활성형 비타민 A인 레티노이드, 식물성 식품에서는 비타민 A전구체인 카로티노이드 형태로 존재한다. 레티노이드는 간, 생선, 간유, 달걀, 강화우유 등에 함유되어 있으며, 카로티노이드는 당근, 호박, 시금치 등의 녹황색 · 담황색 채소나 과일 등에 함유되어 있다. 비타민 A는 암적응 기능, 상피세포 재생 및 유지, 면역기능 유지, 생식 및 성장, 항산화 기능 등에 관여한다. 비타민 A 결핍증세는 암적응 기능에 실패한 야맹증이 대표적이다. 그 외에도 상피세포 조직의 건조와 각질화, 비토반점, 각막건조증, 모낭각화증, 성장 부진 등이 있다. 비타민 A의 과잉증세는 구토, 두통, 골관절 통증, 자연유산, 태아 기형 등이 있다.

간　　당근　　시금치　　피망

그림 2-9 비타민 A의 급원식품

(2) 비타민 D

비타민 D는 피부가 햇볕에 노출되어 자외선을 쪼이면 체내에서도 합성된다. 동물성 급원의 비타민 D_3(콜레칼시페롤)와 식물성 급원에 함유된 비타민 D_2(에르고칼시페롤)가 대표적이다. 비타민 D는 비타민 D 강화우유, 고등어 같은 기름진 생선, 어유, 난황, 버섯 등에 함유되어 있다. 비타민 D는 혈중 칼슘 항상성 조절, 세포분화, 증식 및 성장 조절 등에 관여한다. 비타민 D 결핍증세는 어린이의 구루병, 어른의 골연화증과 골다공증이 있으며, 과잉증세에는 구토, 설사, 신장 손상 등이 있다.

비타민 D 강화우유　　고등어　　난황　　버섯

그림 2-10 비타민 D의 급원식품

(3) 비타민 E

비타민 E는 항산화 기능이 알려지면서 지용성 항산화제로서 더욱 강조되고 있다. 주로 세포막에 분포하면서 세포막을 구성하고 있는 불포화지방산이 산화되는 것을 억제하는 작용을 한다. 비타민 E는 식물성 유지, 견과류, 곡류의 배아, 녹색 엽채류 등에 함유되어 있다.

비타민 E의 결핍증에는 세포 산화 등이 있으며, 과잉증세는 비타민 K 흡수 방해로 인한 혈액응고반응 지연과 과다 출혈 등이 있다.

호두 아몬드 콩 녹차

그림 2-11 비타민 E의 급원식품

(4) 비타민 K

비타민 K는 혈액응고작용에 중요한 비타민이며, 사람의 경우 장내 미생물에 의해 상당량이 합성된다. 비타민 K의 결핍증세는 신생아 출혈 등이 있으며, 과다 섭취에 따른 독성은 쉽게 나타나지 않는다. 비타민 K는 녹색 채소와 콩 등에 함유되어 있다.

2) 수용성 비타민

(1) 8종의 비타민 B군

조효소(coenzyme)로 작용하여 에너지 대사조절에 필수적이다. 열량영양소의 섭취가 증가하면 함께 섭취량 증가가 필요하다. 지용성 비타민과는 달리 소변으로 쉽게 제거되기 때문에 체내 저장량이 매우 적어 독성이 낮은 경향이 있지만, 섭취 수준이 부족할 경우 빠르게 결핍이 초래될 수 있어 매일 소량 섭취하는 것이 바람직하다. 비타민 B군은 비타민 B_1, 비타민 B_2, 니아신, 판토텐산, 비오틴, 비타민 B_6, 엽산, 비타민 B_{12}이다.

(2) 비타민 C

비타민C(ascorbic acid)는 체내에서 합성이 되지 않아 반드시 섭취해야 한다. 항산화 기능, 콜라겐 합성, 스트레스에 대한 저항, 면역, 철 흡수 촉진, 면역 등의 작용을 한다. 비타민 C는 신선한 채소와 과일에 함유되어 있다. 비타민 C의 결핍증세는 괴혈병, 상처 치유 지연 등이 있으며, 과잉증세는 신장질환자에게 신장결석을 유발할 수 있다.

풋고추 딸기 레몬 오렌지

그림 2-12 비타민 C의 급원식품

6. 무기질

무기질은 우리 몸의 약 4 %를 구성하며. 체내 여러 생리 기능을 조절하고 유지하는 데 중요한 작용을 한다. 체내에서 합성되지 않기 때문에 반드시 식품을 통해 섭취해야만 한다. 무기질은 체내에 존재하는 함량과 필요량에 따라 다량무기질과 미량무기질로 나눈다. 하루에 100 mg 이상 섭취해야 하는 무기질을 다량무기질로 분류하며, 칼슘, 인, 칼륨, 황, 나트륨, 염소, 마그네슘이 있다. 미량무기질에는 철, 아연, 구리, 요오드, 망간, 크롬, 불소, 몰리브덴, 셀레늄 등이 있다.

1) 다량무기질

(1) 칼슘

체내에 가장 많이 함유된 무기질로, 99 %는 뼈와 치아를 구성하고 나머지 1 %는 혈액과 연조직에 존재하여 신경자극 전달, 근육 수축, 호르몬 대사과정 등에 관여한다. 칼슘은 우유 · 유제품, 콩, 두유, 뼈째 먹는 생선 등에 함유되어 있다. 칼슘의 결핍증세는 골다공증, 구루병, 골연화증, 신경성 근육 경련인 칼슘테타니 등이 있으며, 과잉증세는 고칼슘혈증, 신장결석 등이 발생할 수 있다.

(2) 인

칼슘 다음으로 체내에 많이 함유된 무기질로 약 85%는 칼슘과 함께 뼈와 치아를 구성하고, 나머지 15%는 혈액, 근육, 뇌, 신경 등에 함유되어 있다. 인은 육류, 어류, 달걀, 우유 등 동물성 식품과 견과류, 곡류 등 식물성 식품에 함유되어 있다. 특히 식품첨가물에 많아 가공식품과 청량음료도 인이 함유되어 있다. 인은 식품 내에 널리 분포하므로 정상 식이를 하는 경우 결핍증세는 거의 나타나지 않으며, 과잉증세는 골질량 감소가 초래될 수 있다.

2) 미량무기질

(1) 철

철은 헤모글로빈의 구성성분이며, 에너지 대사와 관련된 전자전달계 화합물의 구성성분이다. 철은 간, 붉은 살코기, 가금류, 생선 등에 함유되어 있다. 철의 결핍증세는 철결핍성 빈혈 등이 있으며, 과잉증세는 간 조직 손상을 초래한다.

(2) 아연

아연은 체내 모든 세포에서 발견되며, 여러 가지 효소의 보조인자로써 대사과정을 조절하는 기능을 한다. 아연은 굴, 조개, 육류, 간 등에 함유되어 있다. 아연의 결핍증세는 감염률 증가, 상처 회복 지연, 성장 장애, 성적 성숙 지연, 상처치유 지연, 탈모 등이 있으며, 과잉증세는 구토, 설사, 발열, 탈진 등이 발생할 수 있다.

7. 수분

수분(H_2O)은 대부분 세포의 주요 구성성분이다. 체내 성분의 2/3를 차지하며 혈액의 90 %는 수분으로 되어 있다. 생명 유지에 필수적이므로 가장 자주 공급해 주어야 하는 영양소이다.

1) 수분의 기능

(1) 신체 구성성분

신체 구성성분 중 가장 많은 부분을 차지한다. 신생아는 약 75~80 %, 성인 남성은 약 60 %, 성인 여성은 약 55 %, 노년기에는 약 45~50 % 정도를 차지한다.

(2) 영양소의 운반과 노폐물의 배출

소화 · 흡수된 영양소를 체내 조직으로 운반해 주고 세포 내에 생성된 대사산물 노폐물인 질소화합물, 이산화탄소 등을 소변, 호흡 및 땀을 통해 배출시켜 준다.

(3) 대사과정 관여

체내에서 일어나는 대부분의 대사과정은 수분 없이 이루어지지 않는다.

(4) 체온 조절

체온이 오르거나 날씨가 더우면 땀의 형태로 수분을 증발시키며, 이때 빼앗기는 기화열이 체온을 낮추는 역할을 해 준다.

(5) 윤활작용 및 외부 충격으로부터 신체 보호

타액은 음식물의 삼킴을 부드럽게 해 주며, 관절액은 뼈와 뼈 사이의 마찰을 줄여 잘 움직일 수 있게 해 준다. 이 밖에 점액은 눈, 코, 호흡기관 등의 점막을 부드럽게 해 준다. 외부로부터 충격이 가해졌을 때 충격을 흡수하여 내장 기관이 다치지 않게 해 주며, 임신부의 양수는 태아를 보호해 주는 역할을 한다.

2) 수분의 섭취기준

수분 필요량은 연령, 체표면적, 활동 정도, 기온, 식사, 건강 상태 등의 영향을 받는다. 수분은 매일 소변, 대변, 호흡, 땀 등으로 손실되므로 매일 손실되는 양만큼 음료수나 음식에 들어 있는 수분 등으로 섭취하도록 해야 한다. 체내에서 열량영양소가 대사될 때 에너지 발생과 함께 수분이 생성되는데 이를 대사수라고 한다. 대사수는 총수분 공급량의 10 % 미만으로 비교적 소량이다.

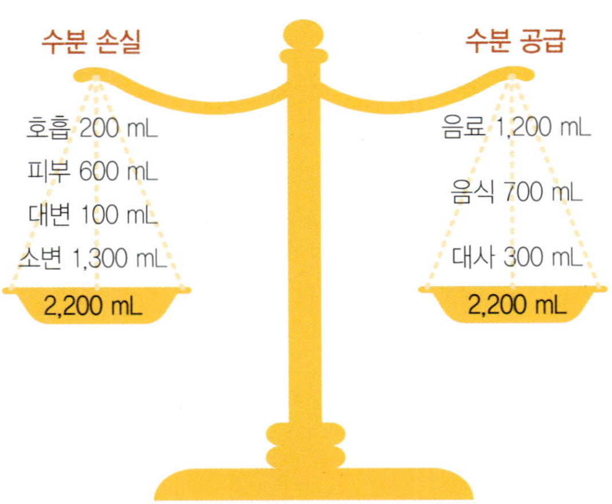

그림 2-13 체내 수분 공급과 손실의 일일 균형(mL)

표 2-6 수분의 섭취기준

성별	연령	수분(mL/일)					
		음식	물	음료	충분섭취량		상한섭취량
					액체	총수분	
영아	0~5(개월)				700	700	
	6~11	300			500	800	
유아	1~2(세)	300	362	0	700	1,000	
	3~5	400	491	0	1,100	1,500	
남자	6~8(세)	900	589	0	800	1,700	
	9~11	1,100	686	1.2	900	2,000	
	12~14	1,300	911	1.9	1,100	2,400	
	15~18	1,400	920	6.4	1,200	2,600	
	19~29	1,400	981	262	1,200	2,600	
	30~49	1,300	957	289	1,200	2,500	
	50~64	1,200	940	75	1,000	2,200	
	65~74	1,100	904	20	1,000	2,100	
	75 이상	1,000	662	12	1,100	2,100	
여자	6~8(세)	800	514	0	800	1,600	
	9~11	1,000	643	0	900	1,900	
	12~14	1,100	610	0	900	2000	
	15~18	1,100	659	7.3	900	2,000	
	19~29	1,100	709	126	1,000	2,100	
	30~49	1,000	772	124	1,000	2,000	
	50~64	900	784	27	1,000	1,900	
	65~74	900	624	9	900	1,800	
	75 이상	800	552	5	1,000	1,800	
임신부						+200	
수유부					+500	+700	

단원정리

■ 영양소

영양소는 탄수화물, 단백질, 지방, 비타민, 무기질이 있다.

■ 탄수화물 기능

탄수화물은 에너지 공급원으로 작용하고 단백질 절약작용, 케톤증 예방, 식이섬유 제공 등의 기능을 한다.

■ 단백질 기능

단백질은 에너지 공급원으로 작용하고 체조직의 구성, 효소, 호르몬, 항체 합성에 필수적이다. 체액의 수분평형 및 산 · 염기 조절 기능이 있으며, 포도당 신생합성으로 혈당을 공급할 수 있다.

■ 지방 기능

지방은 에너지 공급원으로 작용하고 세포막의 구성성분이며, 체내 호르몬 생성의 전구체로 사용된다.

■ 단백질 상호 보완 효과

단백질의 구성 아미노산의 종류와 양이 다르므로 부족한 아미노산과 다른 단백질을 같이 섭취함으로써 필수 아미노산의 상호 보완이 일어나 제한아미노산을 보충해 줌으로써 단백질의 영양가를 높이는 효과이다.

■ 비타민

비타민은 체내 조절 작용을 통해 에너지 대사와 성장 및 건강을 유지하는 데 중요한 기능을 한다. 물에 대한 용해도에 따라 지용성 비타민과 수용성 비타민으로 나누며, 체내에서 합성할 수 없거나 합성량이 충분하지 않아 반드시 식품으로 섭취해야 하는 영양소이다.

■ 무기질

무기질은 우리 몸의 약 4 %를 구성하며, 체내 여러 생리 기능을 조절하고 유지하는 데 중요한 작용을 한다. 체내에서 합성되지 않기 때문에 반드시 식품을 통해 섭취해야만 한다. 무기질은 체내에 존재하는 함량과 필요량에 따라 다량무기질과 미량무기질로 나눈다. 하루에 100 mg 이상 섭취해야 하는 무기질을 다량무기질로 분류하며, 칼슘, 인, 칼륨, 황, 나트륨, 염소, 마그네슘이 있다. 미량무기질에는 철, 아연, 구리, 요오드, 망간, 크롬, 불소, 몰리브덴, 셀레늄 등이 있다.

■ 수분

수분 필요량은 연령, 체표면적, 활동 정도, 기온, 식사, 건강 상태 등의 영향을 받는다. 수분은 매일 소변, 대변, 호흡, 땀 등으로 손실되므로 매일 손실되는 양만큼 음료수나 음식에 들어 있는 수분 등으로 섭취하도록 해야 한다.

제3장

올바른 식사구성

1. 영양소 섭취기준

1) 영양소 섭취기준이란?

한국인 영양소 섭취기준(Dietary Reference Intakes Koreans, KDRIs)은 건강한 개인 및 집단을 대상으로 하여 한국인의 건강을 유지 · 증진하고 식사와 관련된 만성질환의 위험을 감소시켜 궁극적으로 국민의 건강수명을 증진하기 위한 목적으로 설정된 에너지 및 영양소 섭취량 기준이다.

2020 한국인 영양소 섭취기준은 「국민영양관리법」에 근거하여 2015년 국가 차원에서 처음 제정된 2015 한국인 영양소 섭취기준을 개정한 것이다. 2020 한국인 영양소 섭취기준의 경우 에너지 및 영양소 섭취 부족으로 인해 생기는 결핍증의 예방뿐 아니라, 과잉 섭취로 인해 발생하는 문제를 예방하고 만성질환에 대한 위험의 감소까지 포함되었다. 안전하고 충분한 영양을 확보하는 기준치인 평균필요량(Estimated Average Requirement, EAR), 권장섭취량(Recommended Nutrient Intake, RNI), 충분섭취량(Adequate Intake, AI), 상한섭취량(Tolerable Upper Intake Level, UL)과 함께 식사와 관련된 만성질환 위험 감소를 고려한 기준치인 에너지적정비율(Acceptable Macronutrient Distribution Range, AMDR), 만성질환위험감소섭취량(Chronic Disease Risk Reduction intake, CDRR)을 제시하였다. 2020 한국인 영양소 섭취기준은 과학적 평가방법 및 체계적 문헌 고찰로 얻어진 근거자료를 바탕으로 과학적 평가를 하였으며, 한국인 영양소 섭취 실태 및 주요 급원식품, 글로벌 동향에 대한 정보도 포함되어 있다.

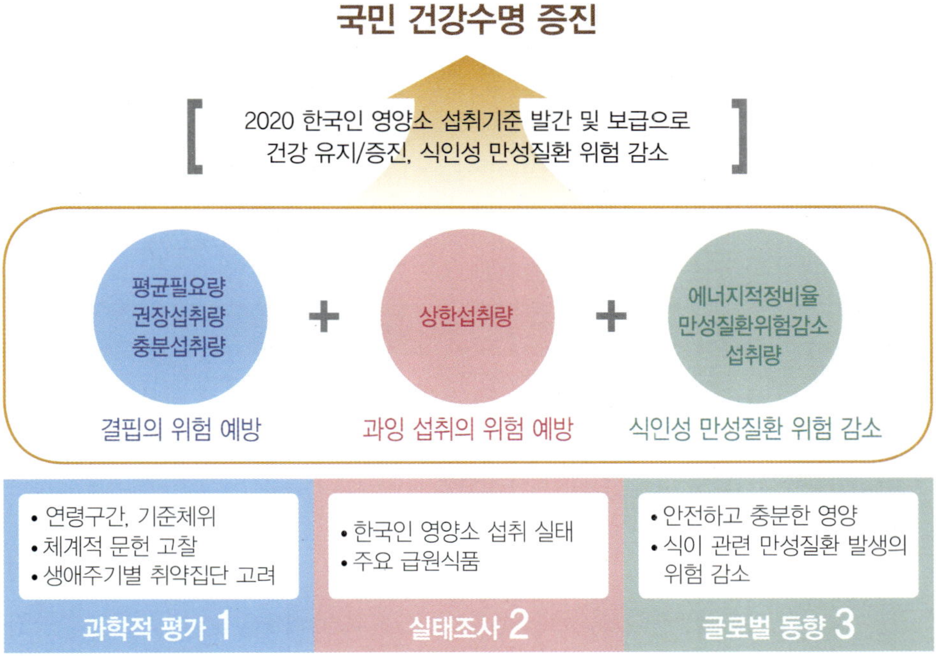

그림 3-1 2020 한국인 영양소 섭취기준 방향

출처: 한국인 영양소 섭취기준. 보건복지부(2020).

2) 영양소 섭취기준 역사

유엔식량농업기구(FAO) 한국협회 주도로 10종의 영양소에 대한 한국인 영양권장량을 1962년 최초로 제정하였다. 그 이후에 2차례에 걸쳐 개정하였으며, 4차(1985년)와 5차(1989년)는 보건사회연구원의 주도로 개정하였다. 6차(1995년)와 7차(2000년)는 한국영양학회가 주도하여 15종 영양소에 대한 영양권장량을 제 · 개정하였다. 그 무렵 우리나라에는 영양 부족과 과잉으로 인한 건강 문제가 공존하였다. 식생활과 관련이 있는 만성질환의 유병률, 암 발생률이 매년 증가하고 있었다. 이에 한국영양학회는 2005년 기준 설정 영양소를 34종으로 확대하고 영양권장량에서 영양소 섭취기준으로 기준형태를 전환하였다. 2010년에는 총당류를 추가하여 총 35종의 영양소 섭취기준을 제 · 개정하였다. 또한, 이때 「국민영양관리법」이 공포되어 영양소 섭취기준의 제 · 개정의 주관이 민간에서 국가로 전환되었다. 또한, 영양소 섭취기준은 그 활용도와 효과를 높이기 위해 5년마다 최신 연구 결과와 국민의 체위와 질병 양상의 변화, 식생활 및 식생활 환경의 변화 등을 반영하여 제 · 개정하도록 하였다. 이에 따라 보건복지부는 한국영양학회에 영양소 섭취기준 제정 업무를 위탁하여 한국인 영양소섭취기준의 제 · 개정을 추진하였다.

표 3-1 한국인 영양소 섭취기준 제 · 개정 역사

차수(년도)	개정기관	기준 설정 영양소	기준형태
1~3차 (1962~1975)	FAO 한국협회	• 에너지, 단백질 • 6 비타민(A, D, C, B_1, B_2, 니아신) • 2 무기질(Ca, Fe)	영양권장량 (10종)
4~5차 (1985~1989)	보건사회연구원	• 에너지, 단백질 • 6 비타민(A, D, C, B_1, B_2, 니아신) • 2 무기질(Ca, Fe)	영양권장량 (10종)
6,7차 (1995~2000)	한국영양학회	• 에너지, 단백질 • 9 비타민(A, D, E, C, B_1, B_2, B_6, 니아신, 엽산) • 4 무기질(Ca, P, Fe, Zn)	영양권장량 (15종)
제정 (2005)	한국영양학회	• 에너지, 탄수화물, 지질, 단백질, 아미노산, 식이섬유, 수분 • 13 비타민(A, D, E, K, C, B_1, B_2, B_6, 니아신, 엽산, B_{12}, 판토텐산, 비오틴) • 14 무기질(Ca, P, Na, Cl, K, Mg, Fe, Zn, Cu, F, Mn, I, Se, Mo)	영양섭취기준 (34종)
2차 개정 (2010)	한국영양학회	• 에너지, 탄수화물, 총당류, 지질, 단백질, 아미노산, 식이섬유, 수분 • 13 비타민(A, D, E, K, C, B_1, B_2, B_6, 니아신, 엽산, B_{12}, 판토텐산, 비오틴) • 14 무기질(Ca, P, Na, Cl, K, Mg, Fe, Zn, Cu, F, Mn, I, Se, Mo)	영양섭취기준 (35종)
제정 (2015)	보건복지부/ 한국영양학회	• 에너지, 탄수화물, 총당류, 지질, 단백질, 아미노산, 식이섬유, 수분 • 13 비타민(A, D, E, K, C, B_1, B_2, B_6, 니아신, 엽산, B_{12}, 판토텐산, 비오틴) • 15 무기질(Ca, P, Na, Cl, K, Mg, Fe, Zn, Cu, F, Mn, I, Se, Mo, Cr)	국가기준치 영양소섭취기준 (36종)

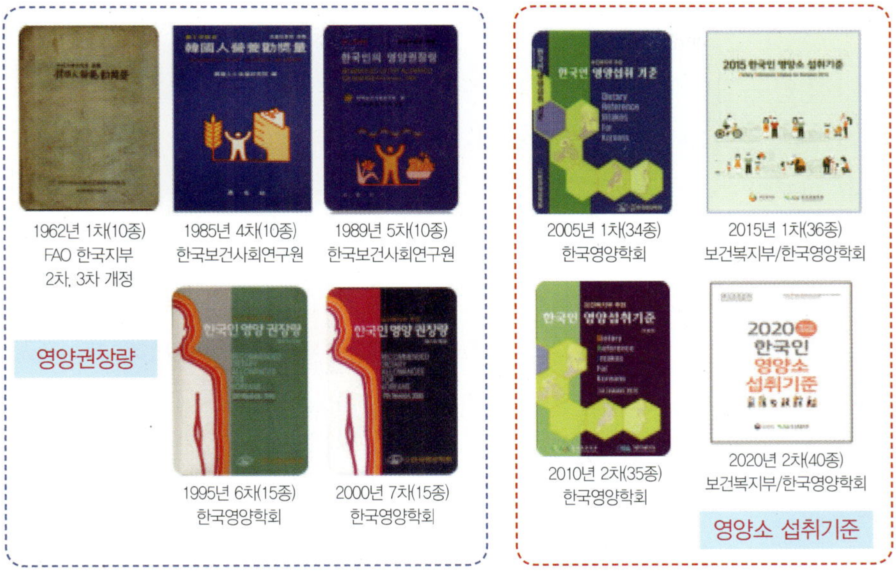

( ): 기준이 설정된 영양소의 수

민간주도 기준 → 국가 기준

그림 3-2 한국인 영양소 섭취기준 제 · 개정 역사

3) 영양소 섭취기준 지표

섭취 부족의 예방을 목적으로 평균필요량, 권장섭취량, 충분섭취량을 제정하였다. 영양소의 필요량에 대한 과학적 근거가 충분한 경우에는 평균필요량과 권장섭취량을 제정하였고, 과학적 근거가 충분하지 않은 경우에는 충분섭취량을 제정하였다. 과잉섭취로 인한 건강 문제 예방을 목적으로 상한섭취량, 만성질환위험감소섭취량을 제정하였다. 과학적 근거가 확보된 경우에는 상한섭취량을 제정하였다. 하지만 상한섭취량이 제정되어 있지 않다고 하여 위해성을 완전히 배제할 수는 없다. 에너지 불균형으로 인해 나타나는 만성질환에 대한 위험을 감소시키기 위해 열량영양소(탄수화물, 단백질, 지방)의 에너지적정비율을 제정하였다. 2020 한국인 영양소 섭취기준에는 영양소 중 평균필요량, 권장섭취량, 상한섭취량을 모두 설정한 것도 있고, 충분섭취량이나 상한섭취량 혹은 만성질환위험감소섭취량 등의 일부 섭취기준만 제시한 것도 있다.

(1) 평균필요량

건강한 인구 집단의 50 %에 해당하는 사람들의 영양소 필요량을 충족시키는 수준이다. 영양소 필요량은 섭취량에 민감하게 반응하는 기능적 지표가 있고 영양상태를 판정할 수 있는 평가 기준이 있을 때 추정할 수 있다. 그러나 기능적 지표가 모든 영양소에서 알려지지 않아, 일부 영양소에 대해서는 추정할 수 없었다. 특히, 개인의 에너지 필요량을 측정하는 것에는 기술적 문제 등 제한점이 있어 에너지 소비량을 통해 추정하고 있다. 따라서 에너지는 비만 예방을 위해 평균필요량이라는 용어 대신에 필요추정량(Estimated Energy Requirements, EER)이라는 용어를 사용한다. 이는 건강하면서 적절한 신체활동을 하는 정상 체격인 사람의 에너지 평형 유지에 필요한 양이다.

(2) 권장섭취량

건강한 인구 집단의 대부분(97~98 %)의 영양소 필요량을 충족시키는 섭취수준으로, 영양소의 평균필요량에 2배의 표준편차를 더하여 정한 수치이다.

(3) 충분섭취량

영양소 필요량에 대한 과학적 근거자료가 부족할 경우, 대상 집단의 건강을 유지하는 데 충분한 양을 설정한 수치이다. 실험연구 또는 관찰연구에서 확인된 건강한 인구 집단의 영양소 섭취량 중앙값을 기준으로 정한 수치이다.

(4) 상한섭취량

건강에 유해 영향이 나타나지 않는 최대 영양소 섭취수준이다. 영양소 섭취의 목푯값이 아니고, 상한섭취량 수치보다 적게 섭취해야 하는 기준치이다. 과량 섭취 시 건강에 악영향의 위험이 있다는 과학적 근거자료가 있는 경우에 설정할 수 있다.

(5) 에너지적정비율

탄수화물, 단백질, 지질의 섭취기준은 에너지적정비율로 제시하였다. 이러한 에너지를 내는 영양소는 비타민과 무기질 등 다른 영양소를 충분히 공급하면서 만성질환을 예방하기 위해서는 열량영양소 간 비율이 중요하기 때문이다.

표 3-2 2020 한국인 영양소 섭취기준– 에너지적정비율

성별	연령	에너지적정비율(%)				
		탄수화물	단백질	지질[1]		
				지방	포화지방산	트랜스지방산
영아	0~5(개월)	-	-	-	-	-
	6~11	-	-	-	-	-
유아	1~2(세)	55~65	7~20	20~35	-	-
	3~5	55~65	7~20	15~30	8 미만	1 미만
남자	6~8(세)	55~65	7~20	15~30	8 미만	1 미만
	9~11	55~65	7~20	15~30	8 미만	1 미만
	12~14	55~65	7~20	15~30	8 미만	1 미만
	15~18	55~65	7~20	15~30	8 미만	1 미만
	19~29	55~65	7~20	15~30	8 미만	1 미만
	30~49	55~65	7~20	15~30	8 미만	1 미만
	50~64	55~65	7~20	15~30	8 미만	1 미만
	65~74	55~65	7~20	15~30	8 미만	1 미만
	75 이상	55~65	7~20	15~30	8 미만	1 미만
여자	6~8(세)	55~65	7~20	15~30	8 미만	1 미만
	9~11	55~65	7~20	15~30	8 미만	1 미만
	12~14	55~65	7~20	15~30	8 미만	1 미만
	15~18	55~65	7~20	15~30	8 미만	1 미만
	19~29	55~65	7~20	15~30	7 미만	1 미만
	30~49	55~65	7~20	15~30	7 미만	1 미만
	50~64	55~65	7~20	15~30	7 미만	1 미만
	65~74	55~65	7~20	15~30	7 미만	1 미만
	75 이상	55~65	7~20	15~30	7 미만	1 미만
임신부		55~65	7~20	15~30		
수유부		55~65	7~20	15~30		

1) 콜레스테롤: 19세 이상 300 mg/일 미만 권고

출처: 보건복지부 · 한국영양학회(2020).

(6) 만성질환위험감소섭취량

건강한 인구 집단에서 만성질환의 위험을 감소시킬 수 있는 영양소의 최저 수준의 섭취량이다. 나트륨 섭취량 감소 시 심혈관질환과 고혈압 발생 위험 감소에 대한 근거 수준 중 최저 수준을 적용해 나트륨에 대해서만 설정되어 있다.

표 3-3 2020 한국인 영양소 섭취기준 제 · 개정 대상 영양소

영양소		영양소 섭취기준					
		평균 필요량	권장 섭취량	충분 섭취량	상한 섭취량	만성질환 위험 감소를 고려한 섭취량	
						에너지 적정비율	만성질환위험감소 섭취량
에너지	에너지	○[1]					
다량 영양소	탄수화물	○	○			○	
	당류						○[3]
	식이섬유			○			
	단백질	○	○			○	
	아미노산	○	○				
	지방			○		○	
	리놀렌산			○			
	알파-리놀렌산			○			
	EPA+DHA			○[2]			
	콜레스테롤						○
	수분			○			
지용성 비타민	비타민 A	○	○		○		
	비타민 D			○	○		
	비타민 E			○	○		
	비타민 K			○			
수용성 비타민	비타민 C	○	○		○		
	티아민	○	○				
	리보플라빈	○	○				
	니아신	○	○		○		
	비타민 B_6	○	○		○		
	엽산	○	○		○		

영양소		영양소 섭취기준					
		평균 필요량	권장 섭취량	충분 섭취량	상한 섭취량	만성질환 위험 감소를 고려한 섭취량	
						에너지 적정비율	만성질환위험감소 섭취량
수용성 비타민	비타민 B_{12}	○	○				
	판토텐산			○			
	비오틴			○			
다량 무기질	칼슘	○	○		○		
	인	○	○		○		○
	나트륨			○			
	염소			○			
	칼륨			○			
	마그네슘	○	○		○		
미량 무기질	철	○	○		○		
	아연	○	○		○		
	구리	○	○		○		
	불소			○	○		
	망간			○	○		
	요오드	○	○		○		
	셀레늄	○	○		○		
	몰리브덴	○	○		○		
	크롬			○			

1) 에너지필요추정량

2) 0~5개월과 6~11개월 영아의 경우 DHA 단일성분으로 충분섭취량 설정

3) 권고치

출처: 보건복지부 · 한국영양학회(2020).

4) 한국인 영양소 섭취기준

한국인 영양소 섭취기준은 [부록]의 표와 같으며, 성별과 연령에 해당하는 에너지와 영양소 섭취기준을 찾아 식생활에 적용할 수 있다.

2. 식사구성안

식사구성안은 복잡한 영양가 계산을 하지 않고도 영양소 섭취기준을 충족할 수 있도록 식품군별 대표 식품과 섭취 횟수를 이용하여 식사의 기본 구성을 제안한 것으로, 누구든지 건강한 식사를 쉽고 간편하게 구성할 수 있도록 도움을 주기 위한 것이다. 영양소 섭취기준이 있음에도 식사구성안을 고안한 것은 영양소 섭취기준은 섭취해야 할 영양소의 양만 알려줄 뿐 영양소 섭취를 위한 수단인 식품을 어떻게 구성하여 먹어야 하는지를 알려 주지 못하고 있어 식사 구성에 활용하기 어렵기 때문이다.

1) 식품군

식품군은 한국인의 대표적 식사패턴, 식품 분류체계, 영양소 함량 등을 고려하여 식품이 함유한 주요 영양소를 중심으로 비슷한 것끼리 묶어서 구분한 식품 분류이다. 나라마다 고유한 식생활을 고려하여 구분 지으며, 우리나라에서는 6가지 식품군으로 분류하였다. 여섯 가지 식품군에는 곡류, 고기 · 생선 · 달걀 · 콩류, 채소류, 과일류, 우유 · 유제품류, 유지 · 당류가 있다.

표 3-4 식품군의 분류와 1인 1회 분량

식품군	1인 1회 분량	내용
곡류	 쌀밥 (210 g), 백미 (90 g), 국수(말린 것) (90 g), 냉면국수(말린 것) (90 g), 가래떡 (150 g), 식빵 1쪽* (35 g)	• 1인 1회 분량은 300 kcal • 식이섬유 섭취를 늘리기 위해 잡곡류 사용을 권장함
고기·생선·달걀·콩류	 쇠고기 (생 60 g), 닭고기 (생 60 g), 고등어 (생 70 g), 대두 (20 g), 두부 (80 g), 달걀 (60 g)	• 1인 1회 분량은 100 kcal
채소류	 콩나물 (생 70 g), 시금치 (생 70 g), 배추김치 (생 40 g), 오이소박이 (생 40 g), 느타리버섯 (생 30 g), 미역(마른 것) (10 g)	• 1인 1회 분량은 15 kcal • 소금 섭취를 줄이기 위해 싱겁게 조리해야 함

식품군	1인 1회 분량	
과일류	 사과 (100 g), 귤 (100 g), 참외 (150 g), 포도 (100 g), 수박 (150 g), 대추 말린 것 (15 g)	• 1인 1회 분량은 50 kcal • 식이섬유 섭취를 늘리기 위해 과일주스보다 생과일 섭취를 권장함
우유·유제품류	 우유 (200 mL), 치즈 1장* (20 g), 호상요구르트 (100 g), 액상요구르트 (150 g), 아이스크림셔벗 (100 g)	• 1인 1회 분량은 125 kcal • 당류 섭취를 줄이기 위해 가공우유보다 흰 우유 섭취를 권장함
유지·당류	 콩기름 1작은술 (5 g), 버터 1작은술 (5 g), 마요네즈 1작은술 (5 g), 커피믹스 1회 (1.2 g), 설탕 1큰술 (10 g), 꿀 1큰술 (10 g)	• 1인 1회 분량은 45 kcal • 음식 조리 시 유지·당류를 소량만 사용하도록 권장함

※ 식빵 35 g은 0.3회, 치즈 20 g은 0.5회로 계산됩니다.

2) 권장식사패턴

권장식사패턴이란, 개인의 성별 및 연령을 기준으로 영양소 섭취기준에 적합하게 식사구성안을 작성할 수 있도록 제시한 식사 형태이다. 생애주기에 따라 영유아 및 아동·청소년 대상의 A타입과 성인·노인 대상을 위한 B타입으로 구분되어 있다. A와 B타입의 주요 차이점은 1일 우유·유제품류의 권장 섭취 횟수로서, A타입은 성장기인 점을 고려하여 2회, B타입은 칼슘 섭취가 부족한 점을 고려해 1회로 제시하여 칼슘 필요량을 충족시키도록 하였다. 권장식사패턴은 반드시 이렇게 먹어야 한다는 것이 아니라, 이런 정도의 식사 구성을 하면 영양소 섭취기준을 만족시킬 수 있다는 예를 보여 주는 것이다. 따라서 이를 토대로 개인의 기호도 등을 고려하여 식품군별 1일 섭취 횟수를 조정하여 다양하게 이용하면 된다. 그리고 같은 군에 속한 식품들은 기준 영양소 함량이 비슷하므로 자유롭게 바꾸어 선택하여 먹을 수 있으며, 가능하면 같은 식품군 내에서도 식품마다 기준 영양소 이외에 다른 영양소 및 건강 기능 성분의 함량이 다르므로 골고루 선택해 먹어야 한다.

표 3-5 권장식사패턴

A타입						열량	B타입					
곡류	고기·생선·달걀·콩류	채소류	과일류	우유·유제품류	유지·당류	(kcal)	곡류	고기·생선·달걀·콩류	채소류	과일류	우유·유제품류	유지·당류
1	1.5	4	1	2	2	900	-					
1	1.5	4	1	2	3	1,000	1.5	1.5	5	1	1	2
1.5	1.5	4	1	2	3	1,100	1.5	2	5	1	1	3
1.5	2	5	1	2	3	1,200	2	2	5	1	1	3
1.5	2	6	1	2	4	1,300	2	2	6	1	1	4
2	2	6	1	2	4	1,400	2.5	2	6	1	1	4
2	2.5	6	1	2	5	1,500	2.5	2.5	6	1	1	4
2.5	2.5	6	1	2	5	1,600	3	2.5	6	1	1	4
2.5	3	6	1	2	5	1,700	3	3.5	6	1	1	4
3	3	6	1	2	5	1,800	3	3.5	7	2	1	4
3	3.5	7	1	2	5	1,900	3	4	8	2	1	4
3	3.5	7	2	2	6	2,000	3.5	4	8	2	1	4
3	4	8	2	2	6	2,100	3.5	4.5	8	2	1	5
3.5	4	8	2	2	6	2,200	3.5	5	8	2	1	6
3.5	5	8	2	2	6	2,300	4	5	8	2	1	6
3.5	5	8	3	2	6	2,400	4	5	8	3	1	6
3.5	5.5	8	3	2	7	2,500	4	5	8	4	1	7
3.5	5.5	8	4	2	8	2,600	4	6	9	4	1	7
4	5.5	8	4	2	8	2,700	4	6.5	0	4	1	8
4	6	8	4	2	8	2,800	-					

출처: 한국인 영양소 섭취기준. 보건복지부 · 한국영양학회(2020).

3) 식품구성자전거

주로 먹는 식품들의 종류와 영양소 함유량, 기능에 따라 비슷한 것끼리 묶어서 6가지 식품군으로 구분하고, 6가지 식품군을 권장식사패턴의 섭취 횟수와 분량에 따라 자전거 바퀴 모양에 면적을 배분하여 일반인들의 이해를 돕기 위해 개발된 식품 모형이다. 식품구성자전거는 균형 있는 '식사', 충분한 '물' 섭취, 규칙적인 '운동'으로 건강을 지켜나갈 수 있다는 것을 표현하고 있다.

- 앞바퀴: 물을 충분히 섭취하자.
- 뒷바퀴: 매일 신선한 채소, 과일과 함께 곡류, 고기 · 생선 · 달걀 · 콩류, 우유 · 유제품류 식품을 필요한 만큼 균형 있게 섭취하자.
- 자전거 타는 사람: 규칙적인 운동으로 활동량을 늘려서 건강체중을 유지하자.

그림 3-3 식품구성자전거

출처: 보건복지부 · 한국영양학회(2020).

단원정리

■ 식품군

식품군은 일반인이 영양적으로 균형 잡힌 식사를 실천하는 데 도움을 주기 위하여 식품이 함유하고 있는 주요 영양소를 중심으로 곡류, 고기 · 생선 · 달걀 · 콩류, 채소류, 과일류, 우유 · 유제품류, 유지 · 당류의 6가지로 분류한다.

■ 한국인 영양소 섭취기준(Dietary Reference Intakes Koreans, KDRIs)

건강한 개인 및 집단을 대상으로 하여 한국인의 건강을 유지 · 증진하고 식사와 관련된 만성질환의 위험을 감소시켜 궁극적으로 국민의 건강수명을 증진하기 위한 목적으로 설정된 에너지 및 영양소 섭취량 기준이다. 2020 한국인 영양소 섭취기준은 안전하고 충분한 영양을 확보하는 기준치인 평균필요량, 권장섭취량, 충분섭취량, 상한섭취량과 함께 식사와 관련된 만성질환 위험 감소를 고려한 기준치인 에너지적정비율, 만성질환위험감소섭취량를 제시하였다.

■ 식사구성안

복잡한 영양가 계산을 하지 않고도 영양소 섭취기준을 충족할 수 있도록 식품군별 대표 식품과 섭취 횟수를 이용하여 식사의 기본 구성을 제안한 것으로, 누구든지 건강한 식사를 쉽고 간편하게 구성할 수 있도록 도움을 주기 위한 것이다.

■ 권장식사패턴

개인의 성별 및 연령을 기준으로 영양소 섭취기준에 적합하게 식사구성안을 작성할 수 있도록 제시한 식사 형태이다.

■ 식품구성자전거

주로 먹는 식품들의 종류와 영양소 함유량, 기능에 따라 비슷한 것끼리 묶어서 6가지 식품군으로 구분하고, 6가지 식품군을 권장식사패턴의 섭취 횟수와 분량에 따라 자전거 바퀴 모양에 면적을 배분하여 일반인들의 이해를 돕기 위해 개발된 식품 모형이다.

제4장

위해가능영양소

1. 당류

1) 당류란?

당류는 탄수화물의 일종으로, 식품에 자연적으로 존재하거나 식품을 가공 · 조리할 때 첨가한 모든 단당류와 이당류의 합을 의미한다. 단당류에는 포도당(glucose), 과당(fructose), 갈락토오스(galactose)가 있으며, 이당류에는 자당(sucrose), 맥아당(matose), 유당(lactose)이 포함된다. 당류는 체내 흡수가 수월하며, 단맛을 내어 음식의 풍미를 좋게 하고, 음식의 질감과 모양에도 좋은 영향을 준다.

2) 당류 함유 식품

자연식품에 들어 있는 당으로는 과일, 꿀의 과당, 우유 및 유제품의 유당, 당화된 곡류의 맥아당 등이 있다. 식품의 가공 · 조리 시에 넣은 당으로는 과자와 음료의 설탕과 과당 등이 해당된다. 최근 위해 가능성이 부각되고 있는 당은 식품의 가공 · 조리 시에 넣은 첨가당이다.

표 4-1 당류 주요 급원식품과 함량[1)]

순위	급원식품	함량(g/100g)	순위	급원식품	함량(g/100g)	순위	급원식품	함량(g/100g)
1	사과	11.1	11	고구마	9.8	21	빵	4.1
2	설탕	93.5	12	복숭아	9.3	22	요구르트(호상)	4.6
3	우유	4.1	13	국수	7.4	23	초콜릿	43.9
4	콜라	9.0	14	사이다	8.8	24	귤	5.1
5	배추김치	3.1	15	기타 탄산음료	10.7	25	수박	5.1
6	과일음료	7.1	16	아이스크림	17.3	26	불고기양념	28.2
7	바나나	14.6	17	참외	9.1	27	쌈장	25.7
8	양파	5.7	18	포도	10.4	28	커피(믹스)	5.9
9	김	10.5	19	케이크	22.9	29	배	4.7
10	고추장	22.8	20	가당 오렌지주스	6.5	30	양배추	4.8

1) 2017년 국민건강영양조사의 식품별 섭취량과 식품별 당류 함량(국가표준식품성분표 DB 9.1) 자료를 활용하여 당류 주요급원식품 상위 30위 산출

출처: 보건복지부 · 한국영양학회(2020).

그림 4-1 첨가당 함유량

3) 당류 과다 섭취의 위해성

(1) 당류의 적절한 섭취량

세계보건기구(WHO)에서는 첨가당을 총 에너지 섭취량의 10 % 이내로 섭취하도록 권고하고 있다. 우리나라의 경우 2020 한국인 영양소 섭취기준에서 당류 섭취기준은 총 에너지 섭취량의 10~20 %로 제한하고, 식품의 조리 및 가공 시 첨가하는 첨가당은 총 에너지 섭취량의 10 % 이내로 섭취하도록 정하였다.

(2) 당류의 섭취 실태

식품의약품안전처의 조사에 의하면 우리나라 국민의 하루 평균 당류 섭취량은 65.3 g이다. 주요 급원은 과일 14.4 g(22.0 %), 음료류 13.7 g(21.0 %), 원재료성 식품 7.9 g(12.1 %), 설탕 및 기타당류 5.8 g(8.9 %), 빵 · 과자 · 떡류 6.0 g(9.2 %) 순이다. 그중 청소년층(12~18세)이 당류를 가장 많이 섭취하는 것으로 나타났다. 청소년의 경우 하루 평균 당류 섭취

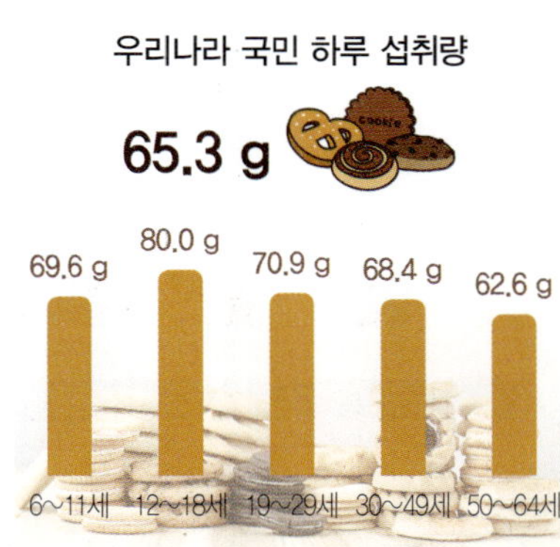

그림 4-2 당류의 하루 섭취량

량(80.0 g)은 우리 국민의 하루 평균 당류 섭취량보다 13 % 높은 수준이다. 그다음으로는 19~29세(70.9 g), 6~11세(69.6 g), 30~49세(68.4 g), 50~64세(62.6 g) 순이다.

청소년의 당류 섭취를 높이는 기여 식품류는 음료류 20.7 g(25.9 %)이었다. 특히, 음료류는 가공식품 중 6세 이상 모든 연령층에서 당류의 주요 공급원이며, 하루 평균 섭취량은 34.3 %에 달했다. 음료류 중에서도 6~29세는 탄산음료류, 30세 이상은 커피를 통한 당류 섭취가 가장 높다.

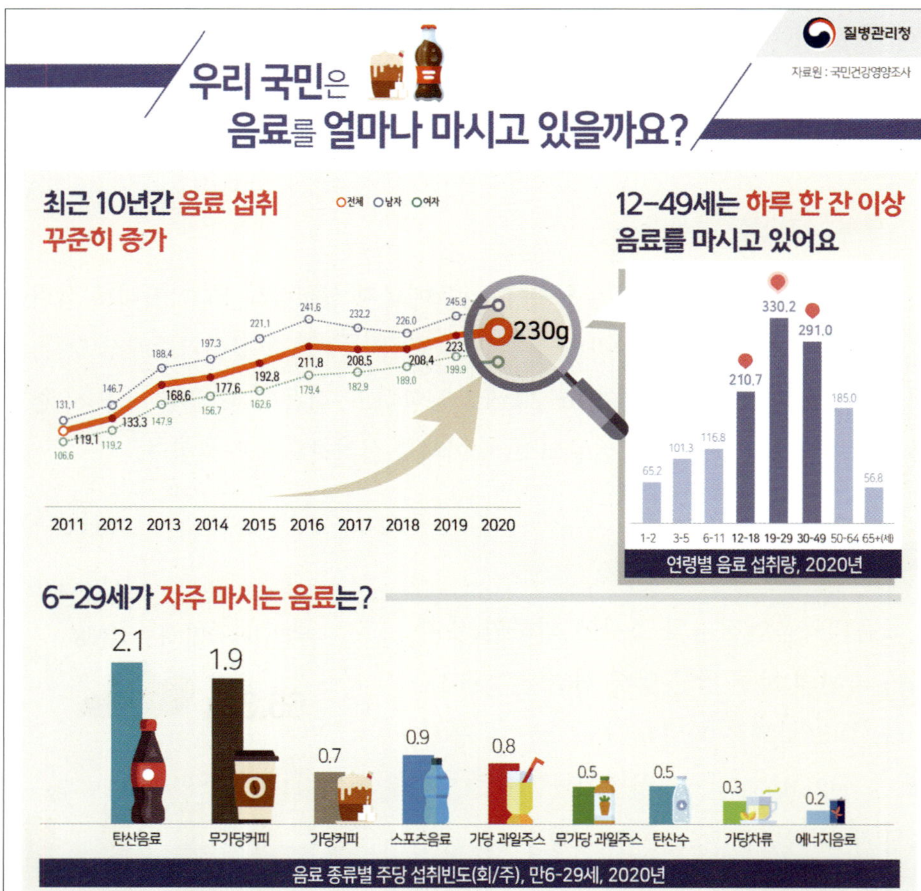

그림 4-3 음료 섭취량

출처: 질병관리청 국민건강영양조사(https://knhanes.kdca.go.kr/knhanes/sub04/sub04_05.do).

당류 섭취를 지역별로 보면 대도시가 67.6 g으로, 읍면지역 섭취량 59.7 g보다 높다. 성별로는 남성이(69.5 g) 여성(61.0 g)보다 높은 것으로 나타났다. 이는 일반적으로 여성보다 남성의 식품 섭취량이 높기 때문이다. 우리 국민의 가공식품을 통한 당류 섭취량(1일 열량의 8.1 %)은 WHO 섭취 권고 기준(1일 열량의 10 %) 이내지만 매년 증가하고 있는 추세이다. 특히, 3~5세(10.5 %), 12~18세(10.1 %)는 WHO 섭취 권고 기준을 초과하고 있다.

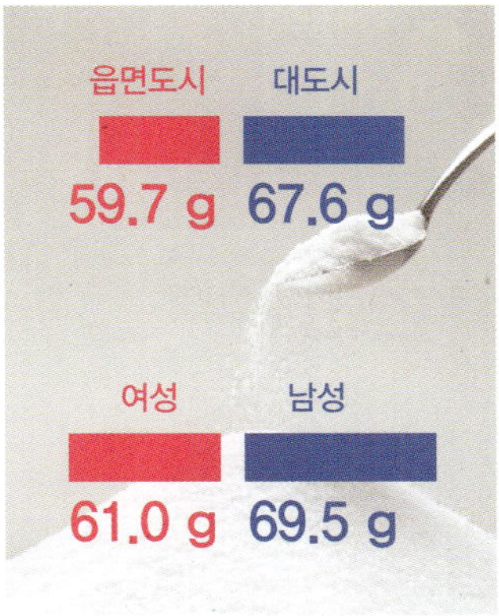

그림 4-4 지역별 당류 섭취량

(3) 당류의 과다 섭취와 건강 문제

① 충치

당 함량이 많으면서 끈적끈적한 식품은 입안에서 박테리아의 작용으로 산이 만들어져 치아의 에나멜층이 산에 의해 녹아 파괴되기 시작하고 충치가 발생할 수 있다.

② 비만

당류 함량이 높은 식품을 먹으면 섭취 열량이 높아져 비만해질 수 있다.

③ 당뇨병

단순당은 혈당을 급격하게 상승시키며, 당류를 과다 섭취하면 비만해지고 혈당 수준이 높아져 당뇨병이 발생할 수 있다.

4) 당류 섭취를 줄이는 방법

일상 속 당류 섭취를 줄이려면 식품의 선택, 조리, 식사에 이르기까지 각 단계에서 노력을 해야 한다.

식품 선택 시에는 저당 제품을 선택하도록 한다.

- 영양표시를 확인하고 저당 제품을 선택하기
- 통조림 과일은 연한 시럽에 들어 있는 것을 선택하기
- 과일주스보다는 과일을 선택하기
- 가공우유보다는 흰 우유를 선택하기

식품 조리 시에는 당을 덜 첨가하도록 한다.

- 조리할 때 설탕을 많이 넣지 않기
- 조리할 때 설탕 대신 다른 양념을 사용하기

식사 시에는 덜 달게 먹도록 한다.

- 차, 커피, 음식을 먹을 때 설탕, 꿀, 시럽을 적게 넣기
- 설탕 함량이 많은 시리얼, 과자, 음료, 케이크, 아이스크림, 사탕 등의 섭취량 줄이기
- 과일은 가능한 한 자연식품 그대로 섭취하기

당류 줄이기 실천 요령

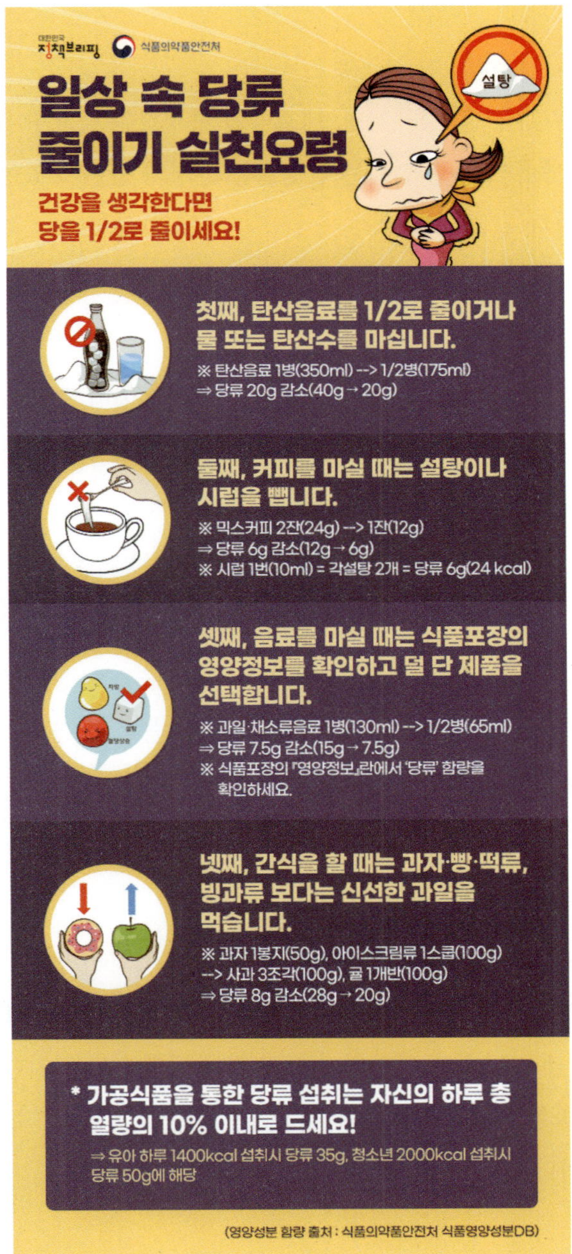
대한민국 정책브리핑
식품의약품안전처
설탕
일상 속 당류 줄이기 실천요령
건강을 생각한다면 당을 1/2로 줄이세요!
첫째, 탄산음료를 1/2로 줄이거나 물 또는 탄산수를 마십니다.
※ 탄산음료 1병(350ml) --> 1/2병(175ml)
⇒ 당류 20g 감소(40g → 20g)
둘째, 커피를 마실 때는 설탕이나 시럽을 뺍니다.
※ 믹스커피 2잔(24g) --> 1잔(12g)
⇒ 당류 6g 감소(12g → 6g)
※ 시럽 1번(10ml) = 각설탕 2개 = 당류 6g(24 kcal)
셋째, 음료를 마실 때는 식품포장의 영양정보를 확인하고 덜 단 제품을 선택합니다.
※ 과일·채소류음료 1병(130ml) --> 1/2병(65ml)
⇒ 당류 7.5g 감소(15g → 7.5g)
※ 식품포장의 『영양정보』란에서 '당류' 함량을 확인하세요.
넷째, 간식을 할 때는 과자·빵·떡류, 빙과류 보다는 신선한 과일을 먹습니다.
※ 과자 1봉지(50g), 아이스크림류 1스쿱(100g) --> 사과 3조각(100g), 귤 1개반(100g)
⇒ 당류 8g 감소(28g → 20g)
* 가공식품을 통한 당류 섭취는 자신의 하루 총 열량의 10% 이내로 드세요!
⇒ 유아 하루 1400kcal 섭취시 당류 35g, 청소년 2000kcal 섭취시 당류 50g에 해당
(영양성분 함량 출처 : 식품의약품안전처 식품영양성분DB)

2. 지질

1) 지질이란?

체내에서 에너지원으로 사용되며, 세포막을 구성하는 중요한 성분이다. 하지만 과다 섭취, 특정 종류의 지질 섭취는 만성질환 발병과 관련이 있어 균형 있게 섭취하는 것이 중요하다.

(1) 포화지방

포화지방은 주로 육류 등 동물성 지질에 많고 실온에서 고체 상태이다. 포화지방은 LDL-콜레스테롤의 농도를 높이며, 과다 섭취 시 체내에서 콜레스테롤 합성을 촉진하여 혈중 콜레스테롤 농도를 높인다.

(2) 콜레스테롤

콜레스테롤 섭취량이 부족한 경우 체내에서 필요량을 합성한다. 그러나 콜레스테롤의 과다 섭취 등으로 혈중 콜레스테롤 농도가 높으면 콜레스테롤이 혈관 내벽에 침착되어 동맥경화증의 발병률이 높아진다.

(3) 트랜스지방

트랜스지방은 불포화지방산에 수소를 첨가하여 포화지방산화한 것으로 식품가공 과정에서 생성되는 지방산이다. 자연계에 존재하는 이중결합의 일반적인 형태는 시스(cis) 형태로 탄소에 결합된 수소가 같은 방향으로 위치한다. 그러나 식물성 기름은 고체화한 식품가공 과정에서 이중결합에 위치한 수소가 트랜스(trans) 형태로 바뀐 것이다.

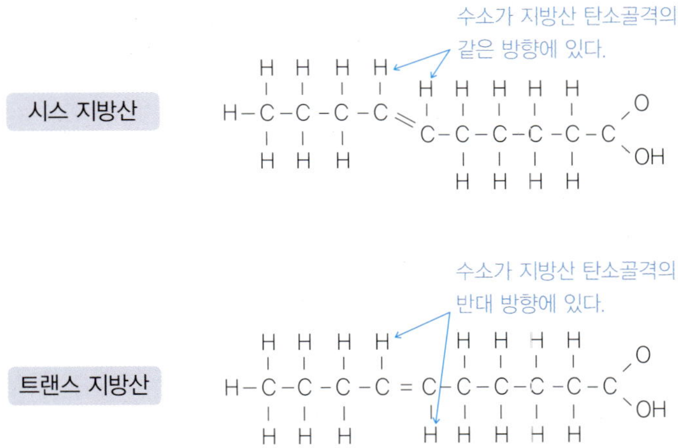

그림 4-5 트랜스지방의 구조

트랜스지방을 과다하게 섭취할 경우 혈중 LDL-콜레스테롤은 증가시키고 HDL-콜레스테롤은 낮추어 심혈관질환 발생 위험을 증가시킨다.

2) 지질 함유 식품

지질은 동물성 지방과 식물성 기름에 함유되어 있다. 포화지방의 경우 식물성 기름보다 동물성 지방에 3~5배 더 많으며, 필수 지방산 함량은 낮다. 생선류의 경우는 동물성 식품이지만 다가불포화지방을 많이 함유하고 있다. 콜레스테롤은 대체로 동물성 식품에만 함유되어 있으며, 달걀노른자, 새우, 오징어, 육류 등에 들어 있다. 트랜스지방은 대표적으로 마가린과 쇼트닝이 있으며, 이를 첨가하거나 튀김유로 사용한 식품에 많이 들어 있다. 트랜스지방 함유 식품은 청소년이나 어린이들이 즐겨 먹는 간식에 주로 함유되어 있기 때문에 트랜스지방 섭취를 줄이는 정책을 펴고 있다. 이에 가공식품 영양표시 사항에 트랜스지방산의 함량 표시를 의무화하고 있다.

3) 지질 과다 섭취의 위해성

(1) 지질의 적절한 섭취량

2020 한국인 영양소 섭취기준에서 19세 이상 성인의 포화지방산은 7 % 미만, 트랜스지방산은 1 % 미만, 콜레스테롤은 300 mg/일 미만을 목표섭취량으로 하였다.

표 4-2 지질의 섭취기준(에너지비율, %)

지질	한국(2020)			
	1~2세	3~18세	19세 이상	비고
총지질	20~35 %	15~30 %	15~30 %	
n-6계 지방산	4~10 %	4~10 %	4~10 %	
n-3계 지방산	1 % 내외	1 % 내외	1 % 내외	
포화지방산	-	8 % 미만	7 % 미만	
트랜스지방산	-	1 % 미만	1 % 미만	
콜레스테롤	-	-	300 mg/일 미만	목표섭취량

출처: 보건복지부 · 한국영양학회(2020).

(2) 지질의 섭취 실태

2019년 국민건강영양조사 결과 지질 에너지 섭취비율은 22.5 %이다. 2005년까지 지속적으로 증가하다 감소하는 추세를 보이다가 다시 증가하고 있다.

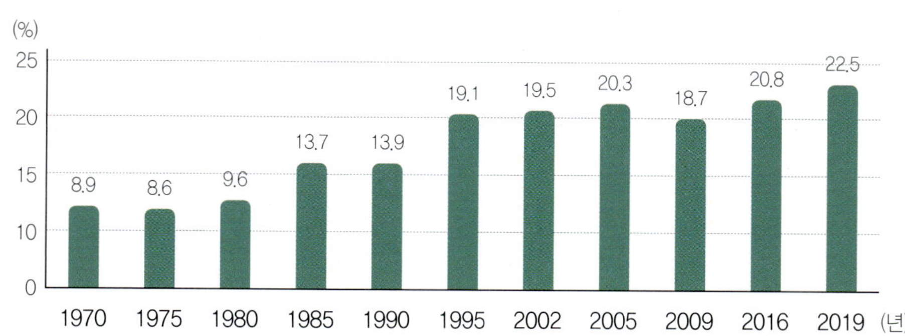

그림 4-6 한국인의 지질 에너지 비율의 변화

출처: 질병관리청 · 국민건강조사(2019).

(3) 지질의 과다 섭취와 건강 문제

과다한 지질 섭취는 심뇌혈관계 질환, 만성질환, 및 암 발생의 위험이 높아진다.

① 비만

지질은 다른 열량 영양소에 비해 에너지 함량이 높아 과다 섭취 시 비만해질 수 있다.

② 암

지질 섭취의 과다는 암 발생 위험을 높이며, 특히 대장암, 유방암, 자궁암 등의 발병률이 유의적으로 높아진다.

③ 심혈관계 질환

포화지방산, 콜레스테롤, 트랜스지방산의 과다 섭취는 심혈관계 질환의 위험을 높인다. 동맥벽에 콜레스테롤 등이 침착되면서 혈관 내경이 좁아져 죽상동맥경화증이 발병되고 혈액 흐름이 원활하지 못하며 혈관이 탄력을 잃어 굳게 된다. 이로 인해 심근경색, 심부전 등의 심혈관계 질환의 위험이 높아진다.

4) 지질 섭취를 줄이는 방법

일상 속 지질 섭취를 줄이려면 선택 · 조리 · 식사에 이르기까지 각 단계에서 지질 섭취를 줄이기 위한 방법을 실천해야 한다.

식품 구입 시에는 지질 함량이 낮은 제품을 선택한다.

- 영양성분 표시의 트랜스지방, 지방 함량을 확인하고 제품 선택하기
- 저지방 우유 · 유제품 선택하기
- 육류 구입 시 지방과 껍데기가 적은 부위 선택하기
- 지질 함량이 높은 페이스트리, 크루아상, 도넛, 머핀, 감자칩 등을 제한하기

식품 조리 시에는 지질 성분을 제거하도록 한다.

- 육류 조리 시 눈에 보이는 지질 떼어 내기(예: 닭 · 오리고기 껍질 떼어 내기, 돼지고기 · 쇠고기 지질 떼어 내기)
- 튀김, 볶음 대신 굽거나 찌기, 삶기의 조리법 사용하기
- 마요네즈 등 지질이 많은 소스보다는 간장, 식초 등의 소스 사용하기
- 쇼트닝이나 마가린보다는 식물성 기름 사용하기

식사 시에는 눈에 보이는 지질은 섭취하지 않도록 한다.

- 육류의 살코기만 먹기
- 패스트푸드보다는 자연식품 섭취하기
- 버터, 쇼트닝, 마가린, 커피용 크림, 초콜릿 등의 섭취 줄이기
- 고깃국은 냉장고에서 차게 하여 기름을 걷어 낸 후 먹기

3. 나트륨

1) 나트륨이란?

다량무기질의 한 종류이며, 소금인 염화나트륨(NaCl)의 구성성분이다. 체내 세포외액의 중요한 양이온(Na^+) 전해질로 존재하며, 삼투압 유지와 수분 평형에 관여하고, 산-염기 평형, 신경 자극 전달에도 관여한다.

2) 나트륨 함유 식품

(1) 나트륨이 적은 식품

자연식품이 가공식품보다 나트륨 함량이 낮다. 자연식품 중에서는 식물성 식품이 동물성 식품보다 대체로 나트륨 함량이 낮다.

그림 4-7 자연식품 내 나트륨 함량

출처: 싱겁게먹기센터(www.saltdown.com).

(2) 나트륨이 많은 식품

나트륨을 함유한 식품첨가물에는 베이킹파우더, 화학조미료(MSG), 카제인나트륨 등이 있다. 가공식품은 맛, 색, 보존력 증가를 위하여 나트륨이 첨가된다. 따라서 염장식품과 패스트푸드, 라면, 햄, 소시지, 식빵, 장류 및 소스 등의 소금과 식품첨가물을 많이 사용한 가공식품은 나트륨 함량이 높다. 다른 양념류는 소금보다는 나트륨을 적게 가지고 있지만 다시다, 굴 소스, 된장, 고추장은 나트륨 함량이 높은 편이다.

그림 4-8 원재료의 가공 시 나트륨 함량 비교

출처: 싱겁게먹기센터(www.saltdown.com).

표 4-3 소금 1 g에 해당하는 양념의 양

식품명	중량(g)	목측량	식품명	중량(g)	목측량
소금	1	0.2작은술	마가린	90	6큰술
진간장	8	0.5큰술	가염버터	50	3큰술
된장	10	0.5큰술	우스터소스	25	2큰술
고추장	15	1큰술	쌈장	15	1큰술
마요네즈	90	6큰술	다시마	5	1작은술
토마토케첩	40	2.5큰술	조미료	3	0.5작은술

출처: 식품안전정보포털 식품안전나라(2017).

(3) 음식 중 나트륨 함량

서양에서는 패스트푸드에서 대부분의 나트륨을 섭취하는 반면에, 우리나라에서는 장류 및 찌개 문화가 발달되어 국 · 찌개 · 면류에서 나트륨을 가장 많이 섭취하며, 그 밖에도 부식류와 김치에서 다량의 나트륨을 섭취한다. 우리나라 직장인이 즐겨 찾는 외식 메뉴를 분석해 본 결과, 1인분의 나트륨 함량이 세계보건기구(WHO)의 1일 섭취 권고량(2,000 mg/일)을 초과하는 메뉴가 많다.

표 4-4 나트륨 섭취습관 평가지

당신은 얼마나 자주	드물게	때때로	자주	규칙적(매일)
1. 훈제 혹은 가공육류(햄, 베이컨, 소시지, 프랑크푸르트소시지 혹은 다른 인스턴트 식사용 가공육)를 섭취하는가?	□	□	□	□
2. 통조림 채소나 냉동채소의 국물도 함께 사용하는가?	□	□	□	□
3. 상업적으로 가공 조리된 반조리식품이나 통조림 수프를 사용하는가?	□	□	□	□
4. 치즈, 특히 가공치즈를 먹는가?	□	□	□	□
5. 가염 견과류, 팝콘, 콘칩, 감자칩 등을 먹는가?	□	□	□	□
6. 채소 조리 시 조리수에 소금을 첨가하는가?	□	□	□	□
7. 소금, 샐러드드레싱, 양념(간장, 스테이크 소스, 케첩, 겨자 등)을 조리하는 동안 혹은 식사 시 첨가하는가?	□	□	□	□
8. 맛보기 전에 먼저 음식에 소금을 첨가하는가?	□	□	□	□
9. 식품을 살 때 나트륨 함량표시를 확인하는가?	□	□	□	□
10. 외식을 할 경우, 소스를 곁들인 음식이나 짠 음식을 선택하는가?	□	□	□	□

3) 나트륨 과다 섭취의 위해성

(1) 나트륨의 적절한 섭취량

2020 한국인 영양소 섭취기준에서 나트륨의 충분섭취량은 성인 1,500 mg/일이며, 만성질환위험감소섭취량은 성인 2,300 mg/일이다. 2018년 국민건강영양조사에 따르면 우리나라 국민의 나트륨 섭취량은 전국 평균 1일 3,255 mg/일로 매우 높은 편이며, 특히 40대 남성이 4,514.3 mg/일로 한국인의 나트륨 섭취 저감화가 시급한 상황이다.

(2) 나트륨의 과다 섭취와 건강 문제

나트륨을 장기간 과다 섭취하면 심혈관계 질환으로 인한 사망률이 증가하고 위암, 신장결석, 골다공증 등의 위험이 높아진다.

① 고혈압

고혈압은 뇌졸중, 심장질환, 신장질환 등의 위험요인이므로 주의하는 것이 중요하다. 염분(나트륨)의 섭취가 증가하면 혈액 내 나트륨 수치가 증가한다. 그로 인해 혈액의 부피가 증가하게 되고 혈관의 압력이 증가하여 혈압이 상승하는 것이다.

고혈압 예방 및 치료를 위한 식단으로 DASH(dietary approach to stop hypertension) 식단이 있다. 과일과 채소를 위주로 하여 저지방 유제품, 전곡류, 견과류, 가금류를 섭취하고 적색육, 단 음식, 설탕을 함유한 음료를 제한한다. 칼륨, 칼슘, 마그네슘 섭취를 늘리고 콜레스테롤, 포화지방의 섭취를 줄일 수 있다.

그림 4-9 대시 다이어트

② 위암

나트륨을 과다하게 섭취하면 위 점막을 보호하는 점액층을 손상시켜 위암 발생률이 증가한다. 한국인은 김치, 젓갈과 같은 염장 발효식품의 섭취가 높아 식습관으로 인해 위암 위험이 높아진다.

③ 골다공증

나트륨을 과다 섭취하면 초과된 나트륨과 함께 칼슘도 배설되어 부족한 칼슘농도를 보충하기 위해 뼈로부터 칼슘을 용출한다. 칼슘의 배설이 촉진되므로 골다공증의 위험이 높아진다.

4) 나트륨 섭취를 줄이는 방법

나트륨 섭취를 줄이려면 가정에서 양념 사용을 고려하고 저염식품을 선택하여 조리 및 식사를 하거나 외식할 때 나트륨 섭취를 줄이는 방법을 실천해야 한다.

표 4-5 나트륨 섭취를 줄이는 방법

- 조리 시 간장, 된장, 고추장 소금 등을 적게 사용한다.
- 식탁 소금을 사용하지 않는다. 단체급식을 할 경우 조리 시 소금류의 사용을 자제하고 식탁에서 저염간장, 저염고추장 등을 사용한다.
- 마늘, 생강, 카레, 레몬, 박하, 후추 등과 같은 염분이 없는 양념을 사용한다.
- 깻잎, 미나리, 양파, 파, 무순, 고춧잎 등 독특한 향기가 있는 식재료를 이용한다.
- 깻가루, 마늘가루, 콩가루, 후추, 고추, 계피 등을 조리에 이용한다.
- 파인애플, 사과, 복숭아, 키위 등 향기 나는 과일을 조리에 이용한다.
- 장아찌, 젓갈 등 염장식품, 통조림, 훈제식품, 소금이 첨가된 과자류, 오징어, 쥐포, 육포 등은 피한다.
- 식품표시에서 소금, 간장 등에 관한 사항을 자세히 읽는다.
- 고염분 음식을 적게 먹고 저염분 또는 무염분 제품을 사용한다.
- 전, 볶음, 튀김 등 기름의 향긋한 맛을 이용하여 소금을 줄인다.

단원정리

■ 당류

탄수화물의 일종으로 식품에 자연적으로 존재하거나 식품을 가공 · 조리할 때 첨가한 모든 단당류와 이당류의 합을 의미한다.

■ 당류 및 첨가당 섭취 기준

한국인 영양소 섭취기준에서 당류 섭취기준은 총 에너지 섭취량의 10~20 %로 제한하고, 식품의 조리 및 가공 시 첨가하는 첨가당은 총 에너지 섭취량의 10 % 이내로 섭취하도록 정하였다.

■ 트랜스지방산

불포화지방산에 수소를 첨가하여 포화지방산화한 것으로 식품가공 과정에서 생성되는 지방산이다.

■ DASH 식단

고혈압 예방 및 치료를 위한 DASH(dietary approach to stop hypertension) 식단은 과일과 채소를 위주로 하여 저지방 유제품, 전곡류, 견과류, 가금류를 섭취하고 적색육, 단 음식, 설탕을 함유한 음료를 제한하는 식단이다.

제5장

식품안전과 위생

식품안전은 건강상의 위해와 연관하여 식품의 품질에 광범위하게 적용되는 용어로서, 전염병이나 천연적 · 인위적 독소 · 물질에 의한 급성 · 만성중독과 같은 식품으로부터 발생되는 병해의 위험으로부터 소비자를 보호하는 것이다. 식품위생은 식품의 안전을 확보하기 위한 수단으로, 소비자의 건강을 보호하는 데 도움이 되기 때문에 매우 중요하다.

1. 식품위생

1) 식품위생의 정의

식품위생은 식품으로 인해 생기는 위생상의 위해를 방지하고 식품영양의 질적 향상을 도모하며, 식품에 관한 올바른 정보를 제공함으로써 국민보건의 증진에 이바지함을 목적으로 한다.

「식품위생법」 제1장 2조 11항에 보면, "'식품위생'이란, 식품, 식품첨가물, 기구 또는 용기 · 포장을 대상으로 하는 음식에 관한 위생을 말한다."라고 정의하였으며, 세계보건기구(WHO)의 정의는 "식품위생이란 식품의 재배 · 생산 · 제조로부터 최종적으로 사람에 섭취되기까지의 모든 단계에 걸친 식품의 안전성, 건전성 및 완전 무결성을 확보하기 위한 모든 필요한 수단을 말한다."라고 하여 원료의 생산으로부터 소비자까지를 포함하고 있다. 즉, 식품위생의 범위를 원료의 생산으로부터 최종 소비까지를 대상으로 하였으며, 소비자의 입장에서는 완전 무결한 식품을 얻을 수 있는 조건을 제시하고 있다.

그러나 정의에서 제시한 식품의 안전성, 건전성 및 완전 무결성을 확보할 수 있는 수단은 현실적으로 찾기가 어렵고 완전성을 추구하는 노력 과정을 강조한 의미로 볼 수 있다. 지역사회에서 이루어지는 식품위생활동은 식품안전기준강화, 식품업체 위생지도, 식품 취급 시 안전수칙 지도, 식품 위생검사, 식당의 위생 상태 점검, 식품 취급자 건강진단 등 다양한 활동이 있다(그림 5-1).

그림 5-1 지역사회의 식품 위생 활동

출처: 식품위해안내. 식약처(2017).

2) 식품안전관리 인증 기준

외식 인구의 증가, 코로나19 등으로 먹거리 안전에 대한 국민의 관심이 높아지고 있다. 특히, 축산물의 경우 정부는 생산 · 가공 · 유통의 모든 분야 및 식품의 제조 · 가공 · 유통 · 외식 · 급식의 모든 분야에 적용하여 집중적인 위생관리 및 안전한 식품을 소비자에게 제공할 수 있도록 인증제도를 운영하고 있다.

해썹(Hazard Analysis Critical Control Point, HACCP)은 위해요소분석(Hazard Analysis)과 중요관리점(Critical Control Point)의 영문 약자로서, 식품안전관리인증기준을 뜻한다(그림 5-2). 즉, 식품의 원재료부터 제조, 가공, 보존, 유통, 조리 단계를 거쳐 최종소비자가 섭취하기 전까지의 각 단계에서 위해한 물질이 식품에 섞이거나 식품이 오염되는 등의 발생 우려가 있는 위해요소를 규명하고, 중요관리점을 결정하여 식품의 안전성을 확보하기 위한 과학적인 위생관리체계이다.

HACCP 인증을 받으려면 업체의 환경에 맞게 체계적인 관리 시스템을 갖춰야 한다. 우리나라에서는 인증 및 관리를 식약처 산하 공공기관인 한국식품안전관리인증원이 맡고 있다. HACCP 인증마크(그림 5-2)는 소비자에게는 보다 안전한 먹거리를 위한 유용한 구매지표가 될 수 있다.

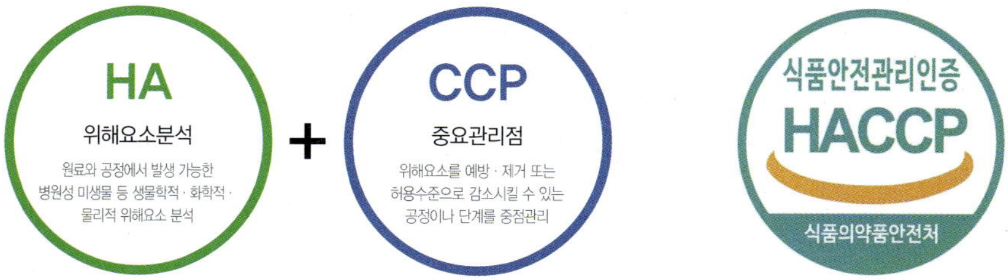

HACCP의 개념　　　　HACCP 인증마크

그림 5-2 HACCP의 개념과 인증마크

2. 식중독

1) 정의 및 발생 현황

식중독(food poisoning)은 오염된 물이나 식품을 매개로 하여 발생되는 질병이다. 세균, 바이러스 등뿐만 아니라 미생물이 생산하는 독소, 독성이 있는 화학물질과 식품재료 중 유해 성분 등에 의해서 발생하는 급성 건강장애를 말한다.

「식품위생법」 제2조 제14호

'식중독'이란 식품의 섭취로 인하여 인체에 유해한 미생물 또는 유독물질에 의하여 발생하였거나 발생한 것으로 판단되는 감염성 또는 독소형 질환을 말한다.

세계보건기구(World Health Organization, WHO)

'집단 식중독'이란 역학조사 결과 식품 또는 물이 질병의 원인으로 확인된 경우로서, 동일한 식품이나 공급원의 물을 섭취한 후 **2인 이상의 사람**이 유사한 질병을 경험한 사건이다.

최근 3년(2020~2022년)간 식중독 발생 빈도 및 원인균을 살펴보면, 식중독은 기온이 높아지는 6~8월에 집중적으로 발생하고 있으며, 환자 수도 그 시기에 가장 많으므로 이 시기 특히 주의가 필요하다. 원인별 통계로는 정확히 원인균을 찾을 수 없는 불명이 가장 많으며, 다음으로는 노로바이러스, 살모넬라, 병원성대장균의 순으로 나타났다.

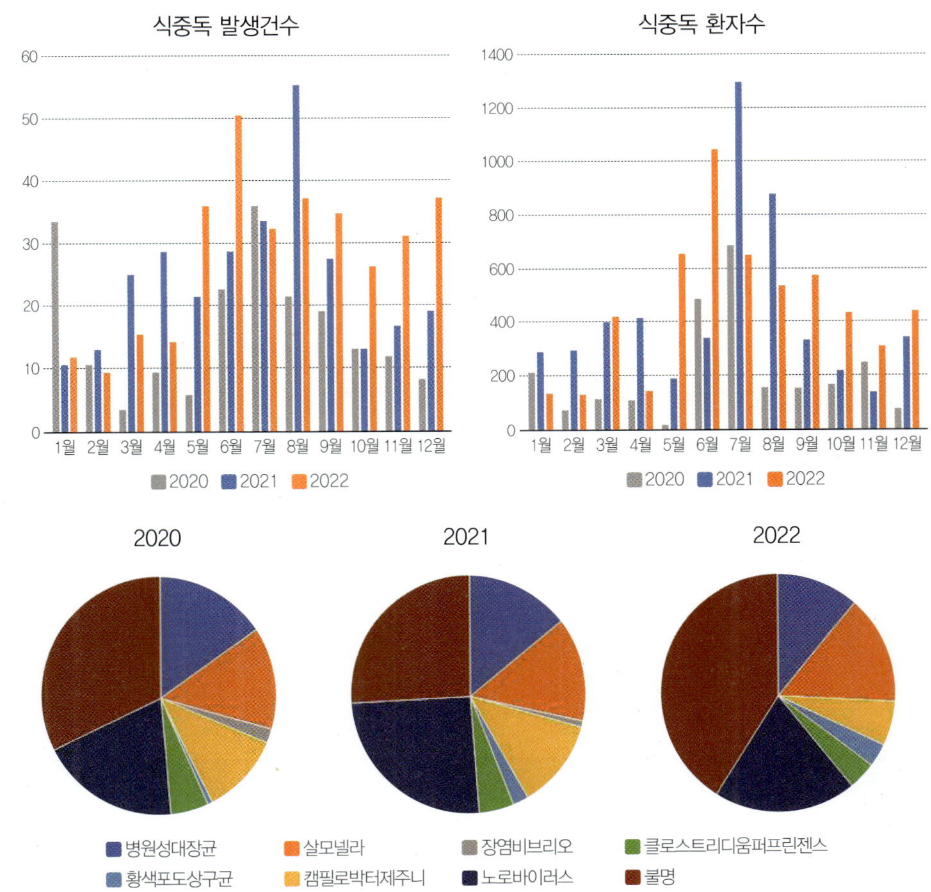

그림 5-3 식중독 발생 빈도 및 원인균

출처: 식품의약품 안전처(2023).

2) 식중독 원인

식중독은 위해생물성 식중독, 자연독 식중독, 화학적 식중독으로 분류되며, 위해생물성 식중독은 세균성과 바이러스성으로 구분할 수 있고, 자연독 식중독은 식물성, 동물성, 곰팡이성으로 구분할 수 있다. 위해생물성 식중독 중 세균성 식중독은 다시 감염형과 독소형으로 구분한다. 감염형 식중독은 균이 장 내에서 증식하여 식중독 증상을 발생시키는 형태이고, 독소형은 식품 내에서 균이 증식하고 독소를 생성하고 독소로 인해 식중독이 발생하는 형태이다.

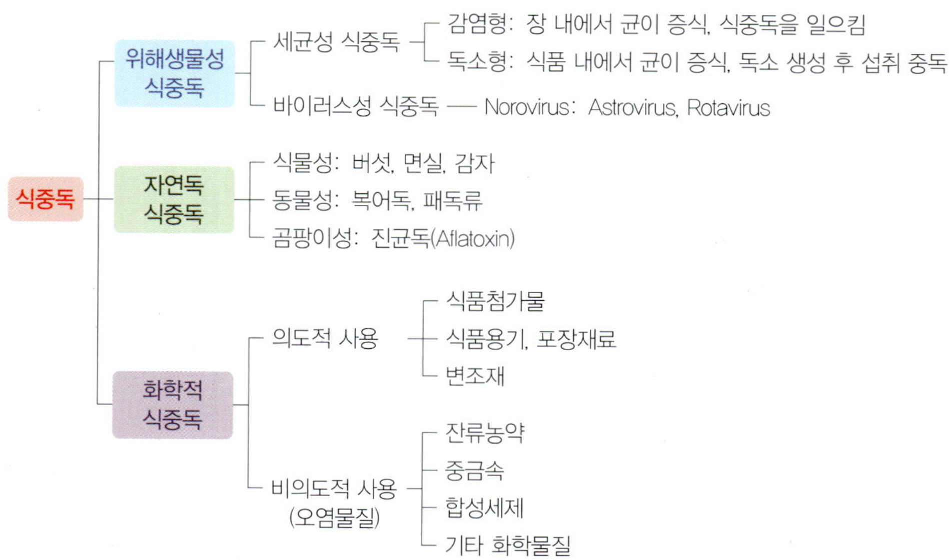

그림 5-4 식중독의 원인별 분류

표 5-1 식중독 원인균

구분	감염형	독소형
발병경로	오염된 식품에 증식한 다수의 생균이 식품과 함께 섭취되어 장관 내 점막에 침입함으로써 발병	세균이 식품 속에 생산한 독소를 그 식품과 함께 섭취하여 장관에 흡수되면 발병
잠복기	생균이 체내에서 적응하고 생육해야 하므로 잠복기가 긴 편임	독성물질이 소화기관을 통해 흡수되면 증상이 바로 나타나므로 잠복기가 짧은 편임
가열살균효과	가열 살균 시 생균 수가 줄어들기 때문에 대부분의 증상 예방 가능	독성물질의 열안정성이 큰 경우가 많으므로 가열에 의한 예방효과 없음
주요증상	발열(대부분 발생), 소화기관 장애	감염형과 유사한 증상이나 발열은 거의 없음
대표균주	살모넬라(*Salmonella*)균, 장염비브리오(*Vibrio*)균	포도상구균(*Staphylococcus*), 보툴리누스(*Botulinus*)균

(1) 위해생물성 식중독

① 살모넬라균

가. 특징 및 원인식품

포유류 및 조류 등의 장관에 존재하는 균으로, 생고기, 우유, 유제품 등을 충분히 가열 · 살균하지 않고 섭취할 경우 주로 발생한다. 잠복기는 12~48시간이며, 식중독 증상으로는 복부 통증, 두통, 메스꺼움, 구토, 고열, 설사 등이 있다.

나. 예방법

열에 약하므로 62~65 ℃에서 20분 이상 가열하면 사멸한다. -10 ℃ 이하에서는 거의 발병하지 않으므로 위험식품을 저온 보관하는 것이 좋다. 특히, 닭이 알을 낳는 과정에서 알이 나오는 곳이 분변이 나오는 곳과 만나기 때문에 달걀 껍데기에는 살모넬라균에 존재하므로 달걀을 만진 손은 반드시 세제를 이용해 깨끗이 닦는 것이 중요하다.

"달걀 깨기 전, 만진 후도…" 살모넬라 위험 1위

2022년 6월 경남 김해의 한 식당에서 식사를 한 손님 중 34명이 식중독 증상을 보였으며, 이 중 60대 남성은 사망한 것으로 보고되었다. 식품의약품안전처(식약처)와 김해보건소가 그 원인을 분석한 결과 달걀 지단에서 식중독을 일으키는 살모넬라균이 검출되었다.

직구한 킨더 초콜릿 '벨기에산'이면…당장 버리세요

2022년 4월 벨기에 아를롱 지역의 페레로사 초콜릿 공장에서 생산된 킨더 초콜릿 제품 섭취 후 살모넬라균 감염증 증세로 병원에 입원(영국 63건, 프랑스 15건 등)하였다.

그림 5-5 달걀 껍데기와 초콜릿을 원인식품으로 한 살모넬라 식중독 사례

출처: (상) https://news.heraldcorp.com/view.php?ud=20230504000757
(하) https://www.chosun.com/national/national_general/2022/04/11/WX5BIM7TPVHMHI3XDMMFVB2BDI/

② 장염비브리오균

가. 특징 및 원인식품

기온이 30 ℃가 넘는 계절에 3~5 % 식염농도에서 집중 발생하며, 생육최적온도는 37 ℃ 부근이다. 어패류 및 가공품, 생선회, 초밥 등이 원인식품이며, 잠복기는 8~24시간으로 식중독 증상으로는 상복부의 심한 통증, 구토, 설사(쌀뜨물 같은 변 또는 혈변), 고열 등이다.

나. 예방법

저온(0~2 ℃)보관이 필수이며, 민물에서는 저항성이 약하므로 수돗물로 깨끗이 세척하는 것이 좋고 어패류를 날것으로 먹지 말고 반드시 가열해서 먹는다.

바닷가 주변 횟집 위생점검 결과, 수족관물 7건에서 비브리오균(2종)이 검출되어 해산물의 오염 우려가 있었다(여름철 바닷가 주변 횟집 비브리오균 특별점검 결과, 식약처, 2020. 9. 3.).

그림 5-6 장염 비브리오균 실태조사결과(좌)와 비브리오균이 주로 검출되는 식품 예
출처: 포장판매 생선 회 · 초밥 안전실태조사. 한국소비자원 안전감시국 식의약안전팀(2020).

③ 포도상구균

가. 특징 및 원인식품

사람과 동물의 장관과 조직에 침투하여 화농성 염증을 유발하는 균이다. 탄수화물 함량이 높은 식품, 특히 김밥, 도시락, 떡 등 사람이 수작업으로 만드는 밥류나

조미가공품 등에서 황색포도상구균이 높게 검출된다. 발육최적온도는 30~37 ℃이며, 균이 생성하는 독소도 내열성이 강해 100 ℃도에서 30분 이상 가열해도 완전히 파괴되지 않는다. 잠복기가 평균 3시간으로 매우 짧으며, 급성위장염 증상과 구토 복통, 설사 등의 증상이 나타난다.

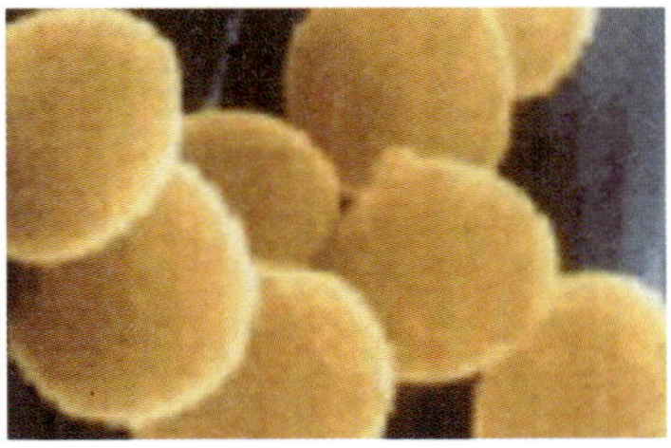

그림 5-7 포도상구균 현미경 사진

출처: https://www.foodsafetykorea.go.kr/portal/board/boardDetail.do

나. 예방법

식품은 반드시 냉장보관하며, 손에 화농성 질환이 있는 사람은 조리에 참여하지 말고 식품취급자는 특히 개인위생에 주의하도록 한다.

그림 5-8 포도상구균이 주로 검출되는 식품의 예

④ 보툴리누스균

가. 특징 및 원인식품

통 · 병조림 등의 가열살균이 충분치 않을 경우 혐기조건에서 균이 생성하는 독소에 의해 일어나는 독소형 식중독으로, 약 50 %의 가장 높은 치사율을 가졌다. 잠복기는 6~12시간으로, 생성된 독소는 장관에서 흡수되어 구토, 복통 등의 소화기 증상과 시력장애, 근력 감퇴 등을 야기하며, 심하게는 신경전달을 방해하

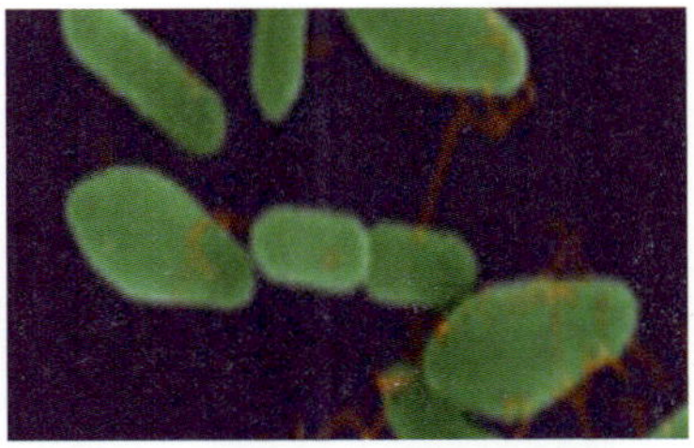

그림 5-9 보툴리누스균 현미경 사진

출처: https://www.foodsafetykorea.go.kr/portal/board/boardDetail.do

거나 신경지배를 받는 근육을 마비시키며 호흡근을 마비시켜 질식사를 유발할 수 있다.

나. 예방법

통 · 병조림 식품에서 용기가 부풀었거나 개봉 시 이상한 냄새가 나는 경우 섭취를 금지하며, 생성된 독소 파괴를 위해 보통 120 ℃에서 수 분 이상의 열처리를 권장한다.

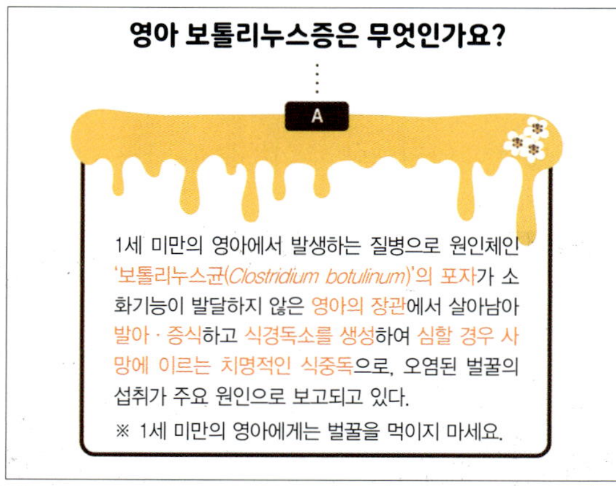

그림 5-10 주의할 영아 보툴리누스균

출처: https://www.foodsafetykorea.go.kr/portal/board/boardDetail.do?menu_no=3120&bbs_no=bbs001&ntctxt_no=1070946&menu_grp=MENU_NEW01

⑤ 병원성대장균

가. 특징 및 원인식품

그림 5-11 병원성대장균 현미경 사진

출처: https://www.foodsafetykorea.go.kr/portal/board/boardDetail.do

식품위생의 지표가 되는 균이다. 이 균을 함유한 분변이나 축산폐수 등으로 오염된 음식물이나 식수 등을 섭취하거나 오염된 채소류를 생으로 섭취한 경우 발생한다. 구토, 발열, 설사 등의 증상이 나타나며, 3~5일간 지속될 수 있다.

나. 예방법

과일, 채소류는 4 % 농도의 염소 소독액(락스)를 약 400배 희석한 물에 5분 이상 담가 두었다가 깨끗한 물에 세 차례 이상 씻은 후 섭취하며, 세척 후에 바로 섭취하지 않는 경우는 반드시 냉장보관한다. 화장실을 다녀온 후 반드시 손을 씻는 등 개인위생을 철저히 하는 것이 중요하다.

그림 5-12 장출혈성대장균감염증을 일으켰던 원인식품인 햄버거 패티

장출혈성대장균감염증(Escherichia coli)

발생사례: 장출혈성대장균이란, 시가독소 등 치명적인 독소를 생성하는 병원성대장균이다. 소가 주된 감염원으로, 오염된 식육을 갈거나 마쇄한 고기로 만든 패티를 완전히 익히지 않고 섭취한 경우 또는 오염된 물로 재배된 채소와 과일 등을 섭취한 경우 발생한다. 대표적인 장출혈성 대장균으로는 O157:H7로, 산소가 없어도 잘 생존하고 체온인 36.5 ℃에서 활발히 증식한다. 이 식중독의 잠복기는 2~10일이며, 감염 정도가 심할 경우 독소가 몸에 퍼져 적혈구를 파괴하고 신장 기능이 저하되는 용혈성요독증후군이 발생할 수 있다. 1982년 미국에서 덜 익힌 패티가 들어간 햄버거를 먹고 이 병에 걸렸다는 주장이 나오면서 세상에 알려졌다.

* 우리나라 발생사례: 2016년 4세 아이가 맥도날드 햄버거를 먹고 증상이 나타났다고 보고되었고, 2020년 안산유치원에서 100명 가까이 이 증상으로 치료받았다고 보고된 바 있다.

⑥ 캠필로박터

캠필로박터균은 지금까지 약 20종의 균이 발견되었다. 식중독과 관련된 질환은 대부분 캠필로박터 제주니(*Campylobacter jejuni*)에 의해 발생한다. 주요 원인은 조리가 불충분한 닭고기, 돼지고기의 섭취이다. 조리대가 닭고기의 균에 의해 오염된 후 다른 식품에 교차 오염이 발생하여 감염되기도 한다. 다른 보균 동물로부터 오염된 식품, 오염된 물, 균을 보유한 젖소에게서 착유된 가공하지 않은 생우유의 섭취로도 감염이 될 수 있다. 잠복기는 대개 2~5일이며, 1~10일까지 가능하고, 2~7주간 균을 배출할 수 있다. 처음에는 12~48시간 정도 발열, 두통, 근육통, 전신 쇠약감이 나타나고 초기 증상 이후 심한 복통, 설사가 발생하며, 때로는 오심과 구토가 동반된다.

⑦ 노로바이러스(Norwark-like viruses)

가. 특징 및 원인식품

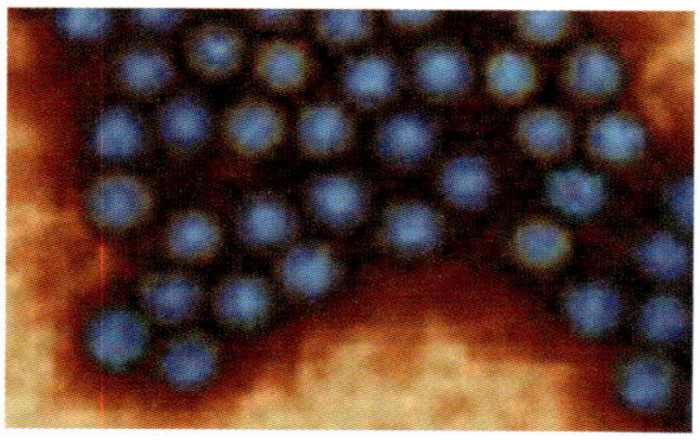

그림 5-13 노로바이러스 현미경 사진

출처: https://www.foodsafetykorea.go.kr/portal/board/boardDetail.do

미국 오하이오 주 노워크 지역에서 발병된 이후 지역 이름을 따서 명명하였으며, 크기가 매우 작고 소량으로도 식품이나 음료수를 쉽게 오염시킬 수 있다. 감염자의 구토물이나 변에서 발견되며, 손이나 장비 등에 묻었다가 식품에 접촉하여 전염된다. 잠복기는 24~28시간이며, 증상은 오심, 구토, 설사로 인한 탈수 등이다.

나. 예방법

조리 전 · 후 손을 깨끗이 씻도록 하며, 식품용수로는 수돗물만 사용한다(지하수나 기타용수 사용 금지). 식품은 85 ℃ 이상의 온도에서 1분 이상 열처리하여 섭취하도록 하며, 전염성이 매우 높기 때문에 감염 증상이 있는 사람은 완치 후에도 3일 이상 조리 업무를 금지하고 증상자는 즉시 치료하여 전염을 방지하며 환자 발생 시설은 철저히 살균 · 소독을 실시하여야 한다.

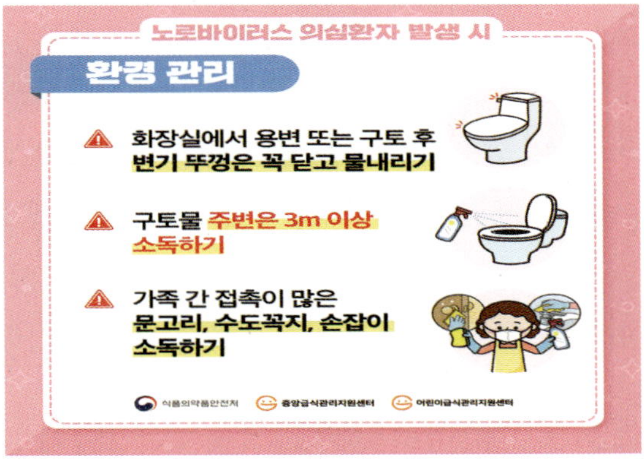

그림 5-14 노로바이러스 의심환자 발생 시 환경 관리

출처: https://www.foodsafetykorea.go.kr/portal/board/boardDetail.do?menu_no=3120&bbs_no=bbs001&ntctxt_no=1094093&menu_grp=MENU_NEW01

(2) 자연독 식중독

자연독 식중독이란, 식품 내에 존재하는 성분에 의한 식중독으로, 독버섯, 솔라닌, 고시폴 등의 의한 식물성 식중독과 복어 등에 의한 동물성 식중독으로 분류된다.

① 식물성 자연독

가. 버섯

일반적으로 색깔이 화려하지 않고 원색이 아닌 버섯, 세로로 잘 찢어지는 버섯, 대에 띠가 있는 버섯, 벌레가 먹은 버섯, 요리에 넣은 은수저가 변색되지 않는 버섯 등은 먹을 수 있다고 생각하는데 이는 잘못된 상식이다. 예로, 맹독성 독우산광대버섯은 흰색으로 세로로 잘 찢어지고 대에 띠가 있으며 벌레도 잘 먹으며, 식용버섯인 표고버섯 요리에 은수저를 넣으면 변색되기도 한다. 버섯의 독성은 주로 아마톡신(amatoxin)인데 광대버섯, 갓버섯, 황토버섯 등에 함유되어 있다. 아마톡신은 섭취뿐만 아니라 접촉이나 공기 중 흡입을 통해서도 중독을 일으킬 수 있으므로 주의가 필요하다. 독버섯을 섭취했을 경우, 보통 30분에서 12시간 안에 두통, 구토, 발진, 메스꺼움 등 중독 증상이 나타날 수 있다.

나. 감자

감자는 오래 보관하면 표면이 녹색으로 변하거나 싹이 나는데 이 부위에 천연 독소인 솔라닌(solanine)이 함유되어 있어 섭취 시 식중독을 일으킬 수 있다. 솔라닌은 열에 강한 특성이 있어 조리 시에도 쉽게 분해되지 않으므로 감자의 싹은 눈 부분이 남지 않도록 말끔히 도려내고 녹색으로 변한 부분 역시 깨끗이 도려내야 한다. 솔라닌을 먹으면 복통, 설사, 구토, 발열, 언어 장애, 현기증, 마비 등의 증세를 나타낼 수 있다.

다. 콩류

콩류에는 단백질 가수분해 효소의 작용을 방해하는 물질인 트립신 저해제(trypsin inhibitor)가 들어 있어 익히지 않고 섭취할 경우 소화가 안 된다. 붉은 강낭콩에는 다른 콩에는 들어 있지 않은 헤마글루티닌(hemagglutinin)이라는 적혈구 응집단백질이 들어 있다. 약한 가열에는 완전히 파괴되지 않으나 오래 불린 후 충분히 삶은 콩은 안전하다.

라. 고사리

고사리에는 티아민 분해 효소(Thiaminase), 프타퀼로사이드(ptaquiloside) 같은 유해 성분이 있는 것으로 알려져 있는데, 고사리의 떫고 쓴맛을 물로 충분히 우려내고 가열 조리하면 독성이 사라져 큰 문제가 되지 않는다.

② 동물성 자연독

가. 복어독

복어에는 테트로도톡신(tetrodotoxin)이라는 독소가 난소, 알, 껍질, 간 등에 많고 근육에도 존재한다. 산란기 직전인 4~6월에 독성이 가장 강하며, 영하 20 ℃에서 얼려도 사라지지 않고, 6시간 이상 끓여야 사라지는 맹독물질로, 청산가리 독성의 1,000배에 달해 단 1 mg만 먹어도 성인이 목숨을 잃을 수 있다. 섭취 후 0.5~4시간 사이에 증세가 나타나며 주로 혀끝 마비, 호흡 곤란, 언어 장애, 지각 마비, 복통 등의 증세를 보인다.

나. 조개류

패류독소는 조개류에 축적되어, 먹으면 식중독을 일으키는 독의 총칭이다. 플랑크톤을 먹이로 하는 패류의 체내에 독소가 축적되는데, 이를 사람이 섭취하면 인체마비, 기억상실, 설사 등의 중독 증상이 나타난다. 패류독소는 패류를 가열, 조리해도 제거되지 않고 냉장, 동결 등의 저온에서도 파괴되지 않는다. 따라서, 패류독소 허용기준 초과 해역에서는 임의로 패류를 채취하여 섭취하는 일이 없도록 각별히 주의해야 한다.

(3) 곰팡이 독소에 의한 식중독

곰팡이독소(mycotoxin)는 곰팡이가 생산하는 2차 대사산물로서, 사람이나 가축에 질병 또는 생리적 · 병리적 장애를 유발하는 물질이다. 곡류, 견과류와 곰팡이가 번식하기 쉬운 식품에서 주로 발생하며, 온도, 습도, 수확 전, 수확기, 수확 후의 강우량 정도와 같은 환경적 요인에 의해 영향을 받는다. 곰팡이 독소는 생산균의 속명에서 Aspergillus속 곰팡이 독소(아플라톡신, 스테리그마토시스틴, 오크라톡신 등), Penicillium속 곰팡이 독소(티토레오비리딘, 티토리닌, 루테오스카이린, 루굴로신, 루브라독소 등), Fusarium속 곰팡이 독소(트리코데센류, 제랄레논 등) 등으로 분류한다. 또한, 독성발현 장기나 기작에 따라 간장독(아플라톡신류, 스테리그마토시스틴, 오크라톡신 등), 신장독(티토리닌, 오크라톡신류), 신경독(티토레오비리딘, 스라프라민 등), 세포독(트리코덴센류, 사이토카라신류) 등으로 분류한다. 가장 주목을 받고 있는 것은 누룩곰팡이의 일종인 Aspergillus flavus에서 나오는 아플라톡신과 A. versicolor에서 나오는 스테리그마토시스틴의 두 가지로, 각종 동물의 실험 결과에 의하면 간이나 신장과 같은 주요 장기에 암성종양을 일으킨다는 것이 확인되고 있다. 아플라톡신은 곡물의 오염, 특히 땅콩의 오염이 브라질 · 아프리카 대륙 · 동남아시아 등에 널리 알려져 있다. 이미 남아프리카의 원주민이나 타이 주민들 사이에 발생하고 있는 급성 또는 만성의 아플라톡신중독증, 특히 간암의 원인물질로 의심받고 있다. 곰팡이 독소에 의한 식중독을 예방하기 위해서는 수확한 농산물을 충분히 건조시켜 저온 · 저습한 곳에 저장하여 곰팡이의 번식을 방지하도록 한다.

식중독 예방법

1) 손 씻기

흐르는 물에 비누로 30초 이상 손 씻기는 간단하면서도 쉽게 식중독을 예방할 수 있는 방법이다. 손 씻기 전후 손(검지, 중지, 약지)에 있는 균을 측정해 본 결과, 손 씻기 전에는 상당한 수의 균이 검출되었으며(가), 세제 없이 물로만 손을 씻은 후에도 완전히 균이 없어지지 않고 남아 있을 수 있다(나). 따라서 비누를 사용하여 30초 이상 충분히 씻어 줄 필요가 있다. 또한, 알코올 세정제를 사용하면 상당량의 균을 없앨 수 있다(다).

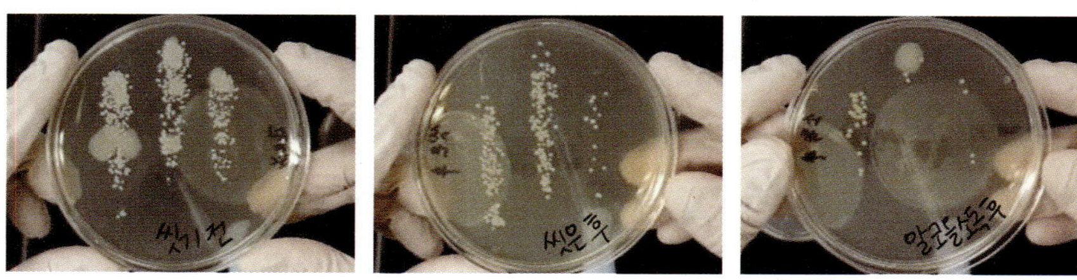

(가) 물로 손 씻기 전 (나) 물로 손 씻기 후 (다) 알코올 세정제로 씻은 후

손 씻기 전후와 알코올 세정제를 이용한 후 손에 남아 있는 균

2) 조리해서 섭취하기

① 조리도구: 익혀서 섭취하는 육류용과 익히지 않는 채소류 조리도구(도마나 칼)는 반드시 구분해서 사용한다.

② 조리온도 지키기: 특히, 여름철에는 육류의 중심온도가 75 ℃까지, 어패류의 중심온도는 85 ℃까지 충분히 익혀서 섭취하여 햄버거 패티와 같이 다짐육은 미생물에 오염될 수 있는 표면적이 넓기 때문에 속까지 완전히 익혀서 섭취한다.

③ 가열 · 조리한 음식은 2시간 이내에 섭취하도록 하고, 바로 먹을 수 없는 경우는 식힌 후 냉장보관한다.

④ 식중독이 발생하기 쉬운 여름철에는 물도 반드시 끓여 먹도록 한다.

단원정리

■ 식품안전의 정의

식품안전은 건강상의 위해와 연관하여 식품의 품질에 광범위하게 적용되는 용어로서, 전염병이나 천연적 · 인위적 독소 · 물질에 의한 급성 · 만성중독과 같은 식품으로부터 발생되는 병해의 위험으로부터 소비자를 보호하는 것이다.

■ 식품위생의 중요성

식품위생은 식품의 안전을 확보하기 위한 수단으로 식품으로 인해 생기는 위생상의 위해를 방지하고, 식품영양의 질적 향상을 도모하며, 식품에 관한 올바른 정보를 제공함으로써 국민보건의 증진에 이바지함을 목적으로 한다.

■ HACCP의 정의

해썹(HACCP, Hazard Analysis Critical Control)은 위해요소분석(Hazard Analysis)과 중요관리점(Critical Control Point)의 영문 약자로서, 식품의 원재료부터 제조, 가공, 보존, 유통, 조리 단계를 거쳐 최종소비자가 섭취하기 전까지의 각 단계에서 위해한 물질이 식품에 섞이거나 식품이 오염되는 등의 발생 우려가 있는 위해요소를 규명하고, 중요관리점을 결정하여 식품의 안전성을 확보하기 위한 과학적인 위생관리체계이다.

■ 식중독의 정의

식중독은 식품의 섭취로 인하여 인체에 유해한 미생물 또는 유독물질에 의하여 발생하였거나 발생한 것으로 판단되는 감염성 또는 독소형 질환을 말한다. 식중독 발생은 원인불명을 제외한 노로바이러스, 병원성대장균, 살모넬라, 캠필로박터, 장염비브리오가 주요 원인균으로 확인되었다.

■ 노로바이러스

노로바이러스로 인한 식중독은 바이러스로 인한 것이라서 기온과 습도가 떨어지는 겨울철에는 세균성 식중독의 발병 확률이 떨어지는 것과는 달리, 노로바이러스는 겨울철에도 여전히 발병 확률이 존재한다. 노로바이러스는 보통 오염된 상수, 지하수, 해수 등이 채소나 과일류, 어패류, 해조류 등을 다시 오염시키고, 이를 섭취하면서 감염이 된다. 노로바이러스 감염자와의 직접적인 간접적인 접촉을 통해서 감염될 수 있다. 따라서, 노로바이러스에 의한 식중독을 예방하기 위해서는 식품을 제조 · 조리하는 사람의 개인위생과 식사의 철저한 관리가 필요하다.

■ 병원성대장균

병원성대장균(*pathogenic E. coli*)은 유아에게 전염성의 설사증이나 성인에게 급성 장염을 일으키는 대장균이다. 병원성대장균 식중독은 분변에 오염된 물, 오염된 용수로 세척한 채소, 도축과정에서 오염된 육류 등을 통해 이루어진다. 병원성대장균 식중독 증상은 묽은 설사, 복통, 구토, 피로, 탈수 등이다. 육류로 음식을 준비할 때는 도마나 칼 등을 구분해 사용함으로써 교차오염이 되지 않도록 하고, 조리할 때는 육류를 충분히 가열하며 특히 다짐육은 속까지 완전히 익히도록 한다.

■ 살모넬라속균

살모넬라속균(*Salmonella*)은 닭, 돼지, 소 등의 동물의 장관이나 하천, 하수 등 자연계에 넓게 분포하고 있으며, 오염된 식품의 섭취에 의해 일어나며 고열이 나는 것이 특징이다. 살모넬라균은 열에 약하여 저온 살균(62~65 ℃에서 30분 가열)으로도 충분히 사멸되지만, 가열한 조리 식품을 먹더라도 가열이 충분치 못하였거나 조리 식품에 2차 오염이 있을 경우 살모넬라균에 중독될 수 있다.

■ 캠필로박터

캠필로박터에 의한 식중독은 주로 캠필로박터 제주니(*Campylobacter jejuni*)에 의해 발생하는데, 주요 원인은 조리가 불충분한 닭고기, 돼지고기의 섭취이다. 처음에는 발열, 두통, 근육통, 전신 쇠약감이 나타나고, 초기 증상 이후 심한 복통, 설사가 발생하며, 때로는 오심과 구토가 동반된다.

■ 장염비브리오균

장염비브리오균(*Vibrio parahaemolyticus*)은 바닷물에 분포하고 있기 때문에 해산 어패류가 오염원이 된다. 12~48시간 잠복기가 있고, 다리에 출혈을 동반한 수포가 생기며, 고열, 패혈증 등이 나타난다. 조리를 하기 전에 어패류와 조리기구는 수돗물로 충분히 세척하고 완전히 익혀 섭취하고 어패류를 취급하는 업소에서는 수족관 물을 자주 교체하고, 한 번 사용한 무채나 천사채 등은 다시 사용하지 않아야 한다.

■ 포도상구균

포도상구균(*Staphylococcus aureus*)은 자연계에 널리 분포된 세균의 하나로, 식중독뿐만 아니라 피부의 화농, 중이염, 방광염 등 화농성 질환을 일으키는 원인균이다. 황색 포도상구균에 감염되지 않으려면 식품을 10 ℃ 이하에 보관하고, 80 ℃에서 30분간 가열한 음식을 섭취하는 것이 권장된다.

■ 클로스트리디움 보툴리늄

클로스트리디움 보툴리늄(*Clostridium botulinum*)은 혐기성 세균으로, 이 세균이 생산하는 보툴리늄 독소는 동물의 근육을 수축 또는 마비시킨다. 이 균은 현재까지 알려진 가장 강한 신경독소를 가지고 있다. 주로 통조림 식품처럼 혐기성 상태인 제품이 120 ℃에서 20분간 제대로 가열처리되지 못하였거나, 운반 또는 보관 도중에 난 흠집을 통하여 이 세균에 감염된다.

■ 곰팡이독소

곰팡이독소(mycotoxin)는 곰팡이가 생산하는 2차 대사산물로서, 사람이나 가축에 질병 또는 생리적 · 병리적 장애를 유발하는 물질이다. 가장 주목을 받고 있는 것은 누룩곰팡이의 일종인 Aspergillus flavus에서 나오는 아플라톡신과 A. versicolor에서 나오는 스테리그마토시스틴의 두 가지로, 각종 동물의 실험 결과에 의하면 간이나 신장과 같은 주요 장기에 암성종양을 일으킨다는 것이 확인되고 있다. 곰팡이 독소에 의한 식중독을 예방하기 위해서는 수확한 농산물을 충분히 건조시켜 저온 · 저습한 곳에 저장하여 곰팡이의 번식을 방지하도록 한다.

■ 자연독 식중독

자연독 식중독이란, 자연산물에 의한 식중독으로 독버섯, 솔라닌, 고시폴 등의 의한 식물성 식중독과 복어 등에 의한 동물성 식중독으로 분류된다. 식물성 자연독에는 아마톡신 등을 함유한 독버섯, 감자 싹의 솔라닌, 날콩의 트립신저해제 및 헤마글루티닌, 고사리의 티아민분해효소, 프타퀼로사이드 등이 있다. 동물성 자연독에는 복어의 테트로도톡신, 조개류에 축적되어 있는 패류독소 등이 있다.

제6장

식품안전정보

1. 내분비계 장애물질(EDCs: Endocrine disrupting chemicals)

1) 정의 및 특징

생물체 내의 정상적인 내분비계 기능을 방해하는 화학물질로서, 환경 중에 배출되거나 잔류해 있다가 체내로 유입되어 마치 호르몬처럼 작용하는 물질로, 환경호르몬이라고 부르기도 한다. 대부분 잘 분해되지 않고 장기간에 걸쳐 환경 속에 잔류하며, 생물체 내에 축적되어 있으므로 상위 포식자일수록 생물농축이 증가된다. 체내에 축적된 내분비계 장애물질은 호르몬 분비와 활동에 이상을 일으켜 정상적인 대사 기능을 저해하고 생식기능을 파괴하는 등 심각한 증상을 일으킬 수 있다.

2) 내분비계 장애물질의 작용메커니즘

내분비계 장애물질은 체내 호르몬 유사작용, 호르몬 봉쇄작용, 촉발작용 등으로 체내 생리를 교란시킨다.

(1) 호르몬 유사작용

체내 호르몬인 것처럼 표적 세포의 수용체에 결합하여 정상적인 반응을 유도하는 경우이며, 그 예로 합성에스트로젠으로 알려진 diethylstilbestro(DES), bisphenol A 등이 있다. DES는 에스트로겐 수용체(estrogen receptors)에 결합하여 정상적인 호르몬보다 강하거나 약한 신호를 전달함으로써 내분비계의 교란작용을 유발한다. 에스트로젠 유사물질이 수컷 체내로 침투해서 호르몬 유사작용을 통해 암컷화 현상을 유발할 수 있게 된다. 또한, 난막단백질(choriogenin)과 같은 암컷 특이적 물질이 bisphenol A에 노출되었을 때 수컷에서도 발견되었다고 보고된 바 있다.

(2) 호르몬 봉쇄작용

호르몬 수용체의 결합 부위를 봉쇄함으로써 정상 호르몬이 결합하지 못하도록 호르몬 작용을 차단하는 경우이다. 그 예로 DDE(dichlorodiphenyldichloroethylene, 살충제인 DDT와 유사한 화학물질)가 정소의 안드로겐 호르몬의 기능을 봉쇄하는 것으로 보고된 바 있다.

(3) 촉발작용

내분비계 장애물질이 호르몬 수용체에 결합하여 비정상적인 생장 및 생리작용을 야기하는 경우이며, 예로 다이옥신 또는 다이옥신 유사물이 있다.

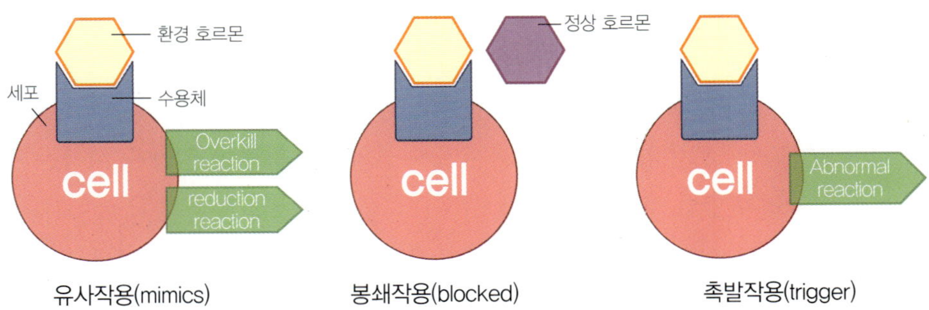

그림 6-1 내분비계 장애물질의 작용메커니즘 종류

출처: https://luv-n-interest.tistory.com/637.

3) 내분비계 장애물질의 종류

표 6-1 내분비계 장애물질로 분류되는 화학물질의 노출경로

일부 환경호르몬의 예	환경 중 노출원의 예
농약류	다양한 식품
다이옥신류	소각장, 염소화합물이 연소될 때
할로겐 유기화합물류	건축내장재, 가구, 전자제품
비스페놀 A	플라스틱 용기, 통조림, 영수증
알킬페놀	합성세제
프탈레이트	각종 플라스틱 제품
스티렌	컵라면 용기
중금속(납, 수은, 카드뮴)	아말감, 배기가스, 어패류와 같은 일부 식품

출처: 질병관리청 · 국가건강정보포털(https://health.kdca.go.kr/healthinfo/biz/health/gnrlzHealthInfo/gnrlzHealthInfo/gnrlzHealthInfoView.do?cntnts_sn=5836).

4) 대표적인 종류와 인체 내에서의 부작용

① 프탈레이트: PVC(polyvinyl chloride, 폴리염화비닐)를 유연화시키기 위해 사용하는 가소제이나, 우리나라에서는 현재 식품포장재로 사용할 수 없다.

② 합성에스트로젠인 DES(diethylstilbestrol): 폐경 이후 갱년기 증상 완화를 위해 처방되었으나, 이후 DES에 노출되었던 여성의 자녀들에게서 자궁 기형, 불임, 면역기능 이상 등이 발생했으며, 남아의 경우 고환암, 정자 수 감소, 왜소 음경 등이 발생하였다.

③ 다이옥신류: 유기물질이 염소(chlorine)의 존재 하에 연소될 때 생성되는 물질로, 화학 공장, 특히 제초제 공장 등에서 다량 배출되고 쓰레기 소각장도 주요 배출원이다. 지금까지 알려진 독성물질 중 가장 독성이 강한 종류에 속하며, 주로 성호르몬의 농도를 변화시켜 여성의 생식능력에 영향을 끼치는 것으로 알려져 있다.

④ DDT(dichlorodiphenyltrichloroethane): 살충제로 개발되어 세계 식량 생산량의 증가와 곤충매개전염병을 퇴치시켰으나, 먹이사슬을 통하여 축적되어 인간의 지방 및 뇌 조직 등에서 검출되어 종양을 발생시키고 생식 이상을 초래하는 것이 밝혀져 현재 대부분의 국가에서 DDT 사용이 금지되어 있다.

⑤ 비스페놀 A: 플라스틱 제조원료로 사용된다. 플라스틱에 강력한 세제를 사용하거나 산성 또는 고온의 액체 속에서 비스페놀 A가 녹아 나올 수 있고 에스트로겐과 유사작용을 하여 내분비계 교란, 대사장애, 고혈압 및 조기성 성숙 유발 등의 유해성이 제기된 바 있다.

5) 식품으로 흡수되는 예

내분비계 장애물질은 일반적으로 지용성이라 지방조직 등에 축적이 용이하고 그에 따라 먹이사슬을 통한 농축이 잘 일어난다. 사람의 다이옥신 오염은 그 상당량이 섭취하는 음식물에서 유래되며, 특히 고기, 유제품, 생선 등이 대표적 예이다.

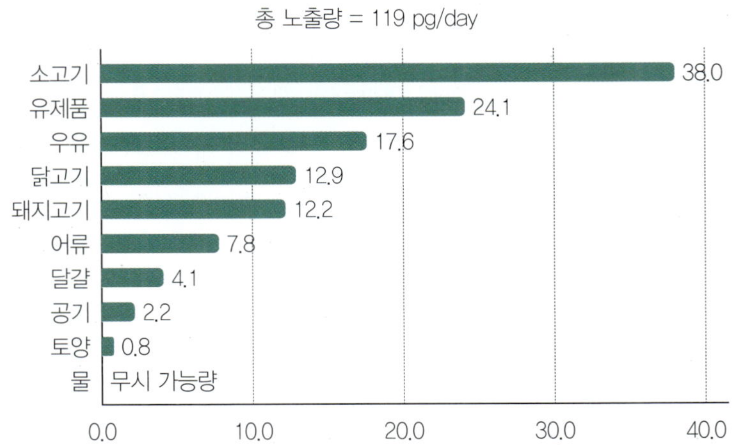

그림 6-2 미국 북부 사람들이 하루 식품 섭취를 통해 다이옥신에 노출되는 양

출처: 'EPA Dioxin Reassessment' Summary 4/94-Vol. 1, p. 37(http://www.ejnet.org/ dioxin/).

6) 우리나라에서 내분비계장애물질 규제 사항

프탈레이트(phthalate)와 같이 생활 속 노출원이 많고 노출 경로가 다양한 유해물질은 미량이라 할지라도 노출 가능성이 크므로 사용규제를 강화하고 있다. 특히, 인체 발암 가능물질(그룹 2B)로 분류된 DEHP[di-(2-ethylhexyl)-phthalate]를 포함 총 6종(DEHP, BBP, DBP, DnOP, DIDP, DINP)에 대해 일회용 면봉, 기저귀, 영유아용 기구 · 용기 · 포장의 기준과 인체 노출 안전 기준을 설정 · 관리하고 있다.

식품용기에는 프탈레이트 사용이 금지되어 있고 플라스틱 재질의 완구 및 어린이용 제품에 DEHP, DBP(dibutyl phthalate), BBP(benzyl butyl phthalate) 3종 사용은 전면 금지되어 있다.

7) 예방 및 주의사항

내분비계 장애물질을 줄이기 위해 플라스틱 제품 및 일회용품의 사용을 줄이고 화장품이나 세제 등 생활용품을 친환경제품으로 바꾸면 일부 물질에 노출되는 양을 줄일 수 있다. 내분비계 장애물질은 지방에 잘 녹는 특성이 있으므로 먹이사슬의 상층부를 차지하는 지방이 많은 동물성 식품의 섭취를 줄이는 경우에도 노출량을 줄일 수 있다.

체내에 이미 축적된 화학물질의 배출을 증가시키기 위해서는 흰쌀보다는 식이섬유가 풍부하게 함유된 현미의 섭취를 늘리고 가공식품보다는 자연식품을 선택하며, 다양한 색깔을 가진 채소와 과일, 콩 등의 섭취를 늘리면서 적절한 운동을 규칙적으로 수행하는 것도 장기적으로 도움이 된다.

2. 식품첨가물

1) 정의

「식품위생법」 제2조 제2호에 "식품을 제조 · 가공 · 조리 또는 보존하는 과정에서 감미(甘味), 착색(着色), 표백(漂白) 또는 산화방지 등을 목적으로 식품에 사용되는 물질을 말한다. 이 경우, 기구 · 용기 · 포장을 살균 · 소독하는 데에 사용되어 간접적으로 식품으로 옮아갈 수 있는 물질을 포함한다."라고 정의하였다.

2) 분류

식품의약품안전처에서 2018년 제조방법 분류체계를 용도 중심으로 개편하여 23년 기준 32개 용도로 분류하고 있다.

표 6-2 32개 용도 중 사용 빈도가 높은 종류

용도	설명	종류	사용 예
감미료	식품에 단맛을 부여하는 식품첨가물	아세설팜칼륨	
보존료	미생물에 의한 품질 저하를 방지하여 식품의 보존기간을 연장시키는 식품첨가물	안식향산나트륨	
살균제	식품 표면의 미생물을 단시간 내에 사멸시키는 작용을 하는 식품첨가물	차아염소산나트륨	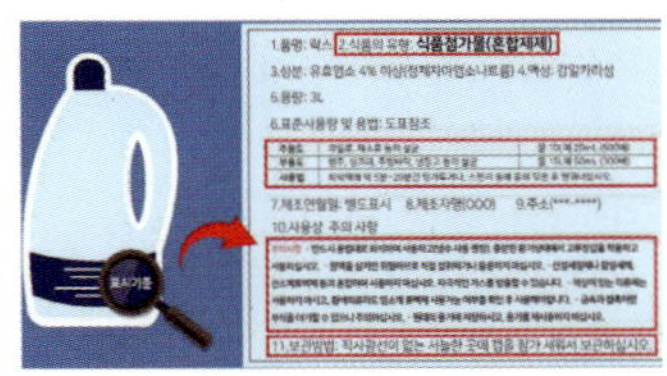
표백제	식품의 색을 제거하기 위해 사용되는 식품첨가물	아황산나트륨	
발색제	식품의 색을 안정화시키거나 유지 또는 강화시키는 식품첨가물	아질산나트륨	
향미증진제	식품의 맛 또는 향미를 증진시키는 식품첨가물	L-글루탐산나트륨	

3) 식품첨가물의 안전성 설정

현재 우리나라에서 허용된 식품첨가물은 독성실험 등을 통하여 일일허용섭취량을 설정하고 있다. 또한, 식품첨가물에 대해 독성시험 및 평가자료에 대한 최신 자료를 수집하고 정리하여 식품첨가물에 대한 안전성 확보를 위해 노력하고 있으며, 주기적인 섭취량 평가를 실시하고 있다

1일 섭취허용량(Acceptable Daily Intake, ADI)은 사람이 어떤 물질을 일생 동안 매일 먹더라도 유해한 작용을 일으키지 않는 체중 1 kg당 1일 섭취허용량으로 정의된다. ADI 설정 절차는 동물실험을 통해 최대무작용량(각종 독성시험에서 전혀 유해작용이 확인되지 않은 최대 투여량)을 설정한 후 종(동물과 사람 간) 안전계수를 고려하여 1/10 수준으로 허용량을 계상하고, 개인 간 차이를 고려하여 다시 1/10 수준으로 허용량을 감소시켜 최종 ADI로 설정한다.

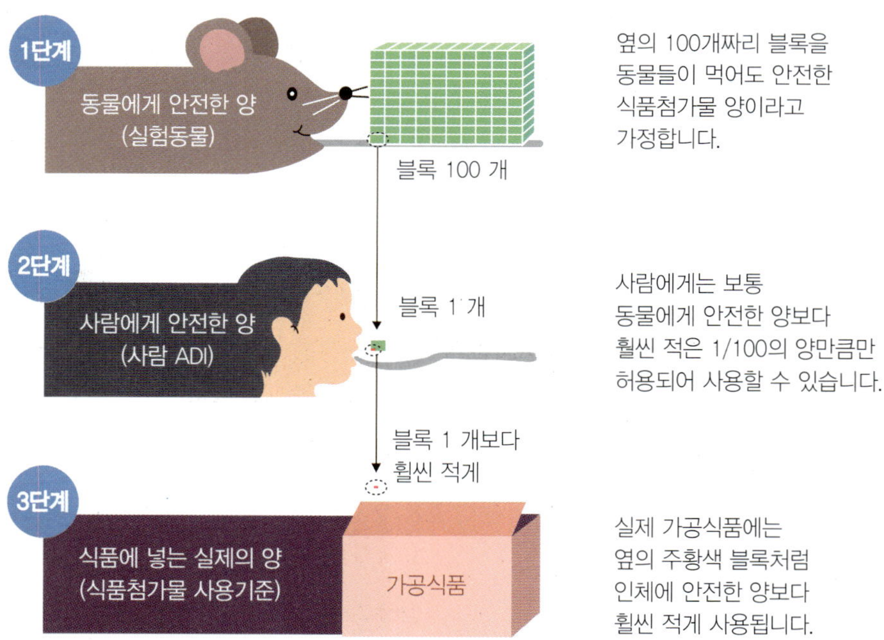

그림 6-3 식품첨가물 1일 섭취허용량 설정 절차

출처: 식품첨가물 바르게 알기(리플릿 일반인용). 식품의약품안전처(2016).

4) 첨가물의 종류와 특징

(1) 감미료

감미료는 합성감미료와 천연감미료로 분류할 수 있고, 사카린, 아스파탐, 스테비아, 나한과 등이 해당한다.

표 6-3 고감미 감미료의 종류

합성감미료		천연감미료		
품목	감미도	품목	공급원	감미도
Saccharine	300배	Steviol glycoside	스테비아	40~450배
Aspartame	200배	α-Glucosylatedstevioside	스테비아	80~180배
Acesulfame K	200배	Glycyrrhizin	감초	100~500배
Sucralose	600배	Thaumatin	ThaumatcoccusdanielliiBenth	2,000~3,000배
Alitame	2,000배	Mogroside	나한과	80~550배

※ 감미도는 설탕 감미도의 배수

출처: 김재환(2010).

합성감미료 중 사카린나트륨은 물에 잘 녹으며, 현재는 발암 위험성이 없는 것으로 보고된 바 있다. 아스파탐은 저렴하다는 장점이 있으나 빛과 열에 약한 단점이 있고, 아스파탐과 주로 병행하여 사용되는 Acesulfame K는 감미의 질이 좋지 않아 그 사용량이 줄고 있다. 반면, Sucralose는 설탕의 600배에 해당하는 강한 단맛과 그 감미가 설탕과 유사하다고 평가되고 있다. 천연 고감미 감미료로서는 효소처리 스테비아가 가장 많이 사용되고 있으며, 2008년 12월 FDA에 의해 승인된 스테비아 유래의 Rebaudioside A 역시 감미료 시장에서 주목받고 있는 소재이다. 그 외 감초 추출물, 나한과 추출물 등이 있으나 가격이 비싸고 감미의 질이 설탕과 다르다고 평가되고 있다.

(2) 발색제

자체로는 색이 없으나 식육 내에 존재하는 고유의 색소를 안정화시켜 선명하게 만드는 물질을 의미하며, 아질산나트륨, 아질산칼륨, 질산나트륨, 질산칼륨 등이 해당된다. 이 중 가장 많이 사용하는 아질산나트륨은 육가공품 제품에 바람직한 풍미와 색, 조직감을 부여하며, 대표적인 병원성 미생물인 Clostridium botulinum의 생육을 억제하는 데 매우 효과적인 보존제이기도 하다. 그러나, 육가공품 제조 시 아질산나트륨을 다량 첨가할 경우 최종 제품에 잔류하게 되고 이후 가열처리를 통해 강력한 발암물질인 니트로사민(nitrosamines)의 생성을 유도할 수 있어 그 사용량은 엄격히 규제되고 있다.

(3) 보존료

식품의 보존효과를 높이기 위해 사용되는 보존료는 데히드로초산, 소르빈산, 안식향산나트륨 등을 포함하여 5품목 18종의 보존료가 식품공전 및 식품첨가물 공전에 지정되어 사용되고 있다. 2014년 식품의약품안전평가원의 조사에 의하면 식품의 안전성을 위협하는 가장 큰 요인으로는 식품첨가물(48.0 %)이 가장 높았으며, 그중 가장 관심 있는 식품첨가물은 보존료(45.9 %)로 응답된 바 있다.

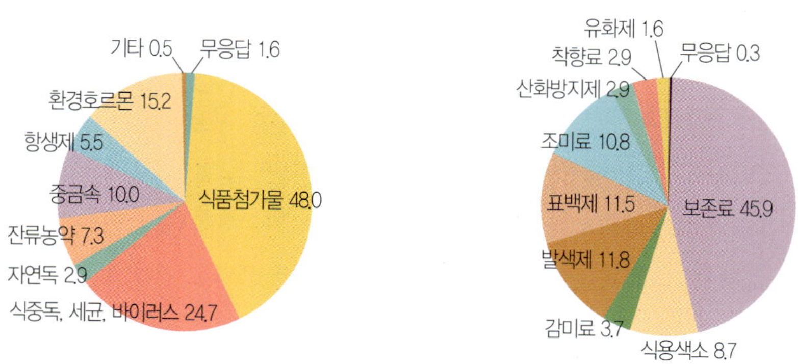

그림 6-4 식품안전에 대한 인식도 조사결과(좌) 및 식품첨가물별 관심도 조사결과(우)

출처: 신재욱 외(2014).

각각의 보존료는 식품에 따라 사용기준이 설정되어 있으며, 식품별 잔류허용량이 설정되어 있다. 사용기준이 설정되어 있지 않은 식품의 경우 식품의 규격상 검출되어서는 안 되며, 검출 시 기준규격 위반으로 판매 · 유통 · 진열 등이 금지된다.

소르빈산은 미생물 포자의 발아와 성장을 억제하여 미생물 세포의 생성을 막는 항균작용을 수행하나 살균작용은 거의 없다. 안식향산나트륨은 산성 영역(pH 2.5~4.0)에서는 강력한 항균효과를 나타내지만 알칼리성 영역에서는 항균력이 낮으며, 곰팡이, 효모 등의 여러 종류의 미생물에 효과가 있고 항균범위도 넓은 것으로 알려져 있다.

(4) 살균제

미생물은 식품 표면과 내부에서 생육하며, 식품 표면의 살균을 위해 최종 제품을 살균제 용액에 침지하거나 분무하는데, 식품에 직접 사용할 수 있는 살균제로서는 차아염소산수, 오존수, 이산화염소수의 사용이 허가(식품의약품안전청 고시 제2007-74호, 2007. 11. 9.)되어 있다. 1차 세계대전 중 감염된 창상의 소독을 위하여 차아염소산 나트륨 용액(Sodium hypochlorite solution, 0.4~0.5 %)을 사용하면서 염소계 화합물이 살균소독제로서 가치를 인정받기 시작했다. 살균소독에 큰 역할을 수행하는 성분은 차아염소산(hypochlorous acid)으로 미국에서는 과일이나 야채의 세척 및 살균에 차아염소산수의 주요 성분인 차아염소산(hypochlorous acid)을 GRAS(General Recognized As Safety)로 인정하여 1999년 최종 사용농도 200 ppm 이하로 사용이 승인되었고, 일본에서도 2002년 식품첨가물로 지정하였다. 차아염소산수는 폭넓은 항균스펙트럼을 가지면서도 세정 후 잔류염소가 거의 없어 인체에 무해한 장점이 있다(김용수 외, 2009).

(5) 표백제

아황산염류는 물속에서 아황산가스를 생성하여 변색을 억제하거나 미생물 생육을 억제하며, 과실주, 과일주스, 과 · 채가공품, 건조과일류, 건조채소류, 소스 등에 사용할 수 있도록 허용되어 있다. 아황산염류는 자연계에 흔한 물질이어서 자연 상태의 농축수산물(쪽파, 파, 마늘 등)에서도 검출되지만, 지나치게 많이 섭취하면 천식, 발작, 두통, 복통 등을 일으킬 수 있다. 예로 2004년 8월에 중국에서 수입된 일부 찐쌀과 이를 이용해 만든 뻥튀기, 쌀강정 등의 제품에서 표백제 성분이 검출되었는데, 묵은쌀을 새 쌀처럼 보이려고 찐쌀의 제조 과정에서 산성아황산나트륨 등의 표백제를 사용한 것으로 알려졌다. 세계보건기구(WHO)는 아황산염류의 1일 섭취허용량을 이산화황 기준으로 사람 체중 1 kg 당 0.7 mg으로 정하고 있다(조순덕 외, 2012).

(6) 향미증진제

대표적 향미증진제로 L-글루탐산나트륨이 있다. 1908년에 다시마를 우린 물에서 분리된 이후 국물의 감칠맛을 내는 물질로 알려졌으며, 일본에서 처음 발견되었다고 하여 우마미(Umami)로 표현한다. 식품에 소금 대신 글루탐산나트륨을 첨가하면 동일한 맛을 나타내면서도 나트륨 함량을 약 20~25 % 저감화할 수 있다는 연구결과가 발표된 바 있다(이광원 외, 2017) 한때 중국음식점증후군(Chinese restaurant syndrome)이라고 하여 L-글루탐산나트륨을 많이 사용한 중국음식의 섭취가 천식을 악화시킨다는 주장 이외에도 고혈압, 비만, 당뇨병, 등의 발생이 증가한다는 부정적 의견이 있었으나 FDA를 비롯한 여러 연구결과 안전성이 의심될 만한 증거는 아직 발견되지 않았다.

5) 안전성 관련 논란이 있는 식품첨가물의 종류

① 적색 2호: 1976년 미국에서 발암성 의심으로 사용을 금지하였으나, 현재 EU,

일본, 우리나라에서는 사용이 허가되어 있다.

② 황색 4호: 천식 환자나 아스피린 과민군에서 기관지 경련 유발 가능성이 보고된 바 있다. 또한, 청소년의 과격한 행동이나 주의력 결핍에 영향을 미친다는 보고가 있었으나 1993년 미국 FDA에서 근거 없음이 발표되었다.

③ 아황산염: GRAS(Generally recognized as safe) 물질로 알려져 있으나, 기관지 천식이 있는 사람에게 심각한 영향을 미칠 수 있으므로 가공식품에 표시를 의무화하고 있다.

6) 첨가물 표시

식품첨가물에 대해 과학적으로 확인되지 않은 막연한 불안감은 오히려 그 장점을 퇴색시킬 수 있으니 정확한 표시를 통해 정확한 정보를 제공하고 계속적인 관리 · 감독을 통해 소비자가 불안감을 느끼지 않고 안전한 식생활을 할 수 있도록 하는 것이 중요하다.

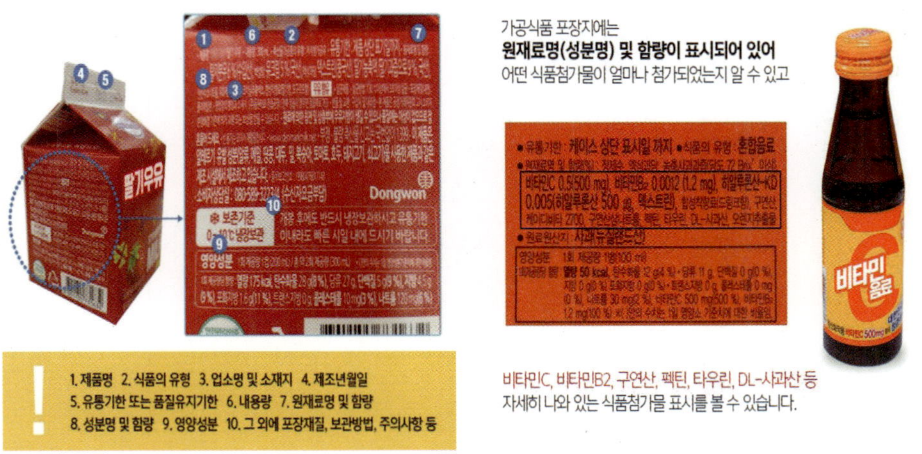

그림 6-5 식품첨가물 표시

출처: 외식영양표시정보. 식품안전나라(https://www.foodsafetykorea.go.kr/portal/board/boardDetail.do).

3. 식품표시제

1) 식품표시

식품표시제는 소비자가 제품에 대한 정보를 파악할 수 있도록 합리적 정보를 제공하여 안전한 가공식품을 선택할 수 있도록 하는 제도이다. 식품표시의 구체적 목적은「식품 등의 표시기준」에 기재되어 있으며, "식품, 식품첨가물, 기구 또는 용기 · 포장의 표시기준에 관한 사항 및 영양성분 표시대상 식품의 영양표시에 관하여 필요한 사항을 규정함으로써 식품 등의 위생적인 취급을 도모하고 소비자에게 정확한 정보를 제공하며 공정한 거래의 확보를 목적"으로 한다. 식품에 관련되어서는 가공식품, 수입식품, 포장된 농축산물과 수산물 등의 포장에 해당 정보를 표시하도록 하고 있으며, 이를 식품표시(food labeling)라고 한다. 표시사항에는 식품유형, 제품명, 원재료명(알레르기 유발물질), 내용량, 영양정보, 주의사항 등이 표기되어야 한다.

<table>
<tr><td>제품명</td><td>○○○ ○○</td><td rowspan="11">■ (예시) 이 제품은 ○○○를 사용한 제품과 같은 시설에서 제조
■ (타법 의무표시사항 예시) 정당한 소비자의 피해에 대해 교환, 환불
■ (업체 추가표시사항 예시) 서늘하고 건조한 곳에 보관
■ 부정 · 불량식품 신고: 국번없이 1399
■ (업체 추가표시사항 예시) 고객상담실: ○○○-○○○○</td></tr>
<tr><td>식품유형</td><td>○○○(○○○○○○*)
* 기타표시사항</td></tr>
<tr><td>업소명 및 소재지</td><td>○○식품, ○○시 ○○구 ○○로 ○○길 ○○</td></tr>
<tr><td>유통기한</td><td>○○년 ○○월 ○○일까지</td></tr>
<tr><td>내용량</td><td>○○○g</td></tr>
<tr><td rowspan="2">원재료명</td><td>○○, ○○○○, ○○○○○○, ○○○○○, ○○, ○○○○○○, ○○, ○○○○○</td></tr>
<tr><td>○○*, ○○○*, ○○* 함유
(* 알레르기 유발물질)</td></tr>
<tr><td>성분명 및 함량</td><td>○○○(○○mg)</td></tr>
<tr><td>용기(포장)재질</td><td>○○○○○</td></tr>
<tr><td>품목보고번호</td><td>○○○○○○○○○○○-○○○</td></tr>
</table>

그림 6-6 식품표시사항 표시 서식 도안

출처: 식품 등의 표시기준. 식품의약품안전처(2018).

2) 영양표시

영양표시제도는 국내에는 1995년에 도입되었으며, 가공식품의 영양적 특성을 일정한 기준과 방법에 따라 표시하여 제품이 가진 영양정보를 소비자에게 정확하게 전달하고 이를 통해 자신의 건강에 적합한 제품을 선택할 수 있게 돕는 제도이다.

영양표시는 가공식품의 영양표시와 외식 영양표시로 구분할 수 있다.

가공식품의 영양표시는 시중에 유통되고 있는 가공식품에 대해 법적으로 영양표시를 반드시 해야 하는 규정이다. 영양표시를 해야 하는 식품의 유형으로는 장기보존식품(레토르트식품), 과자류(과자), 캔디류 및 빙과류, 빵류 및 만두류, 초콜릿류, 잼류, 식용 유지류, 면류, 음료류, 특수용도식품, 어육가공품(어육소시지), 즉석섭취식품[김밥, 햄버거, 샌드위치, 커피(볶은 커피 및 인스턴트커피는 제외)], 장류(한식 메주, 재래 한식 메주, 한식 된장, 청국장 제외)가 있다. 그 외 식품은 영양표시를 반드시 해야 하는 것은 아니지만 하고자 할 경우 표시기준을 따라 정보를 제공한다.

그림 6-7 가공식품 영양표시 사례

출처: 식품의약품안전처(https://www.foodsafetykorea.go.kr/upload/20180629/nutrition/content/1024.pdf)

외식 영양표시 정보는 건강에의 유해가능영양소(열량, 당류, 포화지방, 나트륨 등)의 함유 비중이 높은 메뉴들을 중심으로 표시하도록 하고 있으며, 어린이기호식품인 제과 · 제빵류, 아이스크림류, 햄버거 및 피자를 주로 판매하고, 동일한 명칭으로 전국에 100개 이상의 점포를 운영하는 휴게음식점, 일반음식점 및 제과점이 조리 · 판매하는 식품은 영양표시를 하여야 한다. 표시하는 영양성분은 「어린이식생활안전관리 특별법」에서 정한 열량, 당류, 단백질, 포화지방, 나트륨 등 5개 이상 영양성분이다.

고피자 홈페이지 영양성분 정보

그림 6-8 외식 영양표시 사례

출처: 외식업체 온라인 영양정보 표시 보도자료. 식품의약품안전처(2020. 12. 17.).

(1) 영양표시 확인

가공식품의 영양정보는 대부분 제품 후면에 위치하며, 영양성분의 명칭과 총 내용량당 영양성분 함유량, 영양성분의 1일 기준치에 대한 비율을 표시해 두고 있다. 영양표시를 확인하는 방법의 순서는 다음과 같다. 첫째, 총 제공량(한 포장의 전체 중량, 1회 제공량: 평균적으로 한 번 먹는 양)을 확인한다. 제품에 따라서 1회 제공분량으로 나누어 표기하는 경우도 있으므로 정확한 정보를 인지할 수 있도록 해야 한다. 둘째, 총 제공량 혹은 1회 제공분량별 영양성분을 확인한다. 제품에 포함된 열량, 탄수화물, 당, 지방량 등을 체크한다. 셋째, 하루 권장량(2,000 kcal 기준)의 %영양소기준치를 확인하여, 개인의 필요 영양소 섭취기준을 비교할 수 있도록 한다.

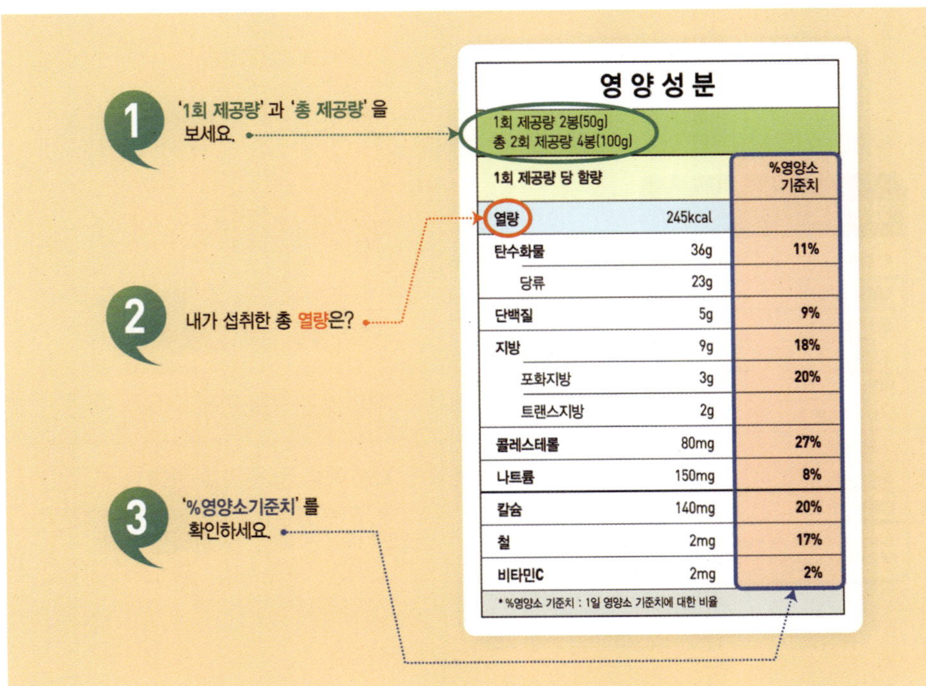

그림 6-9 영양표시 사례

출처: 스마트 건강지킴이 영양표시. 식품의약품안전처(https://www.foodsafetykorea.go.kr/upload/20180629/nutrition/content/5121.pdf).

(2) 영양표시 활용

영양정보 중 %영양소기준치를 활용하여 본인의 건강 관심에 따라 정보를 파악해 볼 수 있다. 체중에 관심이 있다면 총 열량을 적게 먹을 수 있도록 정보를 파악할 수 있고, 혈압이 높다면 나트륨 함량이 적게 포함된 제품을 선택할 수 있다. 심혈관계 질환을 관리하고 싶다면 지방, 포화지방, 트랜스지방의 함량을 유심히 살피고, 혈당 관리를 해야 하는 상황이라면 당류의 함유량을 꼼꼼히 살펴볼 필요가 있다.

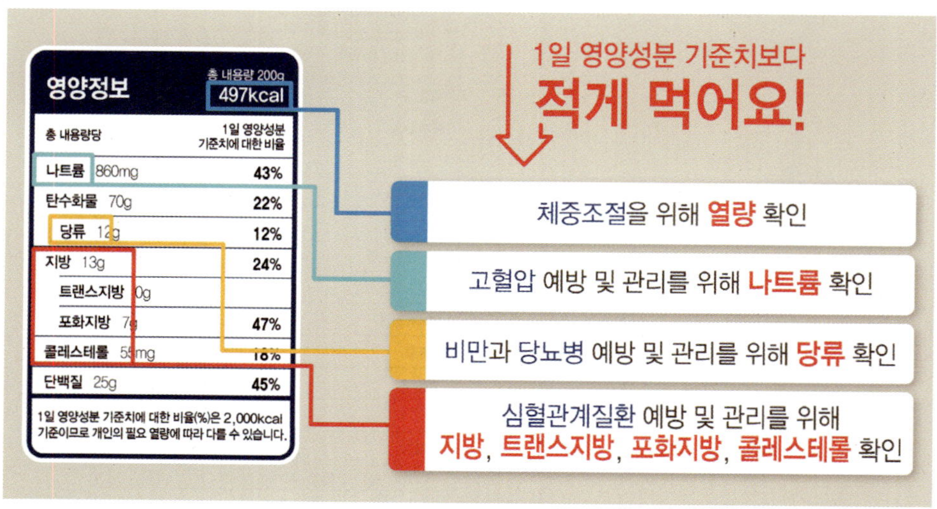

그림 6-10 영양표시 활용사례

출처: 소비자교육용매뉴얼. 식품안전나라(https://www.foodsafetykorea.go.kr/upload/20181108/nutrition/content/manual/manual2.pdf).

단원정리

■ 내분비계 장애물질

생물체 내의 정상적인 내분비계 기능을 방해하는 화학물질로서, 환경 중에 배출되거나 잔류해 있다가 체내로 유입되어 마치 호르몬처럼 작용하는 물질로, 환경호르몬이라고 부르기도 한다. 대부분 잘 분해되지 않고 장기간에 걸쳐 환경 속에 잔류하며, 생물체 내에 축적되어 있으므로 상위 포식자일수록 생물농축이 증가된다. 체내에 축적된 내분비계 장애물질은 호르몬 분비와 활동에 이상을 일으켜 정상적인 대사 기능을 저해하고 생식기능을 파괴하는 등 심각한 증상을 일으킬 수 있다.

■ 식품첨가물

「식품위생법」 제2조 제2호에 "식품을 제조 · 가공 · 조리 또는 보존하는 과정에서 감미(甘味), 착색(着色), 표백(漂白) 또는 산화방지 등을 목적으로 식품에 사용되는 물질을 말한다. 이 경우, 기구 · 용기 · 포장을 살균 · 소독하는 데에 사용되어 간접적으로 식품으로 옮아갈 수 있는 물질을 포함한다."라고 정의하였다.

■ 식품표시

식품표시는 「식품 등의 표시기준」에 따라 "식품, 식품첨가물, 기구 또는 용기 · 포장의 표시기준에 관한 사항 및 영양성분 표시대상 식품의 영양표시에 관하여 필요한 사항을 규정함으로써 식품 등의 위생적인 취급을 도모하고 소비자에게 정확한 정보를 제공하며 공정한 거래의 확보를 목적"으로 한다.

제7장

건강기능식품

1. 건강기능식품의 개요

1) 정의 및 용도

건강기능식품이란, 일상 식사에서 결핍되기 쉬운 영양소나 인체에 유용한 기능을 가진 원료나 성분(이하 기능성 원료)을 사용하여 제조한 식품으로 건강을 유지하는 데 도움을 주는 식품으로, 위에서 설명한 식품의 기능 중 3차 기능에 초점을 맞춘 식품을 의미한다.

표 7-1 식품의 기능

- 1차 기능: 생명 및 건강 유지와 관련되는 영양 기능(생명 유지에 필요한 영양소 공급)
- 2차 기능: 맛, 냄새, 색 등의 감각적 · 기호적인 기능
- 3차 기능: 건강 유지 및 증진에 도움이 되는 생체조절 기능

예 신체방어(면역력 향상, 알레르기 억제), 신체리듬 조절(신경계 조절, 소화기능 조절), 질병 방지와 회복(혈압, 혈당, 열량 및 콜레스테롤 조절), 노화 방지(과산화지질 생성 억제, 장내 세균 억제 등)

건강기능식품의 기능성은 의약품같이 질병의 직접적인 치료나 예방을 하는 것이 아니라 인체의 정상적인 기능을 유지하거나 생리 기능 활성화를 통하여 건강을 유지하고 개선하는 것을 목적으로 사용한다.

2) 관련 법과 제조기준

건강기능식품은「건강기능식품법」에 의해 제조 및 관리되고 있으며, 인체 보건 목적의 유용한 효과를 얻기 위한 기능성 원료 또는 성분의 섭취를 주된 목적으로 한다. 건강기능식품은정제 · 캡슐 · 환 · 과립 · 액상 · 분말 · 편상 · 페이스트상 · 시럽 · 겔 · 젤리 · 바 · 필름의 형태로 1회 섭취가 용이하게 제조 · 가공되어야 한다.

건강기능식품은「건강기능식품법」에 의해 제조 및 관리되고 있다.

「건강기능식품법」의 제정

관련법이 없을 때는「식품위생법」에 의해 일반식품과 동일하게 관리되며, 지방자치단체에 신고만으로 제조 판매가 가능했으므로 부적절한 과대 광고 및 불법적 표시가 성행하였다. 이후 국민건강 증진과 소비자 보호를 목적으로 건강기능식품의 기준 · 규격과 원료 · 성분을제정할 수 있는 법적 근거 마련하기 위해 2000년 발의, 2003년 8월부터 시행하고 있다.

3) 기능성 표시

(1) 구분

- 일반식품의 영양표시: 기능성 표시 없음
- 건강기능식품의 영양기능정보표시: 기능성 표시 있음

구분사항을 좀 더 자세히 설명하면 아래의 표와 같다.

표 7-2 건강기능식품과 일반식품 비교

분류	건강기능식품	일반식품
소관법률	건강기능식품에 관한 법률	식품위생법, 축산물위생관리법
제조허가	허가	등록
기능성 · 안전성 검사	인체적용시험, 동물시험 등을 수행해 식약처로부터 인체기능성을 과학적으로 인정받음	×
	유해물질검사, 독성시험 등을 수행해 식약처로부터 안전성을 과학적으로 인정받음	
섭취량 기준	제품에 표시된 1일 섭취량에 따라 섭취	기준 없음

출처: 건강기능식품포털(https://www.hffinfo.com/information/health-functional-food).

표 7-3 식품과 의약품의 차이

구분	식품		의약품	
	식품 (건강식품, 건강보조식품, 식이보충제)	건강기능식품	의약외품	일반의약품
정의	• 전통적으로 건강에 좋다고 여겨져 널리 섭취되어 온 식품 • 식약처로부터 안전성과 기능성을 인증받지 않은 제품	• 인체에 유용한 기능성을 가진 원료 또는 성분을 사용하여 제조한 식품	• 의약품의 용도로 사용되는 물품을 제외한 것으로, 인체에 대한 작용이 경미하거나 직접 작용하지 않는 것	• 사람이나 동물의 질병 치료 · 예방 목적으로 사용하는 물품 • 사람이나 동물의 구조와 기능에 약리학적 영향을 목적으로 사용하는 물품
관련법	「식품위생법」 「축산물위생관리법」	「건강기능식품법」	「약사법」	「약사법」
대표제품	녹용, 동충하초	홍삼정	박카스D, 레모나S산	까스활명수_큐
이미지				

출처: 2016 가공식품 세분시장현황. 한국농수산식품유통공사(2016).

(2) 기능성 표시

건강기능식품에는 아래 그림과 같이 기본 영양소의 정보 이외에 기능성 성분과 함량과 함께 그 성분의 기능성을 표시한다.

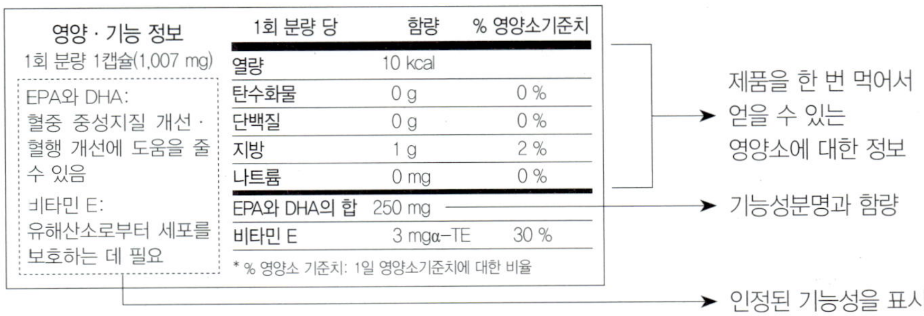

그림 7-1 기능성 표시의 예

출처: https://militarystyle.tistory.com/161.

2. 건강기능식품에서 사용하는 기능성 원료의 종류

1) 기능성 원료

'건강기능식품'은 기능성 원료를 사용하여 제조 가공한 제품으로, 기능성 원료는 다음의 두 가지로 나눌 수 있다.

(1) 고시된 원료

「건강기능식품 공전」에 등재되어 있는 기능성 원료를 말하는데, 공전에서 정하고 있는 제조기준, 규격, 최종 제품의 요건에 적합할 경우 별도의 인정절차가 필요하지 않고 누구나 사용할 수 있는 원료로 영양소(비타민 및 무기질, 식이섬유 등)를 포함하여 약 95여 종이 등재되어 있다.

(2) 개별인정 원료

「건강기능식품 공전」에 등재되지 않은 원료로, 식품의약품안전처장이 개별적으로 인정한 원료를 말하며, 이 경우 영업자가 원료의 안전성, 기능성, 기준 및 규격 등의 자료를 제출하여 관련 규정에 따른 평가를 통해 기능성 원료로 인정을 받아야 하고 인정받은 업체만이 동 원료를 제조 또는 판매할 수 있다.

고시형 원료

「건강기능식품 공전」에 등재되어 있는 원료로
제조기준, 기능성 등 요건에 적합할 경우 누구나 사용이 가능합니다.

* 건강기능식품 공전이란? 건강기능식품에 관한 법률에 따라
건강기능식품의 기준 · 규격과 원료 · 성분 및 정하여진 표시기준 수록

개별인정형 원료

「건강기능식품 공전」에 등재되어 있지 않은 원료로 영업자가
원료의 안전성, 기능성, 기준 및 규격 등의 자료를 제출하여
식약처장으로부터 인정을 받아야 하며,
인정받은 업체만이 사용 가능합니다.

그림 7-2 고시형 원료와 개별인정형 원료

출처: 건강기능식품포털(https://www.hffinfo.com/information/health-functional-food).

2) 기능성 종류

건강기능식품의 기능성은 다음과 같이 세 가지로 분류할 수 있다.

(1) 영양소 기능

인체의 성장 · 증진 및 정상적인 기능에 대한 영양소의 생리학적 작용을 의미하며, 그 예로 비타민 및 무기질, 단백질, 식이섬유, 필수 지방산 등이 해당한다.

(2) 질병 발생 위험 감소 기능

식품의 섭취가 질병의 발생 또는 건강 상태의 위험을 감소하는 기능으로, 예는 다음과 같다.

- [예 1] 골다공증 발생 위험 감소에 도움을 줌
  - 칼슘(일일 섭취량: 210~800 mg)
  - 비타민 D(일일 섭취량: 1.5~ 10 ug)
- [예 2] 충치 발생 위험 감소에 도움을 줌
  - 자일리톨(개별인정 원료)

3) 생리활성 기능

인체의 정상 기능이나 생물학적 활동에 특별한 효과가 있어 건강상의 기여나 기능 향상 또는 건강 유지 · 개선 기능으로 인체의 구조 및 기능에 대해 생리학적 작용 등과 같은 보건 용도에 유용한 효과로서, 아래의 표와 같이 다양한 기능성이 있다.

표 7-4 기능성 분야 예시

번호	기능성 분야	번호	기능성 분야	번호	기능성 분야
1	기억력 개선	2	혈행 개선	3	간 건강
4	체지방 감소	5	갱년기 여성 건강	6	혈당 조절
7	눈 건강	8	면역기능	9	관절/뼈 건강
10	전립선 건강	11	피로 개선	12	피부 건강
13	콜레스테롤 개선	14	혈압 조절	15	긴장 완화
16	장 건강	17	칼슘 흡수 도움	18	요로 건강
19	소화기능	20	항산화	21	혈중중성지방 개선
22	인지능력	23	운동수행능력 향상 / 지구력 향상	24	치아 건강
25	배뇨기능 개선	26	면역과민반응에 의한 피부 상태 개선	27	갱년기 남성 건강
28	월경 전 변화에 의한 불편한 상태 개선	29	정자 운동성 개선	30	유산균 증식을 통한 여성의 질 건강
31	어린이 키 성장 개선				

출처: https://www.foodsafetykorea.go.kr/portal/board/boardDetail.do

표 7-5 건강기능식품의 기능성 구분

기능성 구분	기능성 내용	기능성을 가진 원료 또는 성분
영양소 기능	인체의 정상적인 기능이나 생물학적 활동에 대한 영양소의 생리학적 작용	영양소
생리활성 기능	인체의 정상 기능이나 생물학적 활동에 특별한 효과가 있어 건강상의 기여나 기능 향상 또는 건강 유지 · 개선을 나타내는 기능	기능성 원료
질병 발생 위험 감소 기능	질병의 발생 또는 건강 상태의 위험 감소와 관련한 기능	

출처: 기능성 평가가이드. 식품의약품안전처(2022).

3. 건강기능식품의 안전성

1) 건강기능식품 인정과정

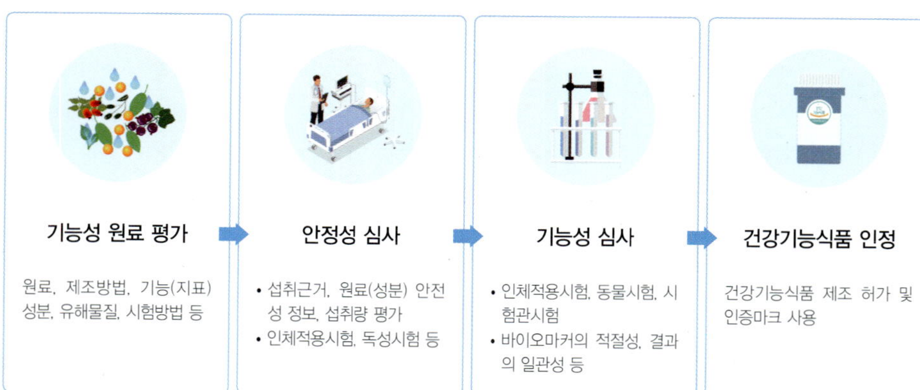

그림 7-3 건강기능식품 인정과정

출처: 건강기능식품(https://www.hffinfo.com/information/health-functional-food).

(1) 안전성 평가

안전성 평가는 소비자에게 판매되기 전에 과학적으로 안전성을 검토하는 단계로, 제안된 방법대로 섭취하였을 때 인체에 특정 이상 반응이나 부작용을 나타내지 않음을 확인하는 단계이다. 이 단계에서는 기존에 보고된 안전성 자료, 취약집단(어린이, 임산부, 수유부 등), 의약품 · 식품 등과의 상호 작용 등을 모두 고려해야 한다.

(2) 기능성 심사

기능성 심사는 기능성분이 제품에 표시되어 있는 양만큼 들어 있는지, 납, 수은, 비소, 카드뮴과 같은 중금속, 잔류농약, 대장균 등의 위생규격이 적합한지를 검사하며, 일반식품인데 건강기능식품인 것처럼 기능성을 표방하기 위해서 불법 의약품성분을 사용하는지 검사한다.

2) 안전한 섭취방법

- 섭취량 확인: 많이 섭취한다고 건강에 도움이 되는 것이 아니므로 정해진 섭취량과 섭취방법을 지켜서 섭취하도록 한다.
- 동시에 여러 가지를 섭취할 경우 서로의 흡수를 방해하거나 화학반응을 일으킬 수 있으므로 주의해야 한다.
- 기타 섭취 시 주의사항을 확인하며 아래와 같은 인증마크를 확인하고 구입하는 것이 좋다.

식품의약품안전처에서 인정 · 신고된 제품에만 제품 포장에 '건강기능식품'이라고 표시됨. 이 표시가 없으면 식품의약품안전처에 신고되지 않은 정식 수입제품이 아님

소비자에게 제품 판매 전 한국건강기능식품협회에 설치된 '기능성 표시 · 광고 사전 심의위원회' 심의에 통과된 제품에 부여함

그림 7-4 건강기능식품 표시사항

4. 건강기능식품 발전 동향

1) 건강기능식품에 대한 수요 증가

경제 향상, 산업구조의 고도화에 따른 고령화로 삶의 질 향상에 따른 만성질환 증가와 의료정책의 질병 예방 도입 등으로 '자가관리'를 위한 기능성 제품에 대한 요구도가 증가하였다.

또한, 코로나 팬데믹으로 인한 건강 및 면역에 관한 관심이 고조되면서 셀프메디케이션(Self-Medication) 트렌드 확산으로 자신과 가족의 건강에 관한 관심이 더 높아지면서 건강기능식품에 대한 관심과 구매가 크게 증가하였다.

2) 건강기능식품의 소비 트렌드

홍삼, 비타민 등에만 크게 쏠렸던 과거의 소비패턴과 달리 2022년부터는 장 건강, 면역력 강화에 도움을 주는 건강기능제품이 크게 주목을 받고 있다.

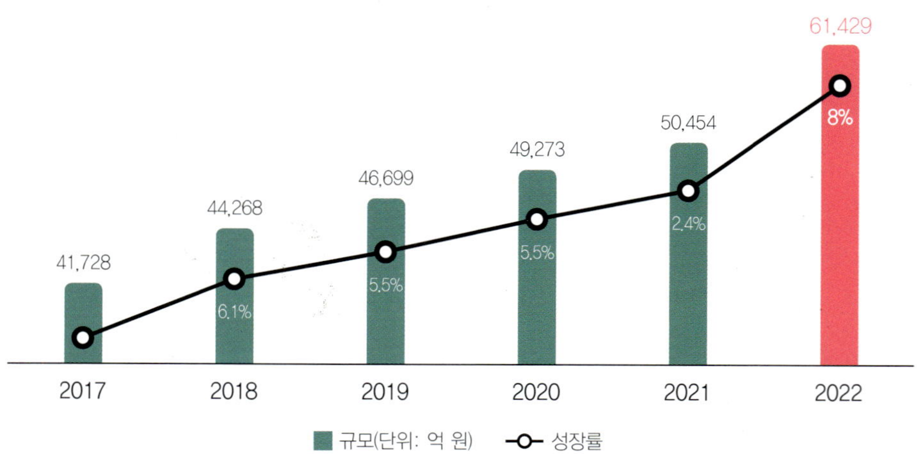

그림 7-5 국내 건강기능식품 시장 규모

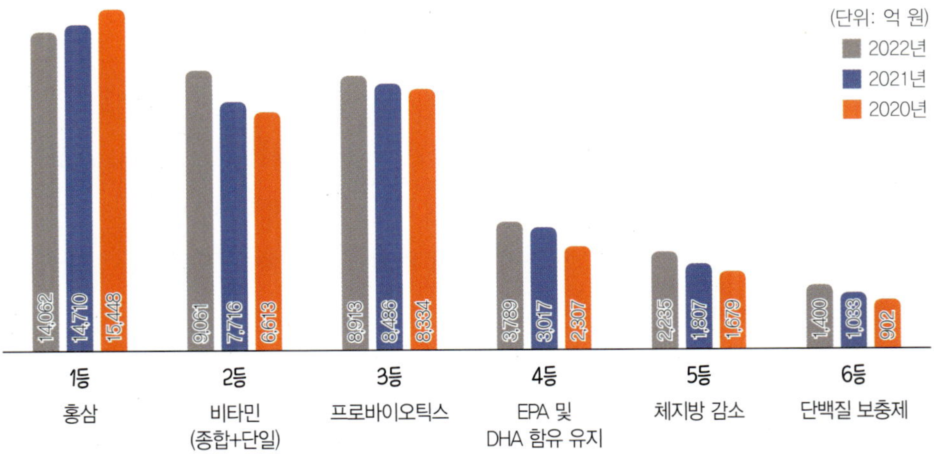

그림 7-6 건강기능식품의 판매 순위

출처: 2022 건강기능식품 시장현황 및 소비자 실태 조사. 한국건강기능식품협회(2022).

5. 건강기능식품의 종류와 기능성

1) 홍삼

- 특징 및 제조: 홍삼은 인삼이 원재료이며, 말리지 않은 수삼을 증기 또는 기타 방법으로 쪄서 익혀 말린 것으로, 오랫동안 안전하게 섭취하여 온, 독성이 보고된 바 없는 식품이다. 사포닌 종류인 진세노사이드(진세노사이드 Rg1, Rb1 및 Rg3의 합)의 함량에 따라 다양한 기능성을 갖는다.
- 함량에 따른 기능성:
  - 면역력 증진 · 피로 개선에 도움을 줄 수 있음: 진세노사이드 Rg1, Rb1 및 Rg3의 합계로서 3~80 mg
  - 혈소판 응집억제를 통한 혈액 흐름, 기억력 개선, 항산화에 도움을 줄 수 있음: 진세노사이드 Rg1, Rb1 및 Rg3의 합계로서 2.4~80 mg
  - 갱년기 여성의 건강에 도움을 줄 수 있음: 진세노사이드 Rg1, Rb1 및 Rg3의 합계로서 25~80 mg

2) L-theanine

- 특징 및 제조: 녹차, 특히 옥로(玉露) 등의 고급 차에서 다량 발견되는 아미노산 제조를 위해서 L-글루타민, 에칠아민 등의 원재료를 glutaminase 효소로 반응시켜 정제 · 농축 후 주정으로 결정화하여 제조한다.
- 기능성 및 함량: 스트레스로 인한 긴장 완화에 도움을 줄 수 있음; 일일 섭취량: 200~250 mg

3) 클로렐라

- 특징 및 제조: 클로렐라속 조류를 인공적으로 배양하고 건조하여 제조한다.
- 함량에 따른 기능성:
  - 피부건강, 항산화: 총 엽록소로서 8~150 mg
  - 면역력 증진, 혈중 콜레스테롤 개선에 도움을 줄 수 있음: 총 엽록소로서 125~150 mg/day

4) 히알루론산

- 특징: 동물의 관절, 연골, 피부 등에 다량 존재하며, 물과 결합하여 겔 상태로 존재하여 관절의 윤활 작용, 피부 보습, 세균 침입 예방 등의 작용을 하는 물질이다. 계관(닭 볏)에서 추출하거나 또는 유산구균을 배양 · 추출 후 정제하여 제조한다.
- 기능성 및 함량: 피부 보습에 도움을 줄 수 있음: 120~240 mg/day

5) 프로바이오틱스

- 특징: 다음 표의 미생물 또는 이를 혼합한 균과 균 또는 배양체를 배양시키기 위한 배지 및 보호제

표 7-6 프로바이오틱스 종류

	종류(학명)					
Lactobacillus	*L.acidophilus,*	*L.casei,*	*L.gasseri,*	*L.rhamnosus,*	*L.salivarius,*	*L.helveticus,*
	L.fermentum,	*L.paracasei,*	*L.plantarum,*	*L.reuteri,*	*L.delbrueckii ssp. bulgaricus*	
Ladtociccus	*Lc.lactis*					
Enterococcus	*E.faecium,*	*E.faecalis*				
Streptococcus	*S.thermophilus*					
Bifidobacterium	*B.bifidum,*	*B.breve,*	*B.longum,*	*B.animalis ssp. lactis*		

- 기능성 및 함량: 유산균 증식 및 유해균 억제, 배변활동 원활, 장 건강에 도움을 줄 수 있음. 1,000,000,000~10,000,000,000(CFU)/day

6) 가르시니아캄보지아추출물

- 특징 및 제조: 가르시니아캄보지아 열매껍질에서 물 또는 주정(물 · 주정 혼합물 포함)으로 기능성분 Hydroxycitric acid를 추출한다.
- 기능성 및 함량: 탄수화물이 지방으로 합성되는 것을 억제하여 체지방 감소에 도움을 줄 수 있음: 총(-)-Hydroxycitric acid로서 750~2,800 mg/ day

7) 난소화성말토덱스트린

- 특징 및 제조: 옥수수 전분을 가열한 후 α-amylase 및 amyloglucosidase로 분해하고 정제한 덱스트린 중 난소화성 성분을 분획하여 제조한다.
- 함량에 따른 기능성:
  - 식후 혈당상승 억제에 도움을 줄 수 있음: 난소화성말토덱스트린 식이섬유로서 11.9~30 g
  - 혈중 중성지질 개선에 도움을 줄 수 있음: 난소화성말토덱스트린 식이섬유로서 12.7~30 g
  - 배변활동 원활에 도움을 줄 수 있음: 난소화성말토덱스트린 식이섬유로서 2.5~30 g

단원정리

■ 건강기능식품의 정의

건강기능식품은 일상 식사에서 결핍되기 쉬운 영양소나 인체에 유용한 기능을 가진 원료나 성분(이하 기능성 원료)을 사용하여 제조한 식품이며, 식품의 3차 기능인 건강 유지 및 증진에 도움이 되는 생체조절 기능을 가지는 식품을 의미한다.

■ 건강기능식품의 목적

건강기능식품의 기능성은 의약품과 같이 질병의 직접적인 치료나 예방을 하는 것이 아니라 인체의 정상적인 기능을 유지하거나 생리 기능 활성화를 통하여 건강을 유지하고 개선하는 것을 목적으로 사용한다.

제8장

지속가능한 식품 선택

최근 지구온난화로 인한 폭염, 가뭄, 홍수 등의 극단적인 기상이변이 전 지구적인 심각한 재난이 되고 있다. 온난화의 원인은 아직까지 명확하게 규명되지 않았으나, 온실효과를 일으키는 온실가스가 유력한 원인으로 꼽힌다. 온실가스로는 이산화탄소가 가장 대표적이며, 인류의 산업화와 함께 그 양은 계속 증가하고 있다. 2017년 한 연구에서는 식품산업 분야에서 발생하는 탄소 배출량 중 식품 운송 과정에서 나오는 배출량이 20 %에 달한다는 결과가 발표됐다. 이에 탄소 배출을 줄이기 위한 지속가능한 식품을 선택하는 것이 필요한 때이다. 본 장에서는 지속가능한 식품으로 로컬푸드, 대체단백질 등과 함께 이와 관련된 푸드 마일리지, 탄소발자국 등의 개념을 알아보기로 한다.

1. 로컬푸드

로컬푸드(local food)는 일반적으로 지역 농산물을 지칭하는데, 소비되는 곳과 가까운 거리(흔히 반경 50 km 이내)에서 생산되는 식자재, 혹은 그 식자재로 만든 음식을 말한다. 로컬푸드는 생산자에서 소비자에게 바로 연결되는 공급망으로 기존의 전통적 유통경로 시스템과 다른 것이 특징이다(그림 8-1).

그림 8-1 전통적 유통경로와 로컬푸드 공급망

출처: 농협로컬푸드직매장(https://nhlocalfood.com/about/local-food.html).

로컬푸드는 출처가 분명하며, 운송 거리가 짧아 방부제 처리가 없거나 비교적 적어 안전하다. 예전에는 유통과정이 짧은 신선한 지역 농산물을 저렴하게 구입하는 기회라고만 여겨졌으나, 그보다 장거리 운송에서 발생되는 탄소 배출을 줄이는 실천 수단으로도 중요해졌다.

농림축산식품부에 따르면, 2021년 5월 기준, 로컬푸드를 추진한 지자체 수는 111개로 집계되었다. 2017년 4개에 불과했던 것이 급속도로 늘어난 것이다. 특히, 직매장을 통한 로컬푸드 공급도 급증하는 추세로, 2019년 로컬푸드 직매장은 390곳인데 이는 2017년(188곳) 대비 2배 이상 증가하였다. 로컬푸드는 지역 경제 활성화로도 이어져 2019년 기준 전국 로컬푸드 직매장 총매출은 3,365억 원으로, 3년 전보다 1.5배 이상 늘었다.

환경과 연관된 식품 용어로 수년 전부터 '푸드 마일리지'와 '탄소발자국'이 제시되고 있다. 푸드 마일리지(food mileage)란, 농산물이 생산지로부터 생산 · 운송 · 유통 단계를 거쳐 소비자의 식탁에 이르는 과정에서 소요된 총 거리를 말한다. 먼 나라에서 온 식품일수록 푸드 마일리지가 높고, 그만큼 운송에 따른 온실가스 배출이 많다. 탄소발자국(carbon footprint)이란, 우리 일상생활에서 사용되는 각종 생활용품은 물론이고, 우리가 소비하는 모든 것에 대한 원료 채취부터 시작해서 만들고, 사고팔고, 유통되고, 버려지는 데에 드는 온실가스 발생량을 이산화탄소 배출량으로 환산한 것을 말한다. 가까이에서 생산된 식품들이 탄소발자국을 줄여 준다.

2. 대체단백질 식품

대체단백질(alternative protein) 식품이란, 동물성 식품 제조 시 전통적으로 사용되는 원료 대신 식물 추출, 세포 배양, 발효 등의 방식을 통해 인공적으로 제조된 단백질 소재를 기반으로 기존 육류 · 해산물 · 유제품 등과 유사한 맛과 식감이 나도록 가공한 식품을 의미한다(그림 8-2). 대체단백질 식품은 최근 푸드테크의 발전, 식량안보 이슈, 코로나19 영향과 더불어 지속가능한 식품 소비에 대한 소비자의 관심이 증대되며 부상하고 있다. 식품 생산 시스템으로 인한 온실가스 배출량 중 가장 많은 비중을 차지하고 있는 축산업은 약 15 %를 차지하고 있는데, 이는 운송업 부문 배출량 전체와 맞먹는다. 대체단백질 전환은 사회 · 경제 및 개인이 치러야 할 비용이 상대적으로 적다. 이에 많은 소비자들이 기후 위기에 긍정적인 영향을 이유로 대체단백질 식품을 선택하고 있다. 또한, 전 세계적으로 육류 · 해산물 소비량이 확대되는 상황에서 대체단백질 식품은 일부 전통적 식품수요를 흡수하는 동시에 미래 식량 위기 해결책 중 하나로 작용할 것으로 기대된다.

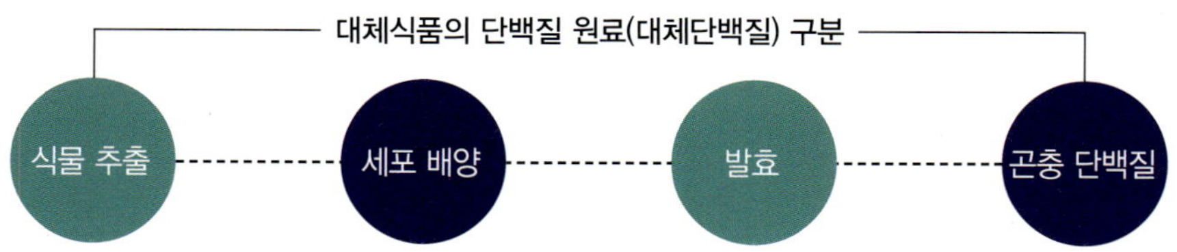

식물 추출
- 식물성 단백질의 경우, 비용 · 안전성 검증 측면에서 타 단백질 원료 대비 앞서 있는 것으로 분석
  - 기존 채식주의자를 주요 타깃으로 개발되어 오던 식물성 식품은 전체 소비자를 타깃으로 제품 개발이 진행되면서 식감 · 맛 등이 지속 향상
- 식물성 단백질 식품은 육류 · 계란 · 유제품 · 음료 등 다양

세포 배양
- 세포 배양 단백질의 경우, 연구개발 비용이 비교적 높다는 단점이 있기는 하나, 동물성 식품과 비교 시 타 단백질 대비 유사도가 높음
- 세포 배양 단백질을 기반으로 개발 중인 식품으로는 육류 및 해산물 등이 있음

발효
- 효모 · 박테리아 · 곰팡이 · 조류 등의 천연물에서 추출하여 번식시킨 고품질 단세포 단백질
  - 아미노산과 비타민 B · 핵산 · 생리활성 펩티드, 면역당 등이 풍부
- 첨단 발효 기술로 개발한 단백질 기반 육류 · 계란 · 유제품 관련 개발이 활발

곤충 단백질
- 식용곤충에서 추출한 단백질을 의미
- 곤충 단백질을 활용한 식품으로는 통곤충, 사료 · 펫푸드, 곤충분말제품, 단백질바 · 셰이크, 곤충쿠키 등이 대표적

그림 8-2 대체단백질 식품 구분

출처: 미래먹거리로 주목받는 대체식품과 투자 동향. 삼정LPMG 경제연구원(2022).

대체단백질 식품의 종류로는 식물 추출 소재로 만든 식물성 육류, 동물 등에서 세포를 추출·배양해 생산하는 배양육 및 식용곤충 등이 있다. 최근 식물성 고기 및 배양육 관련 연구·개발이 활발하게 이루어지고 있지만, 전통적인 방법으로 가축을 사육하여 생산되는 일반 육류와 비교하여 각 대체육류 유형별로 한계점이 여전히 존재한다(표 8-1).

표 8-1 대체육류 유형 및 구분

구분	일반 육류	식물성 육류·식물성 대체육 등	배양육	식용곤충
개념 및 특징	• 전통적 방식으로 가축을 도축한 후 식육화	• 식물에서 추출한 단백질 혹은 곰팡이를 이용하여 제조한 육류 유사식품 - 조직화 대두 단백, 밀 단백 등 식물성 단백질을 이용 - 미생물과 영양소가 결합된 단백질 고형물에 각종 양념, 허브, 계란 흰자 등을 배합한 뒤 섬유질을 혼합하여 제조	• 동물 세포조직을 이용하여 생산한 고기 - 줄기세포, 근세포를 실험실에서 직접 배양하여 식육을 생산 • 기존 배양육 생산에 소에서 채취한 소태아혈청이 포함된 배지가 사용됐으나 안전성·경제성 및 환경·윤리적 측면에서 문제가 제기, 최근 기술 개발로 동물 유래 성분이 배제된 배양배지가 개발되는 추세 - 미세조류 배양액, 무혈청 화학조성 배양배지 등(배지는 세포를 배양하는 데 자양분으로 이용되는 물질을 의미)	• 국가별 식용으로 인정·허가받은 곤충에 대해 먹을 수 있도록 가공한 것
영양가	• 변화 없음	• 높은 단백질 함량	• 지방산·철분 함량 조절 가능	• 높은 단백질 및 무기질 함량
안전성	• 검증	• 검증	• 검증 필요	• 검증 진행 중
육류와의 유사 수준		• 다소 낮음	• 유사	• 낮음
한계점	• 미래 식육 수요 충족 불가	• 식감·식미 및 조직감 부족	• 높은 원가 및 정책적 규제 • 대량생산 관련 기술적 장벽 존재 • 푸드 네오포비아 및 테크노포비아	• 소비자 혐오감 • 기술적 장벽 존재 • 푸드 네오포비아 및 테크노포비아

출처: 미래먹거리로 주목받는 대체식품과 투자 동향. 삼정LPMG 경제연구원(2022).

식물성 대체육류를 제조할 이용되는 주요 원료로는 콩, 소맥단백(wheat protein, gluten), 템페(tempeh), 마이코프로틴(mycoprotein) 등이 있다. 콩은 가장 보편적으로 활용되는 단백질 원료로서, 타 육류 대체식품 대비 단백질 함량이 풍부하여 비용 효용성이 높지만 콩고기의 경우 특유의 콩 비린내가 느껴지기도 한다. 식물성 대체육류를 제조하는 데 있어 단백질 원료 이외에 비츠(beets)는 고기 색으로 착색할 때 카놀라유와 코코넛오일은 식물성 기름으로 고기의 결착력과 지방효과 재현용으로, 헴(heme)은 적혈구 헤모글로빈의 붉은 색소 성분으로 선홍빛 고기 색과 금속성 풍미를 내는 데 사용된다.

단원정리

■ 지속가능한 식품

최근 지구온난화로 극단적인 기상이변이 잦아지고 있으며 온실가스가 유력한 원인으로 뽑힌다. 식품 생산 및 운송 시스템으로 인한 온실가스 배출이 많은 비중을 차지하고 있는 것으로 알려져 있어 탄소 배출을 줄이기 위한 지속가능한 식품을 선택하는 것이 필요한 때이다.

■ 로컬푸드

로컬푸드(local food)는 일반적으로 지역 농산물을 지칭하는데, 소비되는 곳과 가까운 거리(흔히 반경 50 km 이내)에서 생산되는 식자재, 혹은 그 식자재로 만든 음식을 말한다. 로컬푸드는 출처가 분명하며, 운송거리가 짧아 방부제 처리가 없거나 비교적 적어 안전할 뿐만 아니라, 장거리 운송에서 발생되는 탄소 배출을 줄이는 실천 수단으로도 중요해졌다.

■ 푸드 마일리지와 탄소발자국

푸드 마일리지(food mileage)는 농산물이 생산지로부터 생산 · 운송 푸드 마일리지(food mileage) 유통 단계를 거쳐 소비자의 식탁에 이르는 과정에서 소요된 총 거리를 말한다. 탄소발자국(carbon footprint)이란, 우리 일상생활에서 사용되는 각종 생활용품은 물론이고, 우리가 소비하는 모든 것에 대한 원료 채취부터 시작해서 만들고, 사고팔고, 유통되고, 버려지는 데에 드는 온실가스 발생량을 이산화탄소 배출량으로 환산한 것을 말한다.

■ 대체단백질 식품

대체단백질(alternative protein) 식품이란, 동물성 식품 제조 시 전통적으로 사용되는 원료 대신 식물 추출, 세포 배양, 발효 등의 방식을 통해 인공적으로 제조된 단백질 소재를 기반으로 기존 육류 · 해산물 · 유제품 등과 유사한 맛과 식감이 나도록 가공한 식품을 의미한다. 대체육류의 종류로는 식물 추출 소재로 만든 식물성 육류, 동물 등에서 세포를 추출 · 배양해 생산하는 배양육 및 식용곤충 등이 있다. 식물성 대체육류를 제조할 이용되는 주요 원료로는 콩, 소맥단백(wheat protein, gluten), 템페(tempeh), 마이코프로틴(mycoprotein) 등이 있다.

제9장

운동과 건강

1. 운동의 개요

운동은 전반적인 건강을 유지하고 체력을 증가시키기 위한 신체활동이다. 규칙적인 운동과 신체활동은 건강 증진을 위해 주요한 요소 중 하나이다. 세계보건기구(WHO)는 '신체활동'을 "근육의 수축으로 일어나는 신체의 모든 움직임"이라고 정의하고, 특히 '운동'은 신체활동의 한 종류로서 계획적으로 구조화된 반복적 움직임을 말한다.

운동의 강도는 운동을 하는 데 필요한 힘에 따라 절대적 강도와 상대적 혹은 주관적 강도로 분류한다. 절대적 운동 강도란, 개인의 심폐기능이나 산소이용능력을 고려하지 않고 활동 중에 소비되는 에너지 양을 의미한다.

상대적 운동 강도는 개인의 심폐 및 대사 기능을 고려하여 분당 심박수, 운동 시 소모되는 산소 섭취량, 혈중 젖산 농도가 급격히 증가하는 젖산 역치(lactate threshold), 운동 시 호흡수가 급격히 증가하는 환기 역치(ventilator threshold) 등으로 나타낸다. 또한, 개인의 자각(주관적) 증상을 이용하여 보그 척도(Borg scale)나 자각인지도(rating of perceived exertion, RPE)로 나타내기도 한다.

보그 척도(Borg scale)(15단계)	변형(10단계)
6 –전혀 힘들지 않음 7 – 극도로 쉬움 8 9 – 매우 쉬움 10 11 – 적당히 쉬움	0 – 휴식 상태 1 – 매우 쉬움 2 – 약간 쉬움 3 – 보통
12 13 – 약간 힘듦 14 15 – 힘듦	4 – 약간 힘듦 5 – 힘듦 6
16 17 – 매우 힘듦 18 19 – 극도로 힘듦 20 – 최대 노력	7 – 매우 힘듦 8 9 10 – 극도로 힘듦

※ 변형: 수정 보그 척도

그림 9–1 운동자각인지도

출처: 질병관리청 국가건강정보포털.

1) 저강도 운동

저강도 운동은 수정 보그 척도로 1~3점에 해당하고 낮은 강도의 운동이다. 절대적 운동강도로서 저강도 운동은 3 MET(1 MET: 깨어 있는 동안 조용히 앉아 있을 때의 대사율 및 에너지 소비) 미만으로 분류된다.

2) 중강도 운동

중강도 운동은 절대적 강도로서는 3~5.9 MET에 해당하고 수정 보그 척도로는 4~6점에 해당한다. 일반적으로 가만히 앉아 있을 때보다 3~6배의 에너지를 소모하는 활동으로, 건강한 사람이 빠르게 걷는다든지(시속 4.5~8 km 수준), 탁구, 배드민턴 등이 포함된다. 일반적으로 건강 증진을 위해서는 중강도 이상의 운동을 권장하고 있다.

3) 고강도 운동

고강도 운동은 절대적 운동 강도는 6 MET 이상일때로 구분하고, 수정 보그 척도로는 7~10점에 해당한다. 고강도 운동은 대화를 하기 힘든 정도에 해당하며, 가만히 앉아 있을 때보다 6배 이상의 에너지를 소모하는 운동에 해당한다. 조깅과 달리기(시속 8 km 이상), 자전거로 오르막길을 오르기, 분당 100회 이상의 줄넘기 등이 해당한다.

2. 운동 실태

국민건강영양조사를 통해 걷기 실천율 추이를 살펴보면 2017년 이후로 전체 평균은 감소하는 것으로 나타났다. 성별의 경우, 남성보다 여성이 걷기 실천율이 더 높다. 연령별로는 20대와 30대에서 걷기 실천율이 감소하였고 60대는 점점 증가하였으며, 70대 이후의 걷기 실천율은 꾸준히 증가하는 것으로 나타났다.

※ 걷기 실천율: 근 1주일 동안 걷기를 1회 10분 이상, 1일 총 30분 이상 주 5일 이상 실천한 분율

그림 9-2 걷기 실천율 추이

출처: 2022 국민생활체력조사. 문화체육관광부(2022).

국내 생활체육 참여율 추이를 살펴보면 2018년도 이후로 꾸준히 60 % 이상 참여하고 있는 것으로 나타났고, 대략 29 % 정도는 주 1회 이상, 1회 운동 시 30분 이상 규칙적인 운동을 하지 않는 것으로 나타났다. 성별로는 여성과 남성의 생활체육 참여율이 각각 62.0 %와 60.4 %로 나타났고, 연령대 별로는 30대와 40대가 65 % 이상의 다른 연령대에 비해 규칙적인 운동 빈도가 높게 나타났다.

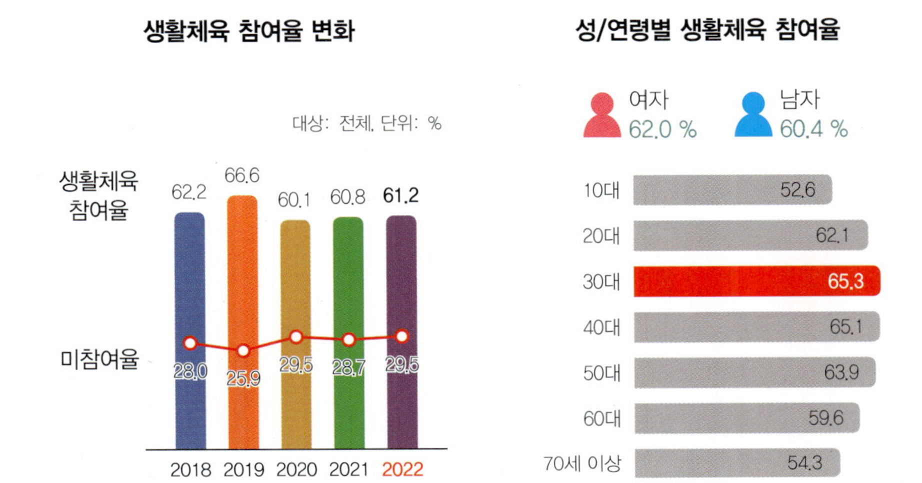

※ 생활체육: 건강 및 체력 증진과 여가 선용을 위해 행하는 신체활동
※ 생활체육 참여율: 주 1회 이상, 1회 운동 시 30분 이상 규칙적으로 생활체육에 참여한 비율

그림 9-3 생활체육 참여율

출처: 2022 국민생활체력조사. 문화체육관광부(2022).

건강 유지 및 체력 증진, 체중 조절, 스트레스 해소 등을 위해 규칙적인 운동을 하는 것으로 나타났고, 주로 참여하는 체육활동의 평균 참여 시간은 2시간 8분으로 나타났다.

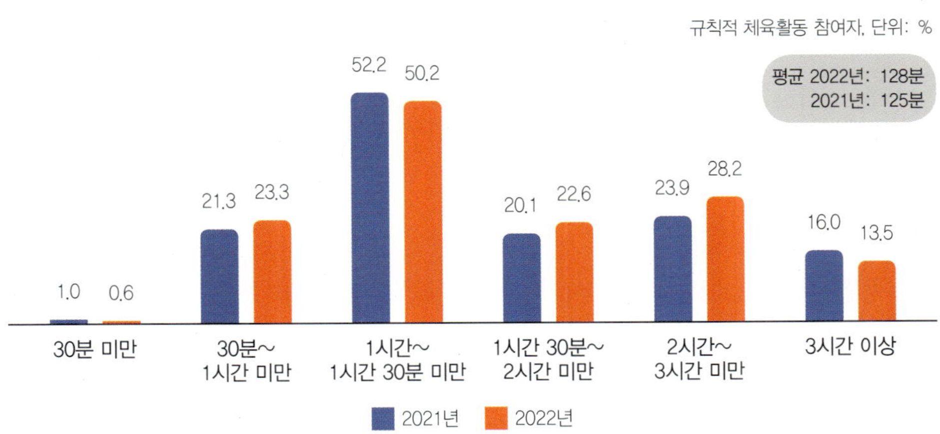

그림 9-4 주로 참여하는 체육활동 평균 참여시간

출처: 2022 국민생활체력조사. 문화체육관광부(2022).

청소년건강행태조사에 따르면 청소년의 고강도 신체활동 실천율은 중학 재학 시는 30 % 이상을 유지하다가 고등학생은 30 % 미만으로 감소하는 것으로 나타났다. 고강도 신체활동은 주 3일 이상 20분 동안 신체활동을 하는 것을 의미한다.

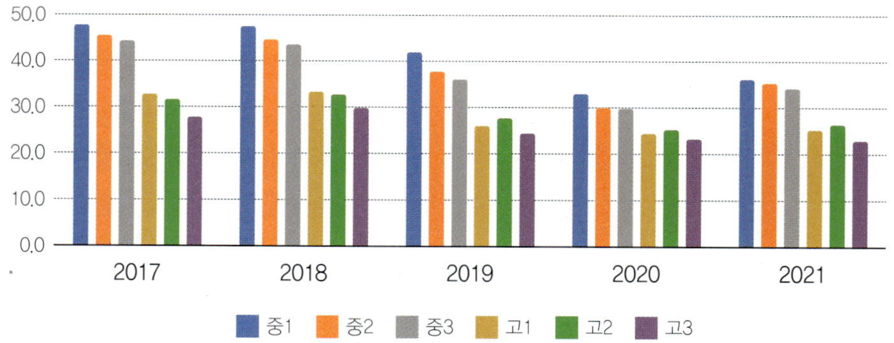

그림 9-5 청소년 고강도 신체활동 실천율

출처: 질병관리청 국가건강정보포털.

3. 운동과 영양

운동과 영양소 섭취는 건강 유지 및 증진에 밀접한 연관이 있다. 식사는 신체활동을 지원하는 데 필요한 에너지를 제공하고, 운동은 에너지를 소비하는 방식에 영향을 미친다.

1) 영양소 대사

운동은 에너지 소비를 증가시켜 신체활동을 지원한다. 운동하는 동안 체내에서는 주로 탄수화물과 지방을 에너지 연료원으로 사용한다. 운동의 강도와 기간에 따라 사용되는 각 연료원의 비율이 달라질 수 있다. 65~70 % VO_2max 정도 혹은 그 이상의 고강도 운동을 하게 되면 탄수화물이 주된 에너지원이 되고 20 % VO_2max 상, 즉 저강도 및 장시간의 운동을 하게 되면 지방이 주된 에너지원이 된다(그림 9-6, 9-7).

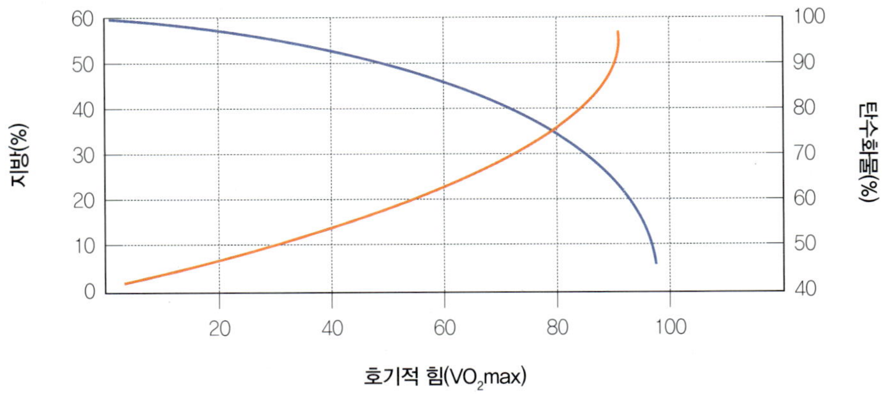

그림 9-6 지방 및 탄수화물의 에너지 교차효과

출처: 운동영양학. 한국운동영양학회(2011).

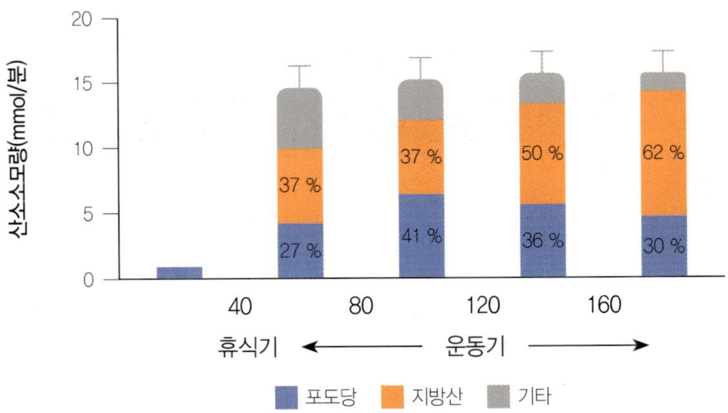

그림 9-7 운동 시간에 따른 에너지 공급원

출처: 운동영양학. 한국운동영양학회(2011).

탄수화물 대사 측면에서 운동은 근육과 간에 저장된 글리코겐(탄수화물 저장소)의 분해를 자극하여 에너지를 제공한다. 지속적인 또는 고강도 운동은 글리코겐 저장고를 고갈시킬 수 있으므로 지속적인 운동이 필요할 경우 글리코겐 수준을 유지하기 위해서는 적절한 탄수화물의 섭취가 중요하다. 따라서 운동 전에는 탄수화물을 섭취하여 글리코겐 수준을 최적화하고, 운동 후에도 탄수화물을 적절하게 섭취하여 사용한 글리코겐 저장량을 회복시켜 주는 것이 필요하다.

지방 대사 측면에서 운동은 지방 대사를 강화하고 체내 저장되어 있던 지방을 에너지 공급원으로 사용함으로써 체내 과잉의 지방을 연소시키는 데 도움을 줄 수 있다. 또한, 조깅이나 자전거 타기와 같은 규칙적인 혹은 장기간의 유산소 운동은 지방 산화에 관련된 효소의 활성을 증가시켜 체지방을 감소시키는 데 효과적이다. 체내 저장된 지방조직의 중성지방에서는 운동 시 유리지방산이 방출되어 혈액을 통해 근육세포로 이동하게 된다. 이때 카르니틴은 유리지방산을 미토콘드리아 내부로 운반하고 베타 산화를 통해 아세틸-CoA를 형성하고 TCA 회로를 통해 ATP를 생성하여 체내 에너지원으로 사용하게 된다.

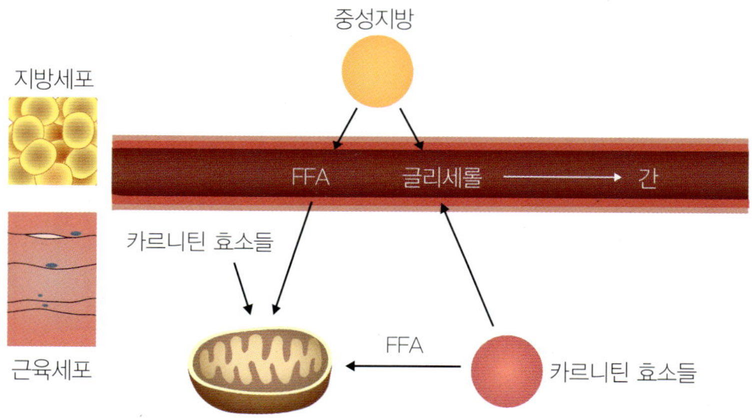

그림 9-8 운동 시 에너지원으로서의 지방

출처: 운동영양학. 한국운동영양학회(2011).

운동은 단백질 대사에도 영향을 미친다. 격렬한 운동, 특히 저항성 운동은 근육 단백질 합성을 자극하고, 저항성 운동 전후에 단백질이 보충될 때 근육 단백질 합성이 더욱 촉진된다. 운동 시 적절한 양의 단백질 섭취는 근육 복구, 성장 및 유지를 지원하는 데 중요하며, 특히 단백질 섭취는 근육 단백질 분해를 최소화하고 근육 단백질 합성을 강화하는 데 도움이 될 수 있다. 국제스포츠영양학회(ISSN)에서는 근육량을 늘리고 근육 단백질 균형을 통해 근육량을 유지하기 위해 1.4~2.0 g 단백질/체중/일(g/kg/d) 범위의 전체 일일 단백질 섭취량을 충분량으로 권고하고 있다.

운동은 전체 체내 대사율, 특히 휴식기 대사율에 영향을 미친다. 근육량과 강도를 증가시키는 활동은 휴식기 대사율(relative metabolic rate, RMR)을 증가시킨다. 휴식기 대사율은 휴식 시 기본 신체 기능을 유지하는 데 필요한 에너지 소비량을 나타낸다. 운동을 통해 체내 근육량 비율이 높아지면 근육 조직이 지방 조직보다 에너지 대사율이 높기 때문에 휴식기 대사율을 높이는 데 도움을 주고, 체내 에너지 소비량을 높일 수 있다.

2) 영양소 요구량

운동은 신체의 다량 영양소(탄수화물, 단백질, 지방)의 섭취량에 따라 영향을 받으며, 운동의 강도, 기간 및 유형에 따라 필요한 영양소의 양과 시기가 달라질 수 있다. 지구력을 요하는 운동에는 글리코겐 보충을 위해 탄수화물 요구도가 높으며, 근력을 요하는 운동에는 근육 회복 및 근생성을 지원하기 단백질 요구도가 더 높을 수 있다.

규칙적인 운동은 특정 비타민과 무기질의 체내 요구도를 증가시킨다. 고강도 운동을 주로 하는 경우는 철, 칼슘, 비타민 C, 비타민 D, 비타민 E의 필요량이 증가된다. 다양한 과일, 채소, 통곡물, 저지방 단백질 및 건강한 지방을 포함하는 다양하고 균형 잡힌 식단을 섭취하면 미량 영양소 요구도를 충족하는 데 도움이 된다.

최적의 운동능력과 회복을 위해서는 적절한 수분 공급이 필수적이다. 적절한 수분 공급은 체내 영양소 흡수 및 신진대사에 필수적이다. 수분은 영양소 수송, 노폐물 제거, 운동 중 체온 조절을 지원한다. 운동 시에는 수분에 함유된 나트륨, 칼륨과 같은 전해질이 땀으로 배설되므로 운동 중 수분의 적절한 공급으로 전해질 균형을 위해 보충해야 한다. 운동 전, 운동 중, 운동 후에 적절하게 수분을 보충하면 체액 균형을 유지하고 체온을 조절하는 데 도움이 된다.

3) 영양소 섭취의 적절성

운동과 관련된 식사와 간식의 타이밍은 운동의 경기력 및 회복력에 영향을 미칠 수 있다. 운동 전후에 탄수화물과 단백질이 포함된 균형 잡힌 식사나 간식을 먹으면 영양소 전달, 글리코겐 보충 및 근육 회복을 최적화하는 데 도움이 된다.

운동 전에 균형 잡힌 식사나 간식을 섭취하면 체내에서 쉽게 사용할 수 있는 에너지가 공급된다. 특히, 탄수화물은 중등도에서 고강도 활동의 주요 연료원이므로 운동 전 식사나 간식에 복합 탄수화물을 포함하면 운동을 통한 근손실을 감소시키고, 운동력을 증가시키는 데 도움이 될 수 있다.

운동 후 회복을 위해서도 적절한 영양 섭취는 매우 중요하다. 운동 후 손실된 근육을 회복하기 위해서는 체내 글리코겐 저장량을 보충해야 하며, 운동 후 처음 1~2시간 이내에 탄수화물과 단백질을 함께 섭취하면 근육 단백질 합성을 향상시킬 수 있다.

4. 운동과 건강

1) 체력 향상 및 체중 조절

운동은 전반적인 건강 증진에 중요한 역할을 한다. 근육 강화, 심폐지구력 향상, 유연성 향상, 전반적인 체력 향상에 도움이 된다. 또한, 칼로리 소모, 신진대사 증가, 순수 근육량 증가에 도움을 주어 체중 조절에도 중요한 요소이다. 운동은 세포 내 미토콘드리아 기능을 향상시켜 체내 에너지 생산 효율을 높일 수 있다.

2) 심혈관계 건강

규칙적인 운동, 특히 빠르게 걷기, 달리기, 자전거 타기 또는 수영과 같은 유산소 활동은 심장을 강화하고 심혈관 건강을 향상시킨다. 혈압과 LDL-콜레스테롤 수치를 낮추고, HDL-콜레스테롤 수치를 높이고 혈액 순환 개선에 도움이 된다. 이는 심장병, 뇌졸중 및 기타 심혈관질환의 위험을 감소시킬 수 있는 방법이다.

3) 정신 건강

규칙적인 운동은 우울증, 불안 및 스트레스 증상 완화에 도움이 된다. 운동은 엔도르핀의 방출을 자극하여 기분을 개선하고 행복감을 증가시킨다. 또한, 수면의 질을 개선하고 자존감과 자신감을 높이며, 인지 기능을 향상시키고 다양한 정신 건강 상태의 증상을 완화할 수 있다. 운동은 기억력, 주의력 및 집행 기능 향상에도 영향을 미친다. 뇌가 적응하고 새로운 연결을 형성하는 능력인 신경가소성을 촉진하여 노화와 관련된 인지 기능 저하를 방지하고 알츠하이머병과 같은 신경퇴행성 질환의 위험을 줄일 수 있다.

4) 골격계 건강

걷기, 조깅 등의 체중 부하 운동은 골밀도와 골강도 향상에 도움이 된다. 유년기와 청소년기의 규칙적인 운동은 최적의 뼈 발달에 매우 중요하며, 노인의 경우에는 골밀도를 유지하고 골절 및 낙상 위험을 줄이는 데 도움이 된다.

5) 만성질환 예방

규칙적인 운동은 제2형 당뇨병 및 대사 증후군 예방에 도움을 주며, 만성질환의 위험 감소와 관련이 있다. 운동은 혈당 수치를 조절하고 인슐린 감수성을 개선하며, 신체의 염증을 줄이는 데 도움이 된다. 적당한 운동은 면역 기능에도 긍정적인 영향을 미치고, 체내 면역 체계의 능력을 향상시키고 특정 만성질환의 위험을 줄일 수 있다. 그러나 격렬한 운동은 일시적으로 면역 기능을 억제할 수 있으므로 면역 체계에 과도한 스트레스를 주지 않도록 운동 강도와 지속 시간의 균형을 맞추는 것이 중요하다.

효과적인 근육생성

건강 유지 및 증진을 위해 규칙적으로 운동하거나 골절 · 장애로 인해 발생한 근육 위축을 회복하기 위해 효과적으로 근육 생성을 도와주는 것이 중요하다. 근육 생성에는 양질의 단백질을 충분히 섭취하고, 운동 후 단백질을 섭취하고, 단백질과 탄수화물을 동시에 섭취하는 것이 근육 생성에 효과적이다.

효과적인 근육 형성을 위한 단백질 섭취 방법

출처: 운동영양학. 한국운동영양학회(2011).

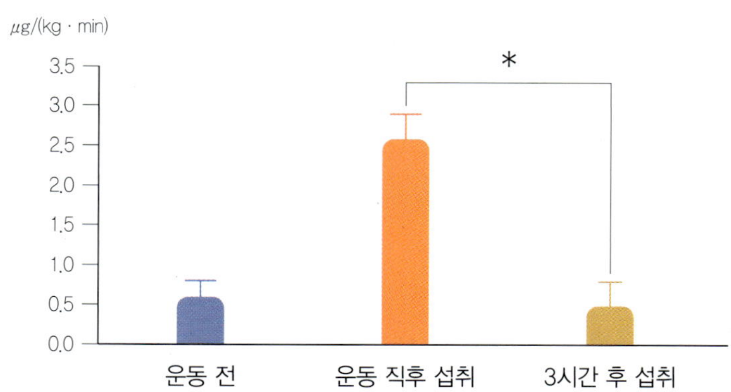

운동 후 섭취 타이밍에 따른 근단백 합성

출처: 운동영양학. 한국운동영양학회(2011).

보충제와 운동

■ BCAA(branched chain amino acid)와 운동

BCAA는 루신, 이소루신, 발린이 포함되고 근운동의 에너지원이 되는 한편, 근단백의 합성분해를 조절하는 특수한 아미노산이다. 신체의 질소 평형을 잡아 주어 과도한 단백질의 유출을 방지한다. 신체의 질소 평형이 체내 근육, 내장, 피부세포, 머리카락, 손발톱 등을 생산하기 위해 단백질의 적정선에서 사용하는 균형점을 말한다. 루신은 혈당이 대부분 근육세포대사에 사용되도록 도와주며 헤모글로빈 생성에 중요한 역할을 한다. 이소루신은 헤모글로빈 생성에 관여하고, 발린은 근육 재생에 도움을 준다. BCAA 비율이 이소루신:루신:발린=1:2:1의 비율인 경우, 근육 생성에 가장 효과적인 것으로 보고되었다. 권장량은 1일 3 g 이하로 정상적인 식사를 통해 충분히 섭취가 가능하다.

■ 유청단백질과 운동

유청단백질의 아미노산 조성은 골격근의 아미노산 조성과 유사하다. 필수 아미노산이 풍부한 유청단백질은 위에서 머무르는 시간이 짧기 때문에 다른 단백질보다 소화흡수가 빠르며, 섭취 시 근육 생성에 필요한 아미노산 농도를 증가시켜 근육량의 유지나 증가에 필요한 구성물질을 확보하게 된다.

■ 크레아틴

크레아틴은 아르기닌, 메티오닌, 글라이신에서 합성되고, 세포질과 미토콘드리아에 크레아틴과 크레아틴 인산으로 저장되어 체내 에너지로 바로 사용될 수 있다.

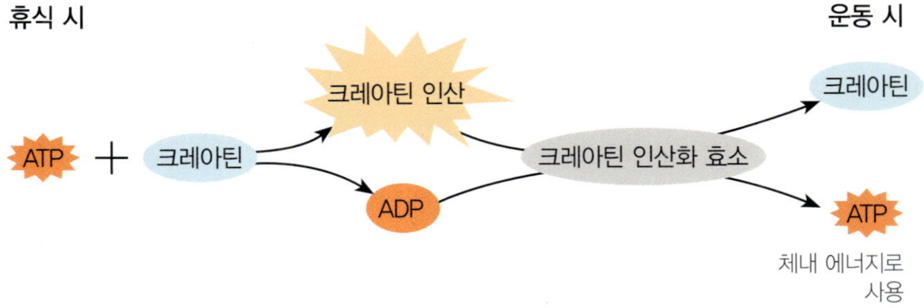

단원정리

■ 운동과 영양소 섭취의 상호관계

운동과 영양소 섭취는 건강 유지 및 증진에 밀접한 연관이 있다. 식사는 신체활동을 지원하는 데 필요한 에너지를 제공하고, 운동은 에너지를 소비하는 방식에 영향을 미친다.

■ 운동 시 영양소 대사

운동하는 동안 체내에서는 주로 탄수화물과 지방을 에너지 연료원으로 사용한다. 운동의 강도와 기간에 따라 사용되는 각 연료원의 비율이 달라질 수 있다. 고강도 운동을 하게 되면 탄수화물이 주된 에너지원이 되고 저강도 및 장시간의 운동을 하게 되면 지방이 주된 에너지원이 된다.

■ 운동 시 탄수화물 대사

탄수화물 대사 측면에서 운동은 근육과 간에 저장된 글리코겐(탄수화물 저장소)의 분해를 자극하여 에너지를 제공한다.

■ 운동 시 지방 대사

운동은 지방 대사를 강화하고 체내 저장되어 있던 지방을 에너지 공급원으로 사용함으로써 체내 과잉의 지방을 연소시키는 데 도움을 줄 수 있다. 또한, 조깅이나 자전거 타기와 같은 규칙적인 혹은 장기간의 유산소 운동은 지방 산화에 관련된 효소의 활성을 증가시켜 체지방을 감소시키는 데 효과적이다. 체내 저장된 지방 조직의 중성지방에서는 운동 시 유리지방산이 방출되어 혈액을 통해 근육세포로 이동하게 된다. 이때 카르니틴은 유리지방산을 미토콘드리아 내부로 운반하고 베타 산화를 통해 아세틸-CoA를 형성하고 TCA 회로를 통해 ATP를 생성하여 체내 에너지원으로 사용하게 된다.

▪ 운동 시 단백질 대사

격렬한 운동, 특히 저항성 운동은 근육 단백질 합성을 자극하고, 저항성 운동 전후에 단백질이 보충되어질 때 근육 단백질 합성이 더욱 촉진된다. 운동 시 적절한 양의 단백질을 섭취하는 것은 근육 복구, 성장 및 유지를 지원하는 데 중요하며, 특히 단백질 섭취는 근육 단백질 분해를 최소화하고 근육 단백질 합성을 강화하는 데 도움이 될 수 있다.

▪ 운동 시 영양소 요구량

규칙적인 운동은 특정 비타민과 무기질의 체내 요구도를 증가시킨다. 고강도 운동을 주로 하는 경우는 철, 칼슘, 비타민 C, 비타민 D, 비타민 E의 필요량이 증가된다. 다양한 과일, 채소, 통곡물, 저지방 단백질 및 건강한 지방을 포함하는 다양하고 균형 잡힌 식단을 섭취하면 미량 영양소 요구도를 충족하는 데 도움이 된다.

▪ 운동과 건강

운동은 전반적인 건강 증진에 중요한 역할을 하고 질병 예방에 도움을 준다. 특히, 심혈관계 질환, 근골격계 질환, 정신 건강 및 만성질환에 영향을 미친다.

제10장

음주와 건강

1. 음주의 개요

술은 알코올이 1도 이상인 음료로 정의되고, 음주는 맥주, 와인, 증류주 또는 알코올을 포함하는 혼합음료 또는 제품을 소비하는 행위를 말한다. 알코올 소비 수준은 개인과 문화에 따라 간헐적이거나 중간 정도의 음주에서 과도하거나 과음에 이르기까지 다양하게 나타난다.

적당한 음주는 스트레스와 불안감을 해소해 주거나 심혈관계 질환을 감소시키는 역할을 하기도 한다. 그러나 알코올 섭취는 잠재적인 위험을 수반하며, 신체 건강 · 정신 건강 · 사회적 상호 작용에 다양한 영향을 미칠 수 있다는 점에 유의하는 것이 중요하다. 과도하거나 장기간의 알코올 섭취는 간질환, 심혈관 문제, 특정 암의 위험 증가, 중독, 정신 건강 장애, 판단력 저하, 사고 및 긴장된 관계와 같은 사회적 결과를 포함한 다양한 건강 문제로 이어질 수 있다.

미국국립알코올남용중독연구소에서는 표준 1잔을 알코올 14 g으로 정의한다. 이에 해당하는 양은 대략 양주 45 mL, 포도주 150 mL, 맥주 350 mL 정도이다.

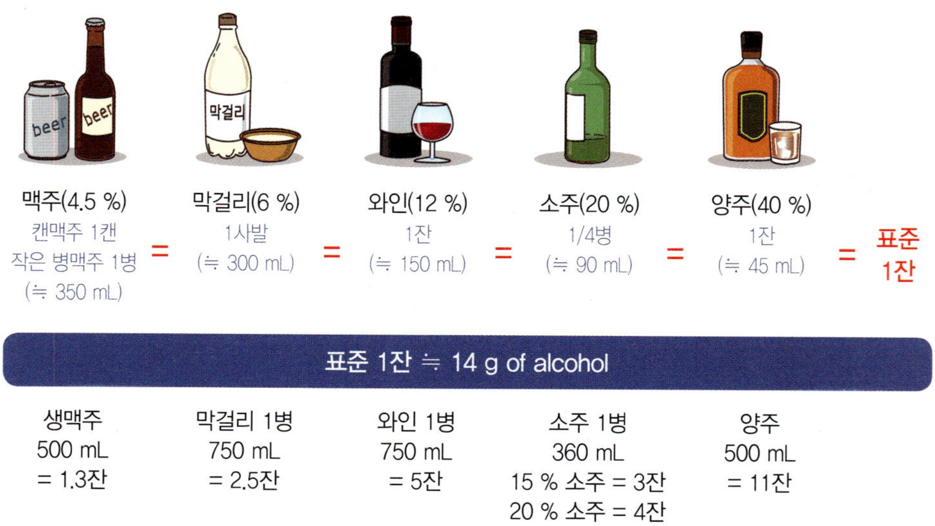

그림 10-1 표준잔의 정의

출처: 미국국립알코올남용중독연구소.

기타 술의 알코올 양은 다음의 공식으로 산출할 수 있다.

알코올 양(g) = 술의 양(mL) × 도수(%) × 알코올 비중(0.79)

적절한 음주는 표준 1잔(알코올 14 g) 기준 일주일에 남성 8잔(소주 2병) 이하, 여성 4잔(소주 1병) 이하로 권고하고 있으며, 고위험음주(폭음)은 건강에 위협을 줄 수 있는 상태이며, 남성의 경우 소주 7잔, 여성의 경우는 소주 5잔으로 정의한다.

2. 음주 실태

'2020 국민건강통계'에 따르면, 우리나라 만 19세 이상 월간음주율은 2020년 남자 70.2 %, 여자 47.8 %로 나타났다. 월간폭음률은 남자 51.9 %, 여자 24.7 %로, 전년도와 유사하였고 연령별로는 남자 30대(59.7 %), 여자 20대(40.4 %)에서 가장 높았다.

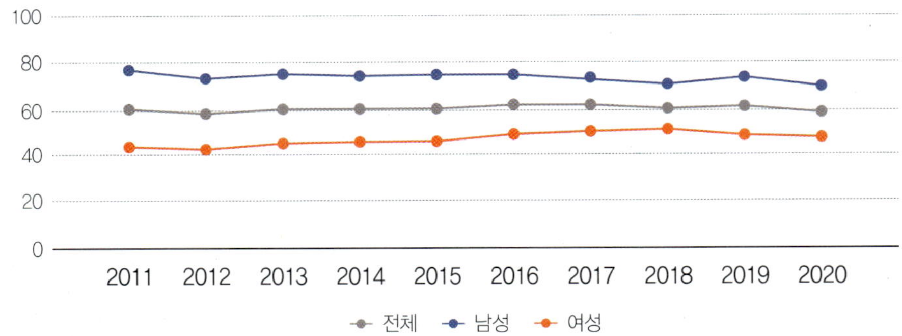

※ 월간음주율: 최근 1년 동안 한 달에 1회 이상 음주한 분율, 만 19세 이상

그림 10-2 월간음주율 추이

출처: 2020 국민건강통계. 질병관리청(2020).

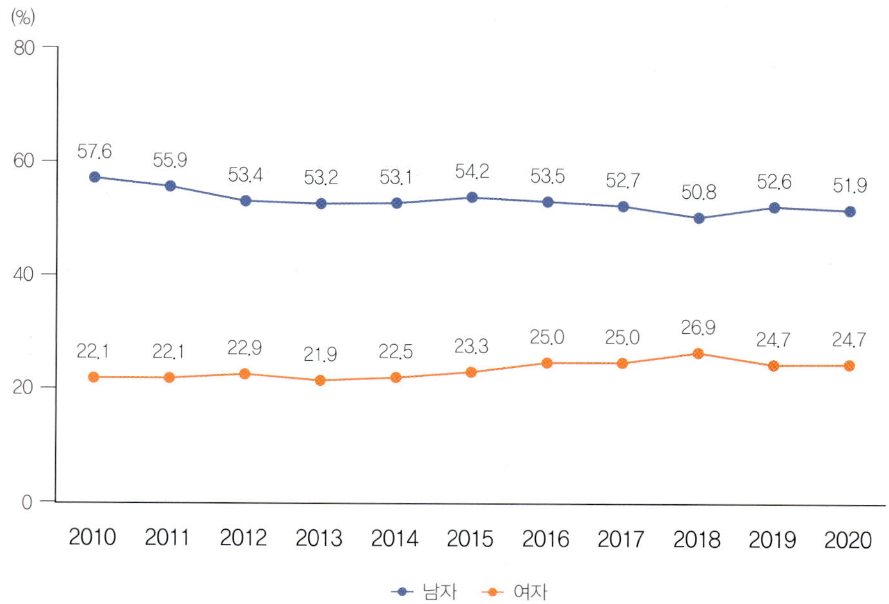

※ 월간폭음률: 1회 평균 음주량이 남자의 경우 7잔 이상, 여자의 경우 5잔 이상이며, 주 2회 이상 음주하는 분율

그림 10-3 월간폭음률 추이

출처: 2020 국민건강통계. 질병관리청(2020).

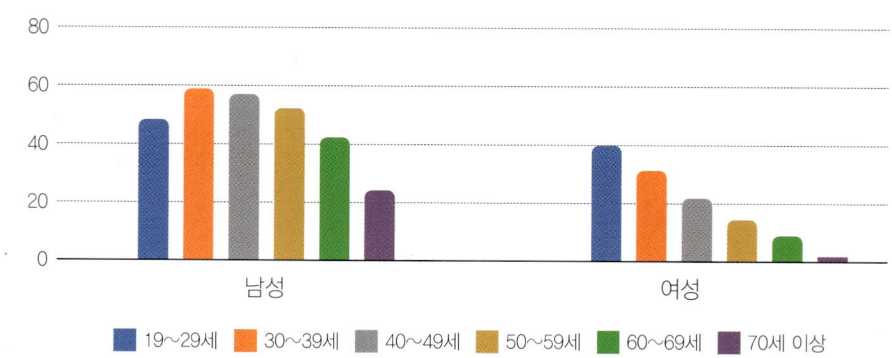

※ 연령별 월간폭음률: 1회 평균 음주량이 남자의 경우 7잔 이상, 여자의 경우 5잔 이상이며, 주 2회 이상 음주하는 분율

그림 10-4 연령별 월간폭음률

출처: 2020 국민건강통계. 질병관리청(2020).

현재음주율은 최근 30일 동안 1잔 이상 술을 마신 적이 있는 사람의 분율을 의미하며, 남학생 및 여학생의 현재음주율은 각각 15.0 %, 10.9 %로, 2021년 대비 증가(남자 2.6 %p↑, 여자 2.0 %p↑)하였으며, 1회 평균 음주량이 중등도(남자 소주 5잔, 여자 3잔) 이상인 위험음주율도 남녀 학생 모두 증가(남자 5.3 % → 6.1 %, 여자 4.4 % → 5.1 %)하였다.

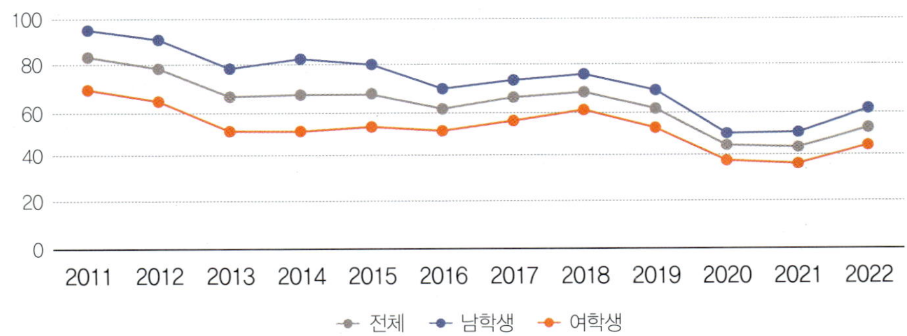

그림 10-5 청소년 현재음주율 추이

출처: 청소년건강행태조사. 질병관리청(2022).

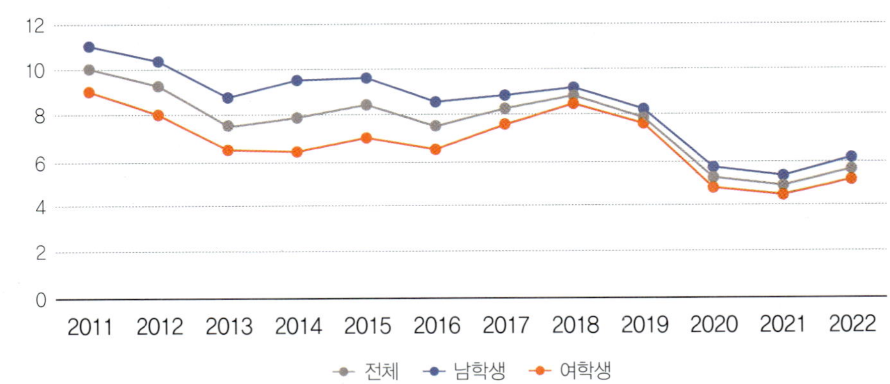

그림 10-6 청소년 위험음주율 추이

출처: 청소년건강행태조사. 질병관리청(2022).

건강한 음주문화 실천법

1. 알코올 함량이 낮은 술을 선택한다.
2. 식사를 먼저 한 후 술을 마신다.
3. 술을 마실 때 물 등을 자주 마신다.
4. 본인의 주량을 알고 술을 마신다.
5. 지나친 음주를 자제한다.
6. 억지로 술을 권하지 않는다.

주종별 알코올 함량 및 적정 섭취량(알코올 양으로 남자 40 g, 여자 20 g 이하)

주종	기준	1잔 규격(mL)	알코올 함량(g)	적정 섭취량(잔)	
				남자	여자
소주	17도	50	6.8	5.9	2.9
맥주	4.5도	200	7.2	5.6	2.8
막걸리	6도	200	9.6	4.2	2.1
위스키	40도	30	9.6	4.2	2.1
폭탄주 1	소주+맥주	200	12.2	3.3	1.6
폭탄주 2	양주+맥주	200	15.7	2.5	1.3

출처: 2020년 주류 소비 · 섭취 실태조사 결과. 식품의약품안전처(2020).

3. 음주와 영양 문제

1) 과잉 열량 섭취

알코올에는 단백질, 탄수화물 또는 지방과 같은 다량 영양소가 포함되어 있지 않지만, 칼로리가 포함되어 있다. 칼로리 함량은 다른 영양소에 비해 상대적으로 칼로리가 높고 g당 7 kcal를 함유하고 있으며, 이는 거의 지방(g당 9 kcal)만큼 칼로리 밀도가 높다. 알코올은 유익한 영양소를 제공하지 않고 에너지 섭취에 기여하기 때문에 종종 '빈 칼로리(empty kcal)'라고 한다. 알코올의 경우 영양이 풍부한 식품의 칼로리와 동일한 포만감이나 영양가를 제공하지 않기 때문에 과량의 술을 섭취하면 알코올에 의한 열량 섭취량이 증가하여 체중 증가로 이어질 수 있다.

2) 영양불량

과도한 알코올 섭취는 영양불량 상태를 유도하는 것과 밀접한 관련성이 있다. 음주 자체가 다른 식품의 섭취량을 감소시킬 수 있으며, 장기간의 알코올 남용은 필수 영양소의 결핍을 초래할 수 있다. 알코올 분해 대사에는 비타민과 무기질이 필수적이다. 특히, 비타민 B 사용에 대한 요구량이 높기 때문에 장기간의 알코올 남용은 비타민과 무기질의 결핍으로 이어질 수 있다.

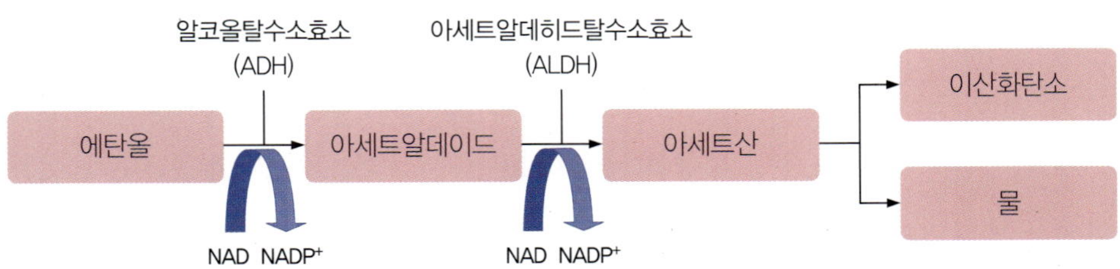

그림 10-7 알코올 대사

표 10-1 니아신

- 조효소 형태: nicotinamide adenine dinucleotide(NAD), nicotinamide adenine dinucleotide phosphate(NADP)
- NAD: 세포 내 호흡, 탄수화물 대사, 지방산 대사, 알코올 대사 등에 관여
- NADP: 지방산 합성, 스테로이드 합성 등에 관여

영양소 흡수에도 영향을 미쳐 영양불량을 유도할 수 있다. 과도한 알코올 섭취는 위장관에 손상을 주고, 필수 영양소의 흡수를 손상시키고, 비타민(특히, 티아민, 리보플라빈, 니아신, 엽산, 비타민 B_{12}를 포함한 비타민 B군), 무기질(칼슘, 마그

네슘, 아연 등) 및 신진대사와 전반적인 건강에 필요한 기타 영양소의 흡수를 방해할 수 있다.

지속적인 음주는 담즙 및 지질분해효소의 분비 이상을 초래하고 지방의 소화를 저해하여 설사가 나타난다. 또한, 지방의 소화 흡수와 함께 진행되는 지용성 비타민의 흡수도 저하되어 지용성 비타민의 결핍 증상이 발생한다. 또한, 알코올은 이뇨작용이 있어 소변 생성을 촉진하고 탈수에 영향을 미친다. 이에 따라 마그네슘, 칼륨, 아연 등의 무기질 손실 발생에 기여할 수 있다. 알코올 대사에는 다량의 니아신이 요구되는데 이뇨작용으로 인해 니아신 결핍의 위험이 커질 수 있다. 알코올 섭취로 에너지를 공급받을 수는 있지만, 필수 영양소의 섭취 및 흡수를 저해시켜 체내 대사활동에 전체적으로 영향을 미친다고 할 수 있다. 따라서 만성적으로 과량의 알코올을 섭취하는 경우 필수 영양소의 보충이 필요하다.

3) 영양소 대사 장애

간은 영양소 대사에서 중추적인 역할을 한다. 알코올은 위와 간에서 대사되고 위에서 분해되지 않은 알코올은 모두 간에서 대사된다. 이때 알코올의 대사는 다른 영양소의 대사보다 우선시되므로 알코올을 과량으로 섭취 시 간에서 다른 물질을 효과적으로 처리하고 대사하는 능력이 감소하게 된다. 즉, 정상적인 대사 과정과 영양소 이용을 방해할 수 있다.

알코올에서 제공되는 에너지는 탄수화물, 지방 또는 단백질과 같이 신체의 에너지로 효율적으로 저장되지 않는다. 알코올을 섭취하면 체내 에너지 생성에 우선적으로 관여하게 되고, 이는 탄수화물 및 지방과 같은 다른 영양소의 대사를 지연시킨다. 이에 여분의 에너지가 체내 축적되는 비율이 높아진다. 특히, 간에서 지방 축적으로 이어지고 알코올성 지방간질환과 같은 질병 상태를 유도할 수 있다.

4) 호르몬 불균형

알코올 섭취는 혈당 조절을 방해한다. 혈중 인슐린 분비를 약화시켜 저혈당을 유도하게 된다. 호르몬 불균형은 탄수화물 대사를 비효율적으로 만들고 전반적인 에너지 균형을 관리하는 체내 대사에 영향을 미치게 된다.

4. 음주와 건강 문제

만성적인 음주는 뇌, 심혈관계, 인두, 식도, 간, 위, 십이지장, 소장, 췌장, 대장, 생식기 등 체내 거의 모든 장기에 영향을 미친다. 이로 인해 각종 암, 염증, 궤양, 치매, 통풍 등 200가지 이상의 질병이 유발되거나 악화된다.

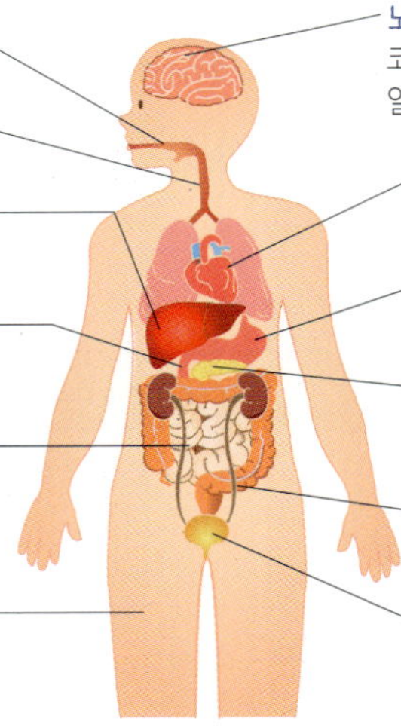

그림 10-8 만성적 음주가 신체 건강에 미치는 영향

출처: 음주피해예방 교육자료. 한국건강증진개발원(2021).

1) 신경/정신계 질환

음주는 뇌의 위축을 유도한다. 음주량에 따라 해마(학습 및 기억 담당)와 대뇌 위축이 진행된다. 과다한 음주는 뇌 건강에 영향을 미치고 알코올성 소뇌변성증, 알코올성 치매, 알코올성 정신장애를 유발할 수 있다. 과도한 음주로 인해 나타나는 치매로 급성으로 기억장애가 발생하는 코르사코프증후군이 있고, 전반적인 인지 기능 장애가 점진적으로 진행하나 알코올 외에 다른 원인이 없는 경우 알코올 치매라 진단한다. 만성 알코올 섭취로 인하여 체내에 비타민 B_1(티아민)이 흡수되지 못하고 결핍되면, 기억력이 떨어지고, 보행 기능이 저하되며, 섬망 및 혼돈 등의 증상이 나타날 수 있다.

알코올 섭취는 일시적으로 스트레스나 불안을 완화할 수는 있지만 과도한 알코올 섭취는 우울증 및 불안과 같은 정신 건강 장애를 유발하거나 악화시킬 수 있다. 알코올은 중독성물질이므로 장기간의 과도한 사용은 알코올 사용 장애(Alcohol Use Disorder, AUD)로 이어질 수 있다. 알코올 사용 장애의 경우는 음주 조절이 불가능하고, 음주에 대한 강한 갈망 증상을 나타낸다. 알코올 사용 장애가 있는 사람은 일반인에 비해 약물 사용 장애가 있을 위험도가 10배, 우울증이나 양극성 장애 위험도가 4배, 불안장애를 겪을 위험도는 3배 정도 높다. 또한, 국내 알코올 중독자의 자살 시도 경험은 약 38.7 %로 일반 성인 자살 시도율의 10배로 나타난다.

표 10-2 알코올 의존도 자가진단표

진단항목	0	1	2	3	4
1. 얼마나 자주 술을 마십니까?	안 마심	월 1회 이하	월 2~4회	주 2~3회	주 4회 이상
2. 술을 마시면 한 번에 몇 잔 정도 마십니까?	소주 1~2잔	소주 3~4잔	소주 5~6잔	소주 7~9잔	소주 10잔 이상
3. 한번에 소주 1병 또는 맥주 4병 이상 마시는 경우는 얼마나 자주 있습니까?	없다	월 1회 미만	월 1회	매주	없다
4. 지난 1년간 한 번 술을 마시기 시작하면 멈출 수 없었던 때가 얼마나 자주 있었습니까?	없다	월 1회 미만	월 1회	매주	거의 매일
5. 지난 1년간 평소 같으면 할 수 있던 일을 음주 때문에 실패한 적이 얼마나 자주 있었습니까?	없다	월 1회 미만	월 1회	매주	거의 매일
6. 지난 1년간 술을 마신 다음 날 일어나기 위해 해장술이 필요했던 적은 얼마나 자주 있었습니까?	없다	월 1회 미만	월 1회	매주	거의 매일

진단항목	0	1	2	3	4
7. 지난 1년간 음주 후에 죄책감이 든 적이 얼마나 자주 있었습니까?	없다	월 1회 미만	월 1회	매주	거의 매일
8. 지난 1년간 음주 때문에 전날 밤에 있었던 일이 기억나지 않았던 적이 얼마나 자주 있었습니까?	없다	월 1회 미만	월 1회	매주	거의 매일
9. 음주로 인해 자신이나 다른 사람이 다친 적이 있습니까?	없다		있지만, 지난 1년간 없음		지난 1년간 있음
10. 친척이나 친구, 의사가 당신이 술 마시는 것을 걱정하거나 당신에게 술 끊기를 권유한 적이 있었습니까?	없다		있지만, 지난 1년간 없음		지난 1년간 있음
적정음주자: 남성 9점 이하, 여성 5점 이하 위험음주자: 남성 10~19점 이하, 여성 6~9점 알코올 사용장애 추정자: 남성 20점 이상, 여성 10점 이상					

출처: 한국판 알코올사용장애 선별검사(Alcohol Use Disorder Identification Test –Korea, AUDIT-K). 질병관리청.

2) 암

국제암연구소(International Agency for Research on Cancer, IARC)에 따르면 알코올은 1군 발암물질이며, 암 발병 위험률을 높인다. 특히, 알코올 대사물질인 아세트알데히드는 두경부암(구강, 인두, 후두 등), 식도암, 간암, 유방암, 대장암, 췌장암 등의 발생과 연관이 있고, 알코올을 하루 50 g 섭취할 경우 비섭취자에 비해 암 발생 위험이 2~3배 이상 높아진다. 최근에는 소량의 음주도 암 발생과 연관이 있다는 보고가 많아져서 암 예방 지침에서는 소량의 음주도 피할 것을 권고하고 있다.

3) 간질환

과도한 알코올 섭취와 관련된 가장 잘 알려진 건강 위험 중 하나는 간 손상이다. 장기간의 알코올 남용은 간 염증(알코올성 간염), 지방간질환, 간경화, 간암으로 이어진다. 대한간학회는 남성에서 하루 평균 40 g(약 소주 4잔) 이상, 여성에서 하루 평균 20 g(약 소주 2잔) 이상의 음주는 알코올성 간 손상의 위험을 높이므로 과도한 음주를 피하도록 권고하며, 알코올성 간질환 환자에서 술을 끊는 것이 가장 중요한 치료임을 강조한다.

4) 심혈관계 질환

적당량의 음주(하루 1~2잔)는 혈중 HDL-콜레스테롤 농도를 상승시키고 LDL-콜레스테롤 농도는 감소시켜 관상동맥질환의 위험률을 감소시킬 수 있으나, 음주량과 심혈관계 질환 위험도는 인종, 성별, 체형 등에 따라 상관도가 다르다. 만성적인 음주는 혈액응고, 혈압상승, 심장근육 장애를 야기하여 심혈관계 질환의 위험도를 증가시킨다. 하루 20 g 알코올(약 소주 2잔)을 섭취하는 사람은 관상동맥질환 위험률이 가장 낮고(20 % 감소), 89 g(약 소주 10잔) 이상이 되면 심혈관계 질환 위험률이 상승한다. 심방세동은 심장의 심방이 빠르고 불규칙하게 뛰어 두근거림, 호흡곤란 등의 증상을 나타내며, 심장 안에서 피가 굳는 혈전을 만들어 뇌졸중 등의 합병증을 일으킬 수 있는 질병이다. 음주 시 심방세동의 위험도가 높아지며, 남성의 경우는 소량 섭취에서도 비음주자보다 심방세동의 위험이 높은 것으로 보고된다. 허혈성 뇌졸중(뇌혈관이 막혀서 생기는 뇌경색)은 소량의 음주 시 발생 위험이 감소하지만 하루 2잔 이상 음주 시 발생 위험이 증가하는 것과 연관이 있고, 출혈성 뇌졸중(뇌출혈)은 소량의 음주에도 발생 위험이 증가한다.

5) 임신 중 음주

임신 중 음주는 태반 혈관을 수축시켜 태아에게 전달되어야 할 영양분과 산소 공급을 감소시키고, 알코올이 혈액을 통해 태아에게 전달되어 태아의 뇌, 조직, 장기에 손상을 주고 정상적인 성장을 방해한다. 임신 중 음주로 인해 태어난 아기에게 발생한 신체적 · 정신적 이상을 태아알코올증후군(Fetal Alcohol Spectrum

Disorder, FASD)이라고 한다. 태아알코올증후군의 대표적인 특징은 안면 기형으로, 정상 아이와 눈코입의 형태가 다르게 보인다. 인중이 불명확하거나, 눈의 가로 길이가 짧거나, 윗입술이 아랫입술에 비해 현저하게 가는 특징 등이 있다. 태아알코올증후군은 신체적 · 정신적 결함을 야기할 수 있다. 신체적 문제는 또래에 비해 체중과 키가 작거나, 심장, 신장 등 장기에 건강 문제를 가진 경우, 뇌의 구조적 · 기능적 손상을 가지는 경우가 포함된다. 정신적 문제에는 일반적으로 지능이 낮고 학습장애, 기억장애 등을 겪는 경우, 과잉행동 성향, 주의 산만, 언어발달 지연, 의사소통의 어려움, 추리력 및 판단력 저하 등이 포함된다. 신체적 · 정신적 결함으로 인해 일상생활에도 어려움을 경험할 수 있다.

알코올 섭취와 운동능력

미오신이 액틴과 결합하여 근섬유를 수축시키기 위해서는 미오신 결합부위를 덮고 있는 트로포미아신 분자가 액틴에서 분리되어야 한다. 이를 가능하게 하는 것이 칼슘이온이다. 알코올은 칼슘이 근세포 내로 이동하는 것을 억제하여 근육의 수축이완을 방해한다. 소량의 알코올이라도 단순 반응시간, 동작시간, 스피드, 운동조절력 등을 손상시킬 수 있다.

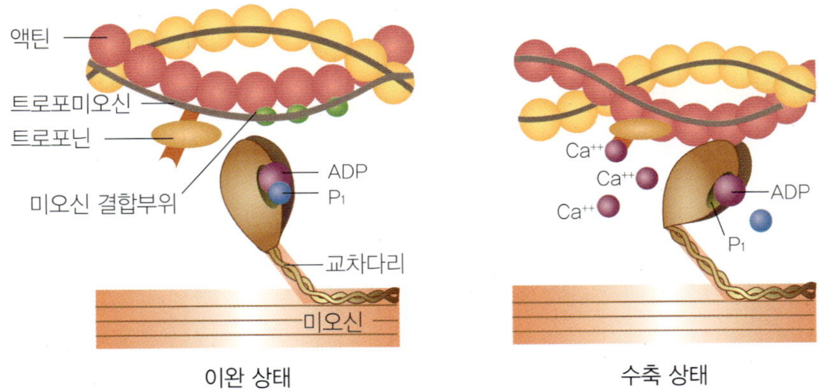

출처: 이해하기 쉬운 인체생리학. 이연숙 외(2019).

단원정리

■ 음주와 건강

적당한 음주는 스트레스와 불안감을 해소해 주거나 심혈관계 질환을 감소시키는 역할을 하기도 한다. 그러나 알코올 섭취는 잠재적인 위험을 수반하며, 신체 건강 · 정신 건강 · 사회적 상호 작용에 다양한 영향을 미칠 수 있다는 점에 유의하는 것이 중요하다. 과도하거나 장기간의 알코올 섭취는 간질환, 심혈관 문제, 특정 암의 위험 증가, 중독, 정신 건강 장애, 판단력 저하, 사고 및 긴장된 관계와 같은 사회적 결과를 포함한 다양한 건강 문제로 이어질 수 있다.

■ 음주와 영양불균형

음주는 과잉열량 섭취를 유도하고 영양불량을 초래한다. 과도한 알코올 섭취는 위장관에 손상을 주고, 필수 영양소의 흡수를 손상시키고, 비타민(특히, 티아민, 리보플라빈, 니아신, 엽산, 비타민 B_{12}를 포함한 비타민 B군), 무기질(칼슘, 마그네슘, 아연 등) 및 신진대사와 전반적인 건강에 필요한 기타 영양소의 흡수를 방해할 수 있다.

■ 알코올 대사

간은 영양소 대사에서 중추적인 역할을 한다. 알코올은 위와 간에서 대사되고 위에서 분해되지 않은 알코올은 모두 간에서 대사된다. 이때 알코올의 대사는 다른 영양소의 대사보다 우선시되므로 알코올을 과량으로 섭취 시 간에서 다른 물질을 효과적으로 처리하고 대사하는 능력이 감소하게 된다. 즉, 정상적인 대사 과정과 영양소 이용을 방해할 수 있다.

■ 만성적인 음주와 건강

만성적인 음주는 뇌, 심혈관계, 인두, 식도, 간, 위, 십이지장, 소장, 췌장, 대장, 생식기 등 체내 거의 모든 장기에 영향을 미친다. 이로 인해 각종 암, 염증, 궤양, 치매, 통풍 등 200가지 이상의 질병이 유발되거나 악화된다.

제11장

흡연과 건강

1. 흡연의 개요

1) 개요

흡연은 담배를 태울 때 발생하는 연기를 흡입하고 내쉬는 행위를 말한다. 국내 성인 인구 5명 중 1명인 약 880만 명이 흡연자로 보고된다. 담배의 각종 독성물질과 발암물질은 체내 모든 세포와 장기에 영향을 미치고, 폐암, 심장병 및 뇌졸중 발생, 저체중아 출생 위험을 증가시킨다.

간접흡연은 주류연(흡연자가 흡입한 뒤 내뿜는 연기)과 부류연(불이 붙은 곳에서 필터를 거치지 않고 피어나는 담배 연기)에 의해 일어난다. 간접흡연을 하는 사람은 발암물질과 유해 화학물질의 농도가 더 높은 부류연에 주로 노출되며, 주로 여성과 청소년이 노출되는 경우가 많다. 비흡연자의 직장 내 간접흡연 노출률은 공공장소 금연 구역이 계속 확대되면서 감소하는 추세이지만, 최근 통계에 의하면 남자 13.4 %, 여자 6.6 %로 여전히 높은 편이다. 최근에는 액상형 전자담배의 흡연율도 높아지고 있으며, 이로 인한 간접흡연의 피해 역시 발생 빈도가 높다. 액상형 전자담배 판매처의 공기에는 일반 공간과 비교했을 때 미세먼지는 21배, 아세트알데하이드는 4배, 니코틴도 4배 정도 증가됨이 보고된다. 이에 직접흡연뿐만 아니라 간접흡연도 호흡기 건강에 직접적인 영향을 미치므로 흡연자 및 비흡연자는 개인의 건강 및 서로에 대한 배려가 필요하다.

2) 유해 성분

담배 연기 속에는 일산화탄소와 니코틴을 비롯해 중금속, 방사성물질 등 각종 독성물질과 발암물질이 들어 있다. 담배 연기의 유해 성분은 폐포와 기관지에 직접 작용해 표피세포 등을 파괴하거나 만성 염증을 일으킨다. 대략 4,000가지 이상의 유해물질과 발암물질이 함유되어 있으며, 대표적인 유해물질로는 니코틴, 일산화탄소, 타르가 있다.

(1) 니코틴

니코틴은 담배의 주성분으로서 중추와 말초의 신경을 흥분시키는 물질로, 교감신경을 자극해 맥박, 혈압, 심근 수축력을 높여 심장에 부담을 준다. 담배의 잎에 다량 함유되어 있으며, 니코틴은 부신수질과 뇌 조직의 니코틴성 아세틸콜린 수용체에 작용하여 반응을 나타낸다. 부신수질 수용체에 결합하면 교감신경을 흥분시키는 아드레날린의 방출이 증가되고 뇌 조직 수용체에 결합하면 도파민이 증가되어 기분을 향상시킨다.

저용량에서는 신경흥분과 각성을 일으키지만, 고용량으로 인한 급성 중독 시에는 맥박과 호흡 횟수가 상승하며 흥분 상태가 되고 심각한 경우 경련, 호흡 마비가 나타나거나 사망에 이를 수 있다.

장기간 흡연하면 내성과 의존성이 나타나며, 중단 시 금단증상을 야기하는 물질이다. 금단 증상으로는 우울증, 불안, 집중력 감소, 불면증 등이 있다.

표 11-1 니코틴 의존도 테스트

항목	응답범주	
1. 하루에 보통 몇 개비나 피우십니까?	⓪ 10개비 이하 ② 21~30개비	① 11~20개비 ③ 31개비 이상
2. 아침에 일어나서 얼마 만에 첫 담배를 피우십니까?	⓪ 1시간 이후 ② 6~30분 사이	① 31분~1시간 사이 ③ 5분 이내
3. 금연 구역(도서관, 극장, 병원 등)에서 담배를 참기가 어렵습니까?	① 예	⓪ 아니오
4. 하루 중 담배 맛이 가장 좋은 때는 언제입니까?	① 아침 첫 담배	⓪ 그 외의 담배
5. 오후와 저녁시간보다 오전 중에 담배를 더 자주 피우십니까?	① 예	⓪ 아니오
6. 몸이 아파 하루 종일 누워 있을 때에도 담배를 피우십니까?	① 예	⓪ 아니오
[평가기준] 0~3: 낮음 4~6: 중 정도로 높음 7~10: 매우 높음		

출처: FTND-K(Fagerstrom Test for Nicotine Dependence).

(2) 일산화탄소(CO)

담배 연기에 지속적으로 노출되면 두통이 유발되거나 정신이 몽롱해지는 듯한 증상을 나타내는 인자가 일산화탄소이다. 일산화탄소는 혈액의 산소운반능력을 감소시키는데, 일반적으로 일산화탄소는 산소보다 혈색소(헤모글로빈)에 100배 정도 결합력이 높아서 혈중 산소 농도를 감소시킨다. 만성적인 저산소증은 체내 신진대사에 장애를 주고 노화를 촉진하는 요인이다.

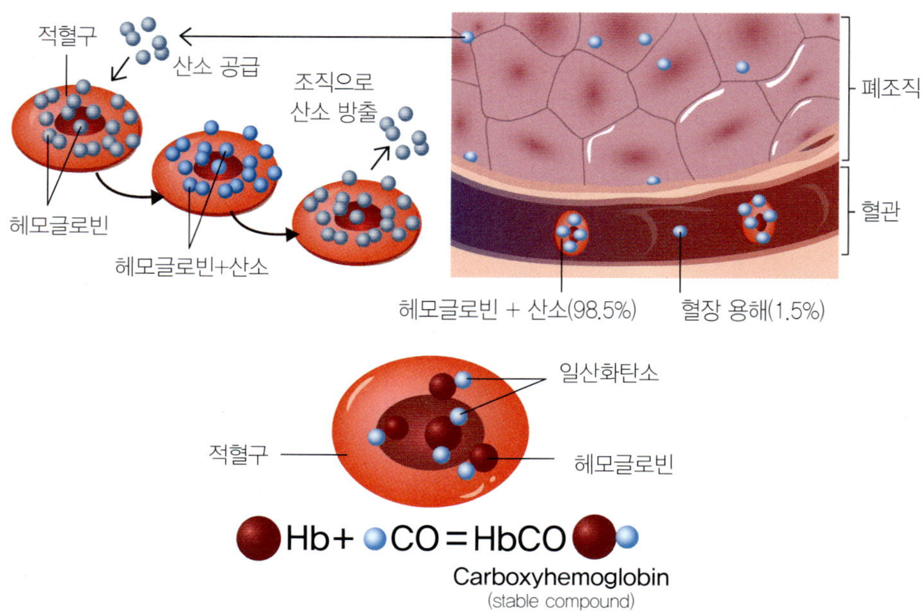

그림 11-1 일산화탄소의 산소결합

(3) 타르

타르는 일반적으로 담뱃진이라고 부르는 검은 물질이다. 각종 독성물질과 발암물질이 함유되어 있으며, 30여 가지의 중금속과 20여 종의 A급 발암물질이 포함되어 있다. 타르는 0.01~1.0μm의 입자로 함유되어 있어 호흡 시 외부로 배출되지 못하고 60 % 이상 폐로 유입된다. 담배 한 개비를 피울 때 흡입되는 타르 양은 약 10 mg으로, 하루에 한 갑씩 흡연 시 1년에 축적되는 양은 유리컵 하나 분량이 된다.

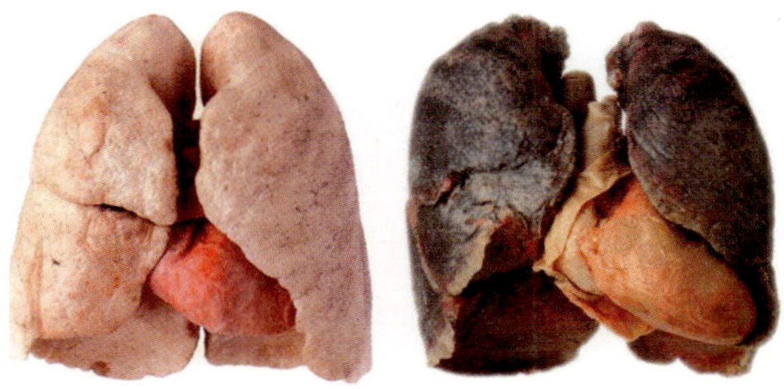

그림 11-2 비흡연자의 폐(좌)와 흡연자의 폐(우)

출처: 대한폐암학회.

2. 흡연 실태

2020년 국민건강영양조사에 따르면 성인(만 19세 이상) 현재흡연율[평생 궐련, 일반 담배를 5갑(100개비) 이상 피웠고, 현재 궐련을 피우는 분율]은 20.6 %이다. 국내 1998년의 성인 남성 흡연율은 66.3 %였고, 2020년 34.0 %로, 절반 수준으로 감소하였다. 그러나 2008년 이후 남성의 흡연율 감소 폭이 둔화되고 있으며, 성인 여성 흡연율은 지난 20년 동안 크게 변화는 없다.

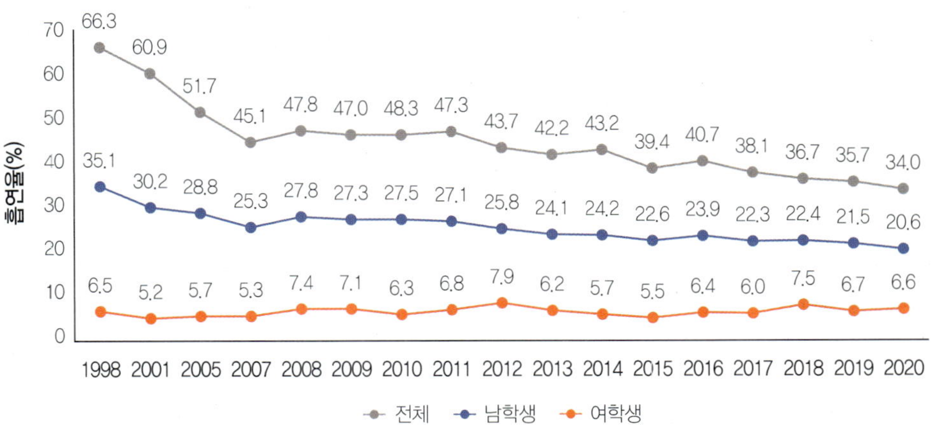

그림 11-3 성인 흡연율 추이

출처: 국민건강영양조사. 질병관리청(2022).

청소년의 현재흡연율은 2011년 12.1 %(남학생 17.2 %, 여학생 6.5 %)에서 2021년 4.5 %(남학생 6.0 %, 여학생 2.9 %)로 감소되고 있다. 국내 청소년 현재흡연율에서 가장 특징적인 것은 2016년부터 여학생 흡연율이 늘고 있다는 점이다. 더불어 2020년에 남학생과 여학생 모두 현재흡연율이 큰 폭으로 감소하였으나 이는 팬데믹으로 인한 일시적 환경 변화로 인한 것으로 예측된다.

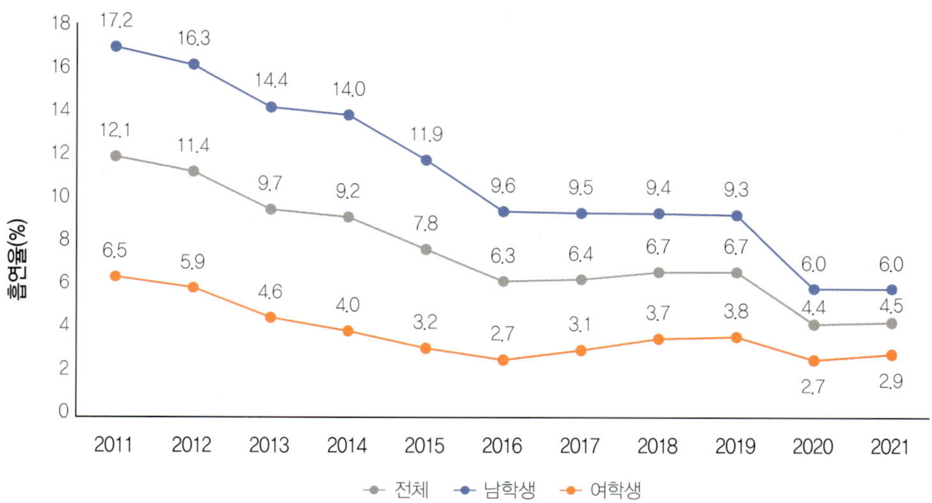

그림 11-4 청소년 흡연율 추이

출처: 국민건강영양조사. 질병관리청(2022).

3. 흡연과 영양 문제

1) 영양불량

담배 연기에 함유된 일산화탄소 등의 유해물질은 조직과 장기에 산소를 운반하는 혈색소의 능력을 감소시켜 비타민 및 무기질 등의 영양소의 흡수와 활용을 저해한다. 또한, 담배 연기에 존재하는 유해한 화학물질은 소화기관 내벽을 손상시켜 필수 비타민, 무기질 및 기타 영양소 흡수율을 저해한다. 실제 흡연자의 경우 혈중 비타민 C와 비타민 E 수준이 낮은 것으로 알려져 있고, 비타민 D, 비타민 B_{12}, 엽산, 칼슘 및 마그네슘 등 다양한 영양소의 혈중 수준이 낮은 것으로 보고된다.

흡연자는 식욕이 감소하는 경우가 많으며, 이로 인해 식품 섭취량 자체가 감소한다. 또한, 미각과 후각이 둔화되어 식품 섭취의 만족감에도 영향을 준다.

2) 영양 요구량 증가

흡연은 특정 영양소에 대한 신체의 요구량을 증가시킨다. 담배 연기의 독성물질은 산화적 스트레스와 만성 염증 반응을 야기하여 비타민 C와 비타민 E, 베타카로틴, 셀레늄과 같은 항산화제의 필요성을 증가시킨다.

비타민 C는 세포를 손상으로부터 보호하고 면역 체계를 지원하며, 콜라겐 생성을 돕는 중요한 항산화제이다. 흡연 시에는 항산화 시스템을 유지하기 위해 비타민 C의 사용량을 증가시키게 되므로 흡연자는 매일 귤 1개 분량의 비타민 C를 보충하는 것을 권장한다. 비타민 C는 브로콜리, 풋고추, 사과, 키위, 귤, 레몬 등 신선한 채소와 과일에 풍부하다.

비타민 E는 세포막을 구성하고 있는 불포화지방산의 산화를 억제하는 항산화제이며, 대두, 해바라기씨, 아몬드, 잣 등의 두유 및 견과류에 풍부하게 함유되어 있다.

베타카로틴은 불포화결합이 다수 존재하여 활성 산소를 제거하는 데 효과적인 항산화제이다. 시금치, 당근, 늙은 호박, 토마토 등의 채소 및 과일 등에 다량 함유되어 있으며, 우유도 좋은 급원이다.

3) 영양사 대사 장애

담배 연기의 독성 성분은 영양소 대사와 관련된 정상적인 생화학적 과정을 방해하여 영양소가 에너지 생산, 조직 복구 및 기타 대사 기능에 영향을 미친다. 담배에 함유된 니코틴은 일시적으로 대사 활동을 높일 수 있는 아드레날린과 같은 특정 호르몬의 방출을 자극하기 때문에 체내 대사율이 일부 증가된다.

• 인슐린 민감성에 미치는 영향: 흡연은 인슐린 저항성과 포도당 대사 장애와 관련이 있다. 인슐린 저항성은 포도당을 적절하게 대사하고 활용하는 신체의 능력에 영향을 미쳐 탄수화물 대사를 변화시키고 잠재적으로 제2형 당뇨병과 같은 대사 장애의 위험을 증가시킬 수 있다.

4. 흡연과 건강 문제

2021년 통계청 자료에 따르면 흡연으로 인한 사망원인은 암이 가장 많고, 심혈관질환, 뇌혈관질환, 당뇨병, 만성폐쇄폐질환 순으로 나타난다.

1) 암

흡연은 폐암의 주요 원인이며, 후두암, 위암, 췌장암 등에도 영향을 미친다. 흡연으로 인한 발암물질에 직접적으로 노출되는 구강, 후두, 식도, 폐 조직은 발암물질로 인해 세포가 손상되고 이로 인해 암이 유발된다. 또한, 타르는 혈액을 돌아다니면서 다른 조직에서의 발암을 촉진시키게 된다.

2) 뇌심혈관계 질환

담배 연기 속의 일산화탄소, 니코틴 등의 독성물질과 흡연으로 인한 산화적 스트레스는 혈액 중에 염증 반응, 혈전 형성, 혈액 내벽 등의 기능 이상으로 혈관을 손상시키고 혈압을 높이며 죽상경화증(동맥에 플라크 축적)의 발병을 촉진한다. 이러한 요인은 심장 마비, 뇌졸중 및 기타 심혈관질환의 위험률을 높이는 원인이 된다. 염증 반응으로 만들어진 동맥 내 플라크가 축적된 상태에서 니코틴에 의한 혈관 수축으로 혈관이 막히면 심근경색이나 뇌경색 발생 위험이 2~3배 높아진다.

3) 호흡기계 질환

흡연은 면역 체계를 약화시키고 호흡기의 방어 메커니즘을 손상시켜 개인을 폐렴, 기관지염 및 인플루엔자와 같은 호흡기 감염에 더 취약하게 만든다. 또한, 흡연은 직접적으로 호흡기를 손상시키기 때문에 천식, 만성 기관지염 및 폐기종과 같은 만성 호흡기 질환을 유발하거나 악화시킨다. 증상으로는 지속적인 기침, 쌕쌕거림, 숨 가쁨, 폐 기능 저하가 포함된다. 특히, 흡연은 만성 기관지염과 폐기종을 포함하는 진행성 폐질환인 만성 폐쇄성 폐질환(COPD)의 주요 원인이며, 기도 염증, 협착 등 영구적인 폐 손상을 일으켜 호흡 곤란과 폐 기능 저하를 유발한다.

4) 불임

남성의 정자 수와 운동성을 감소시킬 수 있고, 여성의 경우 생식능력 감소, 호르몬 불균형 및 유산 위험 증가로 이어질 수 있다.

5) 임신과 흡연

임신 중 흡연은 산모와 발달 중인 태아 모두에게 심각한 위험을 초래한다. 유산, 조산, 사산의 위험률을 증가시키고, 태아의 영양소 이용 가능성을 감소시켜 저체중아 출산, 태아 발달 장애의 위험성을 높이게 된다.

전자담배

베이핑 장치라고도 하는 전자담배는 사용자를 잠재적으로 유해한 물질에 노출시킨다. 기존 담배 연기의 독성물질뿐만 아니라 벤조피렌, 포름알데히드, 벤젠, 니트로소노르니코틴, 니트로소메틸아미노피리딜부타논 등 국제암연구소가 '1급 발암물질'로 분류하는 5개 성분이 추가로 검출되며, 일반 담배보다 타르 함유량은 20~50 %가 더 많은 것으로 분석되었다.

출처: 식품의약품안전처. 2018년 보도자료.

금연과 체중 증가

흡연으로 인해 식욕 저하가 발생하거나 흡연으로 스트레스를 해소하다가 금연을 하게 되면 체중이 증가한다는 경험을 하게 된다. 이는 흡연 시 분비되는 아드레날린이 흡연자를 긴장하게 하며, 에너지소비량을 증가시키는 역할을 하기 때문이다. 금연 시 니코틴 효과가 사라져 기초대사량이 감소되면서 하루 200 kcal 정도의 열량이 체내 축적되어 체중이 4~6 kg 정도 증가한다. 그러나 일시적인 현상으로, 일정 기간 후 체중 회복이 가능하다. 금연 과정에서 건강한 식습관을 갖고 규칙적인 신체활동을 하는 것이 중요하다.

출처: Stamford et al.(1986).

단원정리

■ 흡연과 건강

담배의 각종 독성물질과 발암물질은 체내 모든 세포와 장기에 영향을 미치게 되고, 폐암, 심장병 및 뇌졸중 발생, 저체중아 출생 위험이 증가시킨다.

■ 담배의 유해성분

담배 연기 속에는 일산화탄소와 니코틴을 비롯해 중금속, 방사성물질 등 각종 독성물질과 발암물질이 들어 있다. 담배 연기의 유해 성분은 폐포와 기관지에 직접 작용해 표피세포 등을 파괴하거나 만성 염증을 일으킨다. 대략 4,000가지 이상의 유해물질과 발암물질이 함유되어 있으며 대표적인 유해물질로는 니코틴, 일산화탄소, 타르가 있다.

■ 유해성분과 체내 대사

담배 연기에 함유된 일산화탄소 등의 유해물질은 조직과 장기에 산소를 운반하는 혈색소의 능력을 감소시켜, 비타민 및 무기질 등의 영양소의 흡수와 활용을 저해한다. 또한, 담배 연기에 존재하는 유해한 화학물질은 소화기관 내벽을 손상시켜 필수 비타민, 무기질 및 기타 영양소 흡수율을 저해한다.

■ 흡연과 영양불균형

흡연은 특정 영양소에 대한 신체의 요구량을 증가시킨다. 담배 연기의 독성물질은 산화적 스트레스와 만성 염증 반응을 야기하여 비타민 C와 비타민 E, 베타카로틴, 셀레늄과 같은 항산화제의 필요성을 증가시킨다.

■ 흡연과 질병

흡연으로 인한 사망원인은 암이 가장 많고, 심혈관질환, 뇌혈관질환, 당뇨병, 만성폐쇄폐질환 순으로 나타난다.

제12장

카페인과 건강

1. 카페인의 개요

카페인은 커피에 함유된 혼합물이라는 의미로 카페인으로 불리기 시작했으며, 카페인은 중추 신경계 자극제로 작용하여 주의력을 높이고 집중력을 향상시키며 피로감을 줄이는 효과가 있다. 이에 많은 사람들이 기상 후 혹은 주의를 기울이거나 인지능력을 향상시키기 위해 카페인을 섭취한다. 카페인은 성인의 기호식품인 커피, 녹차 등의 차류뿐만 아니라 어린이와 청소년 등이 즐겨 먹는 콜라, 초콜릿, 코코아 등에도 광범위하게 존재하는 성분이다. 또한, 감기약이나 두통약 등의 의약품에도 포함되어 있기 때문에 무심코 섭취하는 카페인의 양은 실제 생각하는 양보다 많을 수 있다.

2018년 기준으로 국내 커피 소비율은 세계 6위를 차지하고 있고, 1인당 연간 약 353잔의 커피를 소비하는 것으로 추정하고 있다. 세계 인구 연간 1인당 커피 소비량이 132잔인 것을 고려할 때 국내 20세 이상 인구의 연간 국내 1인당 커피 소비량이 약 3배 높다. 카페인 섭취는 정신력 증가, 운동능력 향상, 두통 증상의 일시적 완화와 같은 잠재적 이점이 있지만, 과도한 카페인 섭취 또는 카페인에 대한 민감성은 부작용을 유발할 수 있다. 카페인에 대한 민감도는 개인별로 다르게 나타나고, 체중, 신진대사, 유전 및 규칙적인 카페인 섭취와 같은 요인이 개인의 반응에 영향을 미친다.

적절한 카페인 섭취량은 연령, 건강 상태 및 개인의 허용 오차와 같은 요인에 따라 달라질 있지만, 미국식품의약국(FDA)은 커피 4잔에 해당하는 최대 400 mg의 정도를 하루 섭취량으로 권장하고 있다. 국내에서도 식품의약품안전처에서 어린이 · 청소년 2.5 mg/kg · bw/day 이하, 성인 400 mg/day 이하를 하루 섭취량으로 권장한다.

카페인 함유 식품의 카페인 함량은 다양하게 나타나고 믹스커피는 81.3 mg, 캔커피 118 mg, 아메리카노 125 mg가 평균적으로 함유되어 있다(그림 12-1).

그림 12-1 식품별 카페인 평균 함유량

출처: 식품의약품안전처(2015).

2. 카페인 섭취 실태

우리나라 국민의 카페인 섭취 수준을 평가한 결과, 국민 1인당 평균 일일섭취량은 67.8 mg으로, 성인 카페인 최대 일일 섭취 권고량(400 mg/day)에 비해 약 17 % 수준이다. 남성의 경우 77.2 mg, 여성은 58.2 mg으로 남성이 여성보다 카페인 섭취량이 높으며, 연령별 카페인 평균 일일섭취량은 성인(만 19세 이상)이 81.9 mg, 청소년(만 13~18세)이 24.2 mg, 초등학생 어린이(만 7~12세)가 7.9 mg, 미취학 어린이(만 1~6세)가 3.6 mg으로, 카페인 최대 일일 섭취 권고량 대비 각각 20.5 %, 16.4 %, 8.4 %, 8.4 % 수준으로 보고된다.

표 12-1 국내 카페인 평균 섭취량

구분		카페인 섭취량(mg/day)	최대 일일 섭취 권고량[1] 대비(%)
국민 평균	전체	67.75	16.9(성인기준적용)
성별 평균	남자	77.24	19.3(성인기준적용)
	여자	58.23	14.6(성인기준적용)
연령대별 평균	미취학 어린이(만 1~6세)	3.55	8.4
	초등학생 어린이(만 7~12세)	7.90	8.4
	청소년(만13~18세)	24.15	16.4
	성인(만 19세 이상)	81.91	20.5

1) 카페인 최대 일일 섭취 권고량: 어린이 · 청소년 2.5 mg/kg · bw/day 이하, 성인 400 mg/day 이하

출처: 식품의약품안전처(2015).

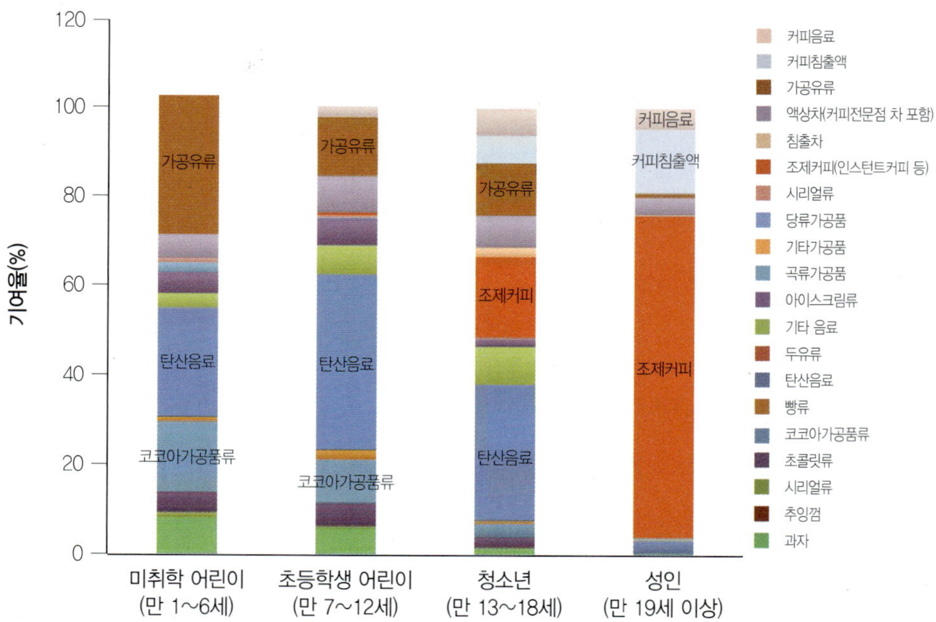

그림 12-2 카페인 섭취 주요 기여식품

출처: 카페인 섭취량 평가 결과. 식품의약품안전처(2015).

카페인 섭취에 기여한 주요 식품은 성인은 커피, 청소년 및 초등학생 어린이는 탄산음료, 미취학 어린이는 가공유류다. 성인은 조제커피(인스턴트커피 등)를 통

한 카페인 섭취가 72 %로 가장 높고, 커피침출액(15 %), 커피음료(5 %) 순으로 섭취한다. 청소년은 탄산음료를 통한 카페인 섭취가 30 %로 가장 높고, 조제커피(18 %), 가공유류(12 %) 순으로 카페인 섭취에 기여한다. 초등학생도 탄산음료를 통한 카페인 섭취가 39 %로 가장 높고, 가공유류(13 %), 코코아가공품류(10 %) 순으로 섭취한다. 미취학 어린이의 주요 카페인 섭취 기여 식품은 가공유류가 32 %였으며, 탄산음료가 24 %, 코코아가공품류가 16 % 로 보고된다.

3. 카페인과 영양 대사

1) 에너지 대사

카페인은 발열 효과가 있어 신체의 에너지 소비를 증가시키는 데 도움을 준다. 이는 중추 신경계를 자극하고 대사율을 증가시키기 때문이다. 그러나 에너지 소비 증가량이 많지 않고, 개인마다 차이가 있다.

2) 지방 대사

카페인은 지방 대사에 영향을 미친다. 체내 저장된 지방의 분해를 자극하고 혈중 유리지방산의 방출을 증가시킨다. 이로 인해 에너지 소비량도 증가하는 부분이 있다.

3) 체액 균형

카페인은 이뇨작용을 가지고 있기 때문에 소변 생성을 증가시키고 잠재적으로 체액 손실에 영향을 미칠 수 있다. 그러나 카페인을 적당히 섭취할 경우 심각한 탈수로 이어지지는 않는다. 규칙적인 수분 섭취는 카페인의 이뇨 효과로 인한 잠재적 수분 손실을 상쇄하는 데 도움이 된다.

4) 영양소 흡수 저해

과잉의 카페인 섭취는 철분 및 칼슘의 체내 흡수를 방해하여 청소년의 경우 빈혈이나 성장 저해를 유발한다.

4. 카페인과 건강 문제

1) 카페인의 긍정적 효과

카페인은 중추 신경계 자극제로 작용하여 주의력을 높이고 피로도를 개선시키는 데 도움이 된다. 인지 기능과 집중력을 향상시키고 뇌의 도파민과 세로토닌 수치를 증가시켜 행복감을 증가시킨다. 운동능력 향상에도 도움을 주고, 특히 지속적인 신체활동능력을 증가시켜 운동능력과 지구력 향상에 관여한다. 그밖에 근육 수축을 강화하고 근육통 감소에도 영향을 미친다.

2) 카페인의 부정적 효과

과도한 카페인 섭취는 일시적으로 혈압과 심박수를 높이고, 불안, 소화 문제, 두통 등의 부작용을 나타낸다. 카페인은 수면의 질과 양을 방해하는 요소이므로 취침 시간에 카페인을 섭취하면 잠들기가 어려워지고 자연적인 수면 주기가 저해된다. 따라서 불면증, 불안장애, 과민성방광, 역류성 식도염, 위염 등의 질환을 가진 환자는 카페인 섭취를 제한해야 한다. 카페인의 경우 칼슘 배설을 증가시키므로 골다공증 환자도 고카페인 식품을 피하도록 한다.

카페인을 규칙적으로 섭취하면 의존성이 생길 수 있으며, 중단하거나 카페인 섭취량을 줄이려고 할 때 두통, 짜증, 피로와 같은 금단 증상이 나타날 수 있다. 금단 증상에는 두통, 피로, 과민성 및 집중력 저하가 포함되며, 점차적으로 카페인 섭취를 줄이면 금단 증상을 최소화하는 데 도움이 된다.

카페인 과잉섭취 주의하세요

카페인 과잉섭취를 막으려면 식품별 카페인 함유량과 하루 섭취기준을 확인하는 것이 중요하다.

[사례 1] 만 6세 어린이: 콜라 1 캔, 초콜릿 1 개, 커피 맛 빙과 1 개 섭취
- 총 카페인 섭취량은 68 mg으로, 하루 섭취기준(60 mg)을 초과
- 보호자의 적극적인 관찰이 필요

[사례 2] 만 15세 여학생: 캔 커피 2개
- 총 카페인 양은 149 mg으로, 섭취기준(133 mg)을 초과
- 학습 중 졸음을 쫓기 위해 커피를 즐겨 마시는 중고생의 경우, 카페인 1일 섭취기준을 쉽게 넘을 수 있으므로 각별한 주의가 필요
- 커피 종류별 카페인 함량에 대한 영양교육 필요

출처: 위해안내콘텐츠. 식품의약품안전처(2020).

카페인 중독을 피하기 위해 어떻게 해야 할까요?

① 물을 많이 마실 것

커피나 콜라 대신에 물을 많이 마셔서 카페인 욕구를 감소시킨다.

② 운동량을 늘릴 것

운동은 체내 활력소 및 자극제가 되므로 카페인 대체제로 활용할 수 있다.

③ 잠을 충분히 잘 것

양질의 수면을 취하면 피로회복이 충분히 되므로 카페인에 대한 니즈가 감소된다. 매일 저녁 정해진 시간이나 비슷한 시간대에 잠을 청하고 7~8시간 이상 수면을 취하도록 노력한다.

④ 건강 음식을 먹을 것

디카페인 커피도 카페인을 소량 함유하지만 일반 커피의 좋은 대체제이다. 혹은 카페인이 전혀 없는 허브차를 마시도록 노력한다. 정제 설탕이나 패스트푸드를 피하고, 섬유질이 풍부한 과일과 채소 등을 충분히 섭취하는 것도 도움이 된다.

출처: 위해안내콘텐츠. 식품의약품안전처(2020).

단원정리

■ 식품 중 카페인의 함유

카페인은 성인의 기호식품인 커피, 녹차 등의 차류뿐만 아니라 어린이와 청소년 등이 즐겨 먹는 콜라, 초콜릿, 코코아 등에도 광범위하게 존재하는 성분이다. 또한, 감기약이나 두통약 등의 의약품에도 포함되어 있기 때문에 무심코 섭취하는 카페인의 양은 실제 생각하는 양보다 많을 수 있다.

■ 카페인의 적정 섭취량

적절한 카페인 섭취량은 연령, 건강 상태 및 개인의 허용 오차와 같은 요인에 따라 달라질 있지만, 미국식품의약국(FDA)은 커피 4잔에 해당하는 최대 400 mg의 정도를 하루 섭취량으로 권장하고 있다. 국내에서도 식품의약품안전처에서 어린이 · 청소년 2.5 mg/kg · bw/day 이하, 성인 400 mg/day 이하를 하루 섭취량으로 권장한다.

■ 카페인과 영양소 대사

카페인은 에너지, 지방 대사에 영향을 미치고 체액 균형 및 영양소 흡수를 일부 저해한다. 철분 및 칼슘의 체내 흡수를 방해하여 청소년의 경우 빈혈이나 성장 저해를 유발한다.

■ 카페인의 긍정적 영향

카페인은 중추 신경계 자극제로 작용하여 주의력을 높이고 피로도를 개선시키는데 도움이 된다. 인지 기능과 집중력을 향상시키고 뇌의 도파민과 세로토닌 수치를 증가시켜 행복감을 증가시킨다. 운동능력 향상에도 도움을 주고, 특히 지속적인 신체활동능력을 증가시켜 운동능력과 지구력 향상에 관여한다.

■ 카페인의 부정적 영향

과도한 카페인 섭취는 일시적으로 혈압과 심박수를 높이고, 불안, 소화 문제, 두통, 수면장애 등의 부작용을 나타낸다.

제13장

비만과 식생활

1. 건강체중

1) 건강체중의 정의

체중은 건강 상태를 나타내는 중요 인자 중의 하나이다. 비만 및 과체중은 고혈압, 당뇨병, 심뇌혈관질환 등을, 저체중은 영양불량으로 인한 면역력 저하 등을 초래할 수 있어 적절한 체중의 관리가 매우 중요하다(그림 13-1). 이에 건강체중의 개념이 도입되었는데, 건강체중은 만성질환 등 각종 질환에 대한 건강 위험도가 가장 낮은 범위의 체중을 뜻한다. 건강체중은 신장에 대한 체중의 비율을 의미하는 체질량지수 18.5~22.9 kg/m^2 범위에 속하는 체중이며, 건강체중의 유지를 위해서는 건강한 식습관, 적절한 신체활동, 충분한 수면 및 스트레스 감소 등의 생활습관이 필요하다.

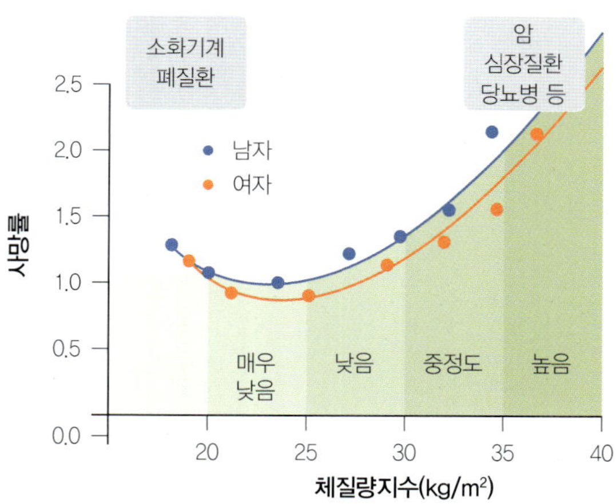

그림 13-1 체질량지수와 사망률과의 관계

출처: Nutritional assessment(6th ed.). Lee & Nieman(2013).

'2021 국민건강통계'에 따르면 우리나라 만 19세 이상 성인에서 체질량지수를 기준으로 했을 때 정상인 비율은 36.7 %였다. 또한, 비만과 저체중이 공존되어 있는 상태로 비만 전 단계(과체중)와 비만의 비율이 58.9 %로 매우 높고, 저체중 비율도 4.4 %였다. 성인기 초반인 19~29세 성인에서의 저체중 비율은 9.6 %로 모든 생애주기 중 가장 높았으며, 여성이 남성보다 약 3.2배 저체중 비율이 높았다. 여성에서의 저체중 및 비만은 저체중아 출산, 불임이나 난산의 원인이 될 수 있으므로 성인기 초반부터 건강체중을 유지하기 위해 힘써야 한다.

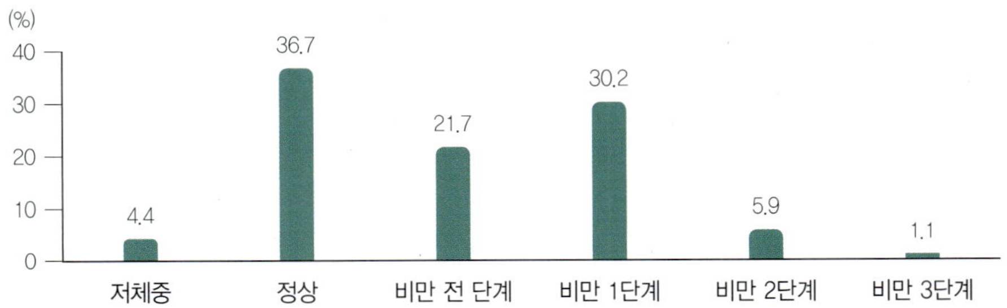

저체중: 체질량지수 18.5 kg/m² 미만
정상: 체질량지수 18.5~22.9 kg/m²
비만 전 단계: 체질량지수 23.0~24.9 kg/m²
비만 1단계: 체질량지수 25.0~29.9 kg/m²
비만 2단계: 체질량지수 30.0~34.9 kg/m²
비만 3단계: 체질량지수 35 kg/m² 이상

그림 13-2 체질량지수에 따른 비만 유병률

출처: 2021 국민건강통계. 질병관리청(2022).

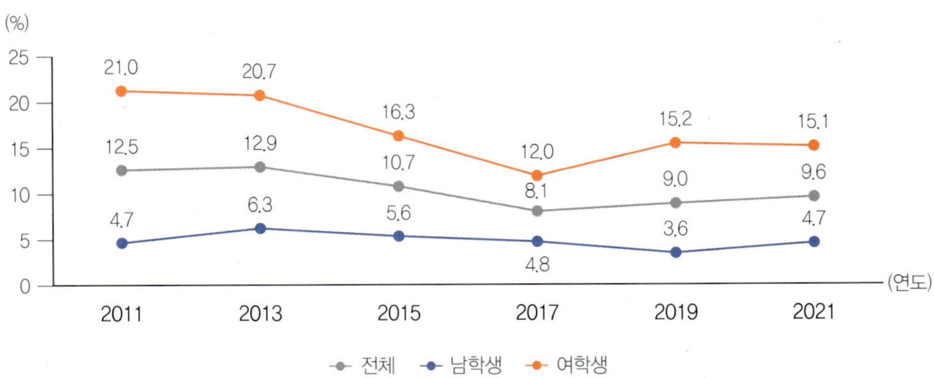

그림 13-3 19~29세 저체중 비율 추이

출처: 2021 국민건강통계. 질병관리청(2022).

2) 건강체중 유지 방법

건강체중을 유지하기 위해서는 본인의 건강체중을 알고, 이를 유지하기 위해 건강한 식생활 및 생활습관을 실천하는 것이 중요하다.

(1) 건강체중 알기

한국 성인의 건강체중은 체질량지수 18.5~22.9 kg/m^2 범위에 속하는 체중을 의미한다. 따라서 본인의 신장에 맞는 건강체중의 범위를 알고, 건강체중 범위 내의 체중을 유지하도록 한다.

건강체중 계산법

건강체중 범위의 최솟값: 신장(m) × 신장(m) × 18.5

건강체중 범위의 최댓값: 신장(m) × 신장(m) × 22.9

건강체중 구해보기

[대상자] 21세 여성 / 신장 164 cm, 체중 60 kg

- 건강체중 범위의 최솟값: (   )kg
- 건강체중 범위의 최댓값: (   )kg

현재 이 대상자는 건강체중 범위에 속하는 체중을 가지고 있는가?   예 / 아니오

(2) 건강한 식생활 유지하기

건강을 유지하고 체중을 관리하는 데 도움이 되는 식사는 다양한 식품이 골고루 포함된 식사이다. 1일 필요한 에너지를 섭취하고, 전곡류, 고기 · 생선 · 달걀 · 콩류와 같은 다양한 단백질 식품, 채소가 풍부하게 포함된 식사와 우유(유제품)와

과일 등의 간식류로 구성된 하루 식사를 하는 것이 도움이 된다. 또한, 나트륨, 포화지방산, 첨가당 등의 섭취는 줄이도록 한다. 건강한 식생활을 유지하기 위해서는 '한국인을 위한 식생활 지침'을 인지하고 실천하는 것이 도움이 된다(1장 참고).

(3) 건강한 생활습관

건강체중을 유지하고 만성질환을 예방하기 위해서 음주, 흡연 등 부적절한 생활습관을 교정하고 신체활동을 늘리는 것이 좋다. 음주는 알코올 섭취 그 자체로서 에너지 섭취에 기여하여 체중 증가를 유도하고, 음주 및 흡연으로 인해 부적절한 식품을 선택할 가능성도 높기 때문이다. 또한, 심리적 불안을 느끼게 되면 이를 음식을 통해 해결하려고 하면서 과식을 하게 될 수 있으므로 스트레스 관리 또한 필요하다.

2. 비만

비만은 비지방(lean body mass) 성분과 비교하여 지방조직이 과도하게 축적된 상태를 의미하며, 섭취 에너지가 소비 에너지보다 많아 소비되고 남은 에너지가 지방으로 전환되어 축적되는 현상이다. '2021 국민건강통계'에 따르면 우리나라 만 19세 이상 성인에서의 비만율은 체질량지수 25 kg/m^2 이상을 기준으로 했을 때 2021년 남자는 46.3 %로 계속적으로 증가하고 있는 반면, 여자는 약 26~28 % 수준을 유지하고 있다.

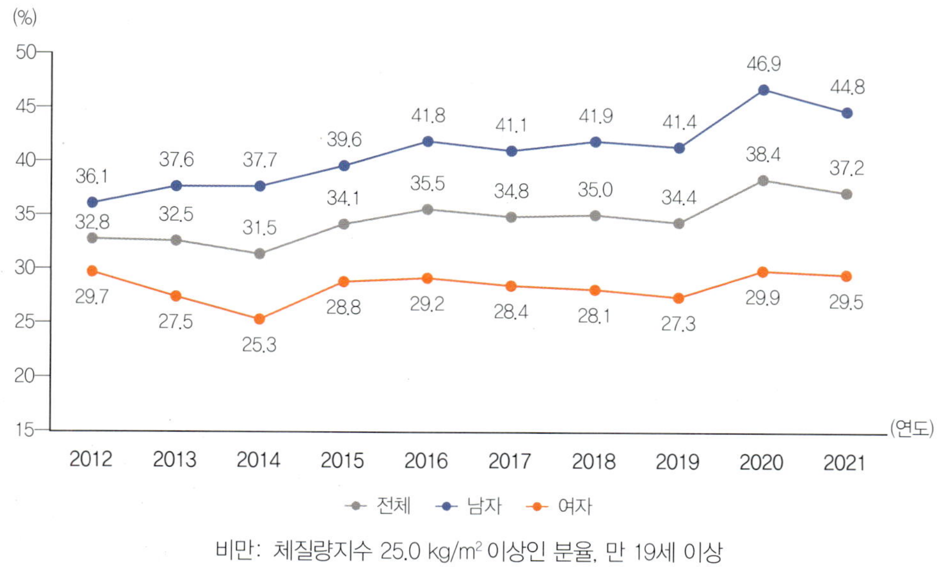

그림 13-4 비만 유병률 추이

출처: 2021 국민건강통계. 질병관리청(2022).

1) 원인

비만은 생애주기 요인, 유전 요인, 생활 요인, 내분비계 이상 및 약물복용 등의 다양한 원인에 의해 발생한다.

(1) 생애주기 요인

사람은 어느 연령대나 비만해질 수 있다. 그러나 연령이 증가함에 따라 기초대사량 감소 및 신체활동량이 줄어들면서 예전과 같은 에너지를 섭취할 경우 살이 찌게 된다. 여성은 폐경기에 여성호르몬(에스트로겐) 분비가 감소하면서 체지방 분포의 변화가 초래되어 내장지방형 비만이 유발될 수 있다. 또한, 만약 모체가 임신당뇨병에 걸린 경우 자녀의 비만을 증가시키는 것으로 알려져 있다.

(2) 유전 요인

비만은 유전적인 배경과 환경이 상호 작용하여 생기는 변화로 발생할 수 있다. 인체에서 체질량 변이의 40~70 % 정도가 유전적 원인에서 비롯된다고 알려져 있으며, 유전적인 요인은 에너지 섭취 및 소비 모두에 영향을 미쳐 체지방 축적에 기여하게 된다.

(3) 생활 요인

비만은 장기간의 부적절한 식생활과 생활습관이 계속되면서 야기된다. 특히, 경제 수준의 향상과 식품산업 발달에 따른 식생활의 풍요로움, 편리한 기기의 발달 및 보급에 따른 신체활동량 저하는 체중 증가를 유발하는 주된 요인이다(표 13-1). 따라서 비만 예방 및 관리를 위해서는 체중 증가를 일으킬 수 있는 다양한 생활 요인을 파악하고 관리해야 한다.

표 13-1 비만을 야기하는 생활 요인

생활 요인		내용
식생활	식사 횟수	식사 횟수가 적을수록 지방 생성이 잘되어 비만을 초래함
	식사 시각	야식 섭취는 부교감신경을 활성화시켜 체지방이 잘 축적됨
	식사 속도	빨리 먹을 경우 포만감이 나타나기 전에 식사를 마치게 되어 상대적으로 과식을 할 가능성이 높음
	고지방 음식	고지방 음식은 그 자체의 에너지가 높고 포만감을 늦게 느끼게 하여 과다 섭취하게 됨
	단순당식품	단순당은 소화 흡수 속도가 빨라 지방으로의 전환이 쉬우며, 체지방 합성을 촉진함
신체활동		신체활동 저하는 체내 에너지 소모의 감소 요인임
스트레스		스트레스 호르몬(코르티솔) 분비의 증가는 배가 고픈 것처럼 느끼게 할 수 있고, 음식 섭취를 통해 스트레스를 해결하려는 경우 과식을 하게 될 수 있음

(4) 기타 요인

① 내분비계 이상

갑상선기능저하증인 경우 기초대사량 감소로 에너지 소비량이 저하되어 체중이 증가한다. 고인슐린혈증에서는 과다하게 분비된 인슐린이 혈당을 떨어뜨려 공복감을 심하게 느끼게 하여 과식을 유발하고, 지방을 좀 더 잘 축적하게 되면서 비만이 된다. 쿠싱증후군(Cushing's syndrome)은 부신에서의 호르몬 문제로 나타날 수 있는데, 비정상적인 지방 축적 증상을 보인다.

② 약물

항정신성약물, 항우울제 및 스테로이드 제제는 식욕을 높여 비만을 유발하거나 체내 지방의 분포를 변화시켜 내장지방형 비만을 유도하기도 한다.

2) 분류

비만은 원인, 지방조직의 형태, 체지방의 분포 및 복부 내 지방의 위치 등에 따라 분류할 수 있다. 비만의 종류에 따라 그 관리방법 및 건강에 가지는 위험 정도는 다를 수 있다.

표 13-2 비만의 분류

분류기준	분류	특징
원인	단순성 비만	에너지 섭취 과다와 신체활동 부족에 의해 발생하므로 식사, 운동 및 행동수정요법 등으로 관리함
	이차성 비만	유전 및 선천성 장애, 신경 및 내분비질환, 약물복용 등의 원인에 의해 발생하므로 해당 원인의 치료가 필요함
지방조직의 형태	지방세포 증식형 비만	지방세포 수가 증가하는 비만으로, 어린이에게 흔히 나타남. 추후 성인비만으로 이행될 가능성이 높으므로 심화되지 않도록 관리가 필요함
	지방세포 비대형 비만	지방세포 크기가 증가한 비만으로, 성인기에 발생함. 단순성 비만과 유사하게 관리함

분류기준	분류	특징
체지방 분포	상체비만	상체 특히 복부에 지방이 축적되며, 여성보다 남성에서 조금 더 흔함. 상체비만 중 복부에 지방이 과다하게 축적된 경우를 복부비만이라 함. 만성질환 발생과 밀접한 관련성이 있으며, 복부 지방세포는 대사적으로 왕성하기 때문에 체중 감량은 비교적 쉬운 편임
	하체비만	하체 특히 엉덩이와 허벅지에 지방이 축적되며, 남성보다 여성에서 조금 더 흔함. 건강에 미치는 해는 적은 편이나, 하체 지방세포는 활동성이 낮아 체중 감량이 어려운 편임
복부 내 지방의 위치	내장지방형 비만	복강의 내장 주변에 지방이 저장되어 심장병, 뇌졸중, 당뇨병, 고혈압 등과 같은 만성질환 유병 증가와 밀접히 관련됨
	피하지방형 비만	지방이 복막벽에 저장된 형태를 말하며, 만성질환 발병과의 관련성 낮음

3) 판정

비만을 판정하는 가장 정확한 방법은 직접 체지방 함량을 측정하는 것이다. 그러나 체지방 함량을 정확하게 측정하기 위해서는 측정기계가 필요하기 때문에 신장과 체중을 이용하여 간단하게 비만을 판정하기도 하고, 체지방 분포에 따른 비만 여부를 파악하기 위해 허리둘레를 사용하기도 한다(표 13-3).

(1) 체질량지수

체질량지수(body mass index, BMI)는 체중(kg)을 신장(m)의 제곱으로 나눈 값이다. 신장과 체중만으로 구할 수 있어 매우 간편하며, 체지방 함량을 잘 반영해 주는 장점이 있다. 특히, 체질량지수는 질병의 이환율 및 사망률의 상대위험도를 잘 나타내준다(그림 13-1).

체질량지수 계산법

$$\text{체질량지수}(kg/m^2) = \frac{\text{체중}(kg)}{\text{신장}(m)^2}$$

(2) 표준체중백분율

표준체중백분율은 체중을 평가하는 방법으로, 표준체중에 대한 현재체중의 비율이다. 표준체중은 브로카법(Broca법) 또는 체질량지수를 이용하여 계산한다.

표준체중 계산법

1) 브로카(Broca법)

신장 > 160 cm: 표준체중(kg) = [신장(cm) - 100] × 0.9

신장 150~160 cm: 표준체중(kg) = [신장(cm) - 100] × 0.5 + 50

신장 < 150 cm: 표준체중(kg) = 신장(cm) - 100

2) 체질량지수를 이용한 방법

남자: 표준체중(kg) = 신장(m) × 신장(m) × 22

여자: 표준체중(kg) = 신장(m) × 신장(m) × 21

표준체중백분율 계산법

$$\text{표준체중백분율(\%)} = \frac{\text{현재체중}}{\text{표준체중}} \times 100$$

(3) 허리둘레

허리둘레는 체지방 분포 상태 및 복부비만을 평가할 수 있는 지표로서, 가장 아래쪽의 갈비뼈와 골반의 가장 높은 위치인 장골 사이의 중간 부위를 줄자로 측정한다. 체질량지수가 정상이더라도 복부비만이 있는 경우 당뇨병, 관상동맥질환 및 대사증후군의 이환율이 증가할 수 있다. 복부비만의 판정 기준은 허리둘레 기준으로 남자는 90 cm 이상, 여자는 85 cm 이상이다.

(4) 체지방률

체지방률 측정은 주로 생체전기저항분석법(bioelectrical impedance analysis, BIA)을 이용한다. 생체전기저항분석법은 미세한 전류를 몸에 흐르게 하여 되돌아오는 저항을 측정해 신체의 체지방량을 측정하는 방법이다. 지방조직은 근육조직에 비해 수분 함량이 적고 전해질 농도가 낮아 전기의 흐름에 저항하는 성질이 있어 체지방이 많은 사람일수록 전기 흐름에 저항 정도가 크다는 원리를 이용한 것이며, 빠르고 안전하다는 장점이 있다. 미국에서는 남성 25 % 이상, 여성 35 % 이상의 체지방률을 가진 경우 비만을 고려한다고 정의한 바 있다.

그림 13-5 생체전기저항분석법을 이용한 체지방률 측정

표 13-3 한국인의 비만 판정 기준

체질량지수(kg/m^2)*		표준체중백분율(%)	
저체중	< 18.5	저체중	~89
정상	18.5~22.9	정상	90~110
비만 전 단계	23~24.9	과체중	111~119
1단계 비만	25~29.9	비만	≥ 120
2단계 비만	30~34.9		
3단계 비만	≥ 35		

※ 비만 전 단계는 과체중 또는 위험체중으로, 3단계 비만은 고도비만으로 볼 수 있다.

출처: 비만 진료지침 2022(8판). 대한비만학회(2022). / 임상영양관리지침서(4판). 대한영양사협회(2022).

비만 판정해 보기

[**대상자**] 21세 여성 / 신장 166 cm, 체중 65 kg, 허리둘레 87 cm

- 체질량지수: (　　　)kg/m^2 ⇒ 비만 판정: (　　　)
- 표준체중백분율(Broca법 사용): (　　　)% ⇒ 비만 판정: (　　　)
- 허리둘레에 의한 비만 판정(복부비만) ⇒ 예 / 아니오

마른 비만이란?

대개 비만이라고 하면 체내 지방이 많아 뚱뚱한 체형을 떠올리기 쉽다. 그러나 겉보기에 뚱뚱한 체형이 아니어도 비만인 경우가 있는데, 이를 마른 비만이라 한다. 마른 비만은 정상체중이지만 체지방률이 높고 근육은 부족한 경우이다. 끼니를 거르고 몰아 먹는 식사, 고지방, 고당질 식품의 과다 섭취, 운동 부족 등의 원인으로 나타날 수 있다. 마른 비만은 당뇨병, 고혈압, 이상지질혈증과 같은 대사질환의 발병과도 관련이 있기 때문에 균형되고 적당한 에너지를 함유한 식사를 규칙적으로 하고, 야식 및 간식을 멀리하며, 근육량을 늘릴 수 있는 운동을 병행하는 것을 권한다.

4) 관련 질병

비만은 제2형 당뇨병, 고혈압, 이상지질혈증, 관상동맥질환 및 대사증후군의 발생 위험을 높이며, 그 외 골관절염, 허리 통증, 수면무호흡증과 같은 체중 관련 질환의 발생 위험을 높일 수 있다. 또한, 생식내분비계 질환(다낭성난소증후군, 성조숙증 등), 암(유방암, 대장암, 전립선암) 등의 발생 위험과도 밀접한 관련성이 있다.

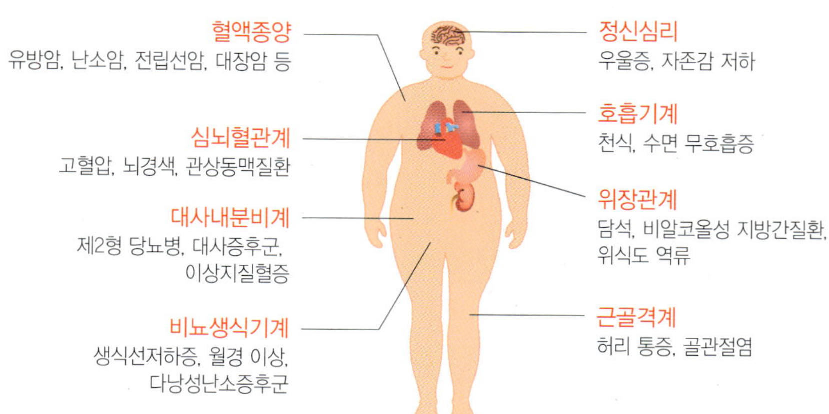

그림 13-6 비만의 동반질환

(1) 제2형 당뇨병 및 심혈관계 질환

비만인에게 많은 지방세포는 인슐린 저항성을 증가시켜 제2형 당뇨병 발생의 원인이 될 수 있다. 또한, 과도한 지방축적은 혈관 문제를 야기하여 혈압을 증가시키고 관상동맥질환의 위험을 높인다.

(2) 대사증후군

대사증후군은 인슐린 저항성 증가로 인하여 복부비만, 고혈당, 고혈압, 이상지질혈증 등 여러 대사적 이상이 동반된 상태를 의미한다. 2018년 국민건강영양조사 자료로 분석한 우리나라의 대사증후군 유병률은 22.9 %(남자 27.9 %, 여자 17.9 %)였는데, 전체 대사증후군 유병률은 증가하는 경향을 보였고, 특히 20~40대의 청장년층과 남성에서의 유병률 증가가 두드러졌다(Hur et al., 2021).

우리나라의 대사증후군 진단기준은 미국 국가콜레스테롤 교육 프로그램 성인 치료 패널 보고서 Ⅲ(National Cholesterol Education Program Adult Treatment Panel Ⅲ, NECP-Ⅲ) 기준을 기반으로 공복혈당과 허리둘레 기준을 수정하여 설정되었으며, 5가지 지표 중 3가지 이상에 해당될 경우 대사증후군으로 진단한다. 대사증후군 환자는 관상동맥질환, 심근경색, 뇌졸중의 위험이 3배 증가하며, 사망률과도 밀접한 관련성이 있고, 무엇보다 복부비만이 가장 큰 위험요인으로 간주된다. 따라서 대사증후군의 예방 및 관리에 힘써야 한다.

대사증후군 진단 기준

다음의 5가지 지표 중 3가지 이상에 해당될 경우 대사증후군으로 진단한다.

- 허리둘레: 남자 90 cm 이상, 여자 85 cm 이상
- 혈압: 130/85 mmHg 이상(혹은 고혈압 치료제 사용 중)
- 공복혈당: 100 mg/dL 이상(혹은 당뇨병 치료제 사용 중)
- 중성지방: 150 mg/dL 이상(혹은 이상지질혈증 치료제 사용 중)
- HDL-콜레스테롤: 남자 40 mg/dL 미만, 여자 50 mg/dL 미만(혹은 이상지질혈증 치료제 사용 중)

(3) 암

대장암, 담도암, 전립선암, 신장암 등이 체질량지수 증가와 밀접한 관련성이 있다. 비만으로 인하여 인슐린 저항성이 증가하면서, 종양세포의 증식 및 성장을 촉진하고 암의 전이에도 영향을 미칠 수 있다.

5) 체중 감량 방법

체중을 감량하려면 에너지 섭취량이 에너지 소비량보다 적은 음의 에너지 균형을 이루어야 하며, 이를 위해 섭취 에너지를 줄이고, 신체활동량을 늘려 소비 에너지를 줄여야 한다. 체중 감량은 1주일에 0.5 kg, 즉 한 달에 2 kg 정도의 감량이 바람직한데, 근육손실이 아닌 체지방으로 감량을 최대화하고 줄어든 체중을 유지할 수 있도록 식사요법, 운동요법, 행동수정요법을 적절히 병행하는 것이 좋다. 또한, 비만으로 진단된 사람이 체중 감량을 시도하는 경우에는 비만 동반 질환의 위험도를 파악하여 함께 관리하는 것도 필요하다.

(1) 식사요법

① 에너지

체중 감량 식사는 대상자의 연령, 비만도, 활동 정도 등에 맞추어 섭취 에너지를 제한하고 최대한 균형식으로 제공한다. 지방 1 kg이 함유하고 있는 에너지(약 7,700 kcal)를 고려할 때, 1일 에너지 섭취를 평소보다 1,000 kcal 줄이면 일주일에 약 1 kg을 감량할 수 있다.

섭취 에너지의 감량 정도에 따라 나누어 볼 때, 저열량식은 에너지 섭취를 500~1,000 kcal 정도 감량한 식사로, 일주일에 0.5~1.0 kg 정도의 체중 감량 효과를 기대할 수 있으며, 영양적으로 적절한 일상적 식사가 가능하다. 초저열량식은 1일 800 kcal 이하로 극심하게 에너지 섭취를 제한하는 식사로, 단기간 빠른 속도로 체중 감량이 가능하나 심각한 의학적 문제가 발생될 수 있으므로 주의해야 한다.

지방 1 kg이 함유하고 있는 에너지의 양

지방 1 g은 9 kcal의 에너지를 내므로, 이론상 지방 1 kg은 9,000 kcal의 에너지를 함유한다. 그러나 체지방 조직에는 지방뿐만 아니라 단백질, 무기질, 물이 약간 포함되어 있어서 실제로 체지방 1 kg은 약 7,700 kcal의 에너지를 함유하고 있다.

체중 감량을 위한 에너지 섭취량 결정

[대상자] 21세 여성 / 신장 161 cm, 체중 67 kg, 체질량지수 25.5 kg/m^2
6개월 내 목표체중에 도달하기를 희망함

① 목표체중 계산(Broca법 사용): 표준체중= 54.9≒ 55 kg
② 감량해야 할 체중: 12 kg
③ 체중 감량을 위한 에너지 섭취량 감소량 설정: 1일 500 kcal 섭취 에너지 감소
④ 체중 감량 기간: 1주일에 0.5 kg 감량→1달에 2 kg 감량→6달에 12 kg 감량 가능

➡ 6개월간 평소 섭취하는 에너지보다 500 kcal씩 덜 먹으면 목표체중에 도달할 수 있음

② 식사계획

가. 식사구성

비만 치료를 위해 에너지 섭취를 제한함과 더불어, 에너지 섭취에 기여하는 탄수화물, 단백질, 지방의 섭취 비율을 조정할 수 있다. 탄수화물과 지방의 총 에너지 섭취 기여율은 조금 낮추고, 에너지 섭취 제한에 따른 체단백 손실을 방지하기 위해 단백질은 충분히 섭취하는 것이 좋다. 저탄수화물 고지방식과 같은 식사는 초기 체중 감량 효과는 크지만, 장기간 지속 시 심혈관계 질환 발생 위험 증가 및 미량영양소 섭취 불균형을 유발할 수 있다. 일일 1,200 kcal 이하로 식사하는 경우 식사만으로 필요량을 충족시키기 어려우므로 에너지 섭취량은 줄이더라도 단백

질, 비타민, 무기질 등 체내 대사 및 생리 기능 유지에 필요한 영양소는 충분히 공급해야 한다.

나. 식사 횟수 및 끼니별 에너지 배분

1일 3회의 규칙적인 식사 및 식사 중간에 간단한 간식을 하는 것이 좋다. 끼니별 에너지 섭취량은 아침 및 점심은 충분히 하고, 저녁 식사량은 줄이는 방향으로 배분하며, 특히 야식은 지방 합성을 활성화시킬 수 있으므로 먹지 않는다.

간헐적 단식/시간제한 다이어트란?

에너지 섭취를 감소시키는 식사는 계속 유지하기 어렵기 때문에 최근 간헐적 단식이나 시간제한 다이어트에 대한 관심이 높아지고 있다. 간헐적 단식은 에너지 섭취 제한을 하는 날과 그렇지 않은 날을 설정하여 식사를 하는 경우로, 식사 섭취 빈도가 변화되면서 전체적으로 에너지 섭취량 감소가 동반되기도 한다. 시간제한 다이어트는 하루 중 음식물 섭취를 하는 시간대를 설정하는 것으로, 섭취 시간을 생물학적으로 낮 시간대에 맞추는 것에 중점을 두고 있다. 두 가지 방법 모두 아직까지 장기간의 효과에 대한 연구도 부족하며, 지속적인 에너지 제한 방법에 비해 체중 감량 정도에 유의적인 차이가 없거나, 있어도 정도가 크지 않기 때문에 비만 식사치료의 방법으로 사용하기에 바람직하지 않다.

다. 식품 선택 요령

체중 감량을 위하여 식품은 에너지 함량이 낮으면서도 미량영양소를 포함하고 있는 다양한 식품군을 이용한다. 곡류 중에서는 백미, 찹쌀 등보다는 식이섬유소 및 미량영양소를 풍부하게 함유하고 있는 전곡류가 좋으며, 채소류, 콩류, 저지방 어육류 등으로 식사를 구성한다. 간식으로는 에너지 함량이 낮은 채소, 과일, 저지방 우유 등을 이용하며, 자연식품이 가공식품에 비해 상대적으로 에너지 함량이 낮으므로 자연식품을 주로 이용한다.

표 13-4 비만 환자에서 식품 선택 요령

자유롭게 드세요	너무 많이 먹지 마세요	되도록 피하세요
[음료] 보리차, 녹차, 홍차, 블랙커피 등	[음료] 스포츠음료, 무가당 주스 등	[음료] 콜라, 사이다, 꿀차, 가당 음료 등
[채소류] 상추, 양배추, 양상추, 오이, 배추, 셀러리, 당근 등	[과일류] 사과, 귤, 오렌지, 바나나, 배, 감, 수박, 참외 등	[모든 주류] 맥주, 소주, 양주, 포도주 등
[버섯류]	[어육류/두류/난류] 기름기 제거한 살코기, 생선, 두부 및 대두 제품, 달걀 등	[당류] 설탕, 사탕, 꿀, 잼, 초콜릿, 케이크류, 단 후식
[해조류] 김, 미역, 다시마, 우무 등	[곡류] 밥(잡곡밥, 쌀밥), 식빵류, 면류, 묵류, 감자, 고구마, 옥수수 등	[기름기 많은 육류] 갈비, 삼겹살, 프라이드치킨, 햄, 소시지 등
[기타] 맑은 채소국, 곤약, 천사채 등	[유제품] 우유, 두유, 무가당 요구르트	[가공식품류] 라면, 감자칩, 스낵류, 도넛, 과일 통조림, 가당 요구르트, 가공우유(초코우유 등)

출처: 비만 진료지침 2022(8판). 대한비만학회(2022).

라. 조리방법

볶음, 부침, 튀김 등 기름을 많이 사용하는 조리법의 사용은 지방 섭취량을 늘릴 뿐만 아니라 지방 자체가 가지는 향미로 인하여 식욕이 올라가기도 한다. 따라서 찌기, 삶기 등 식품 본연의 맛을 잘 느낄 수 있는 조리방법이나 조림, 구이 등의 방법을 사용한다.

표 13-5 에너지 섭취를 줄이기 위한 조리 포인트

1. 음식은 꼭 필요한 양만 조리한다.
2. 고기류는 기름을 완전히 제거하고, 닭고기는 눈에 보이는 기름과 껍질을 제거한다.
3. 튀김, 볶음보다는 조림, 구이 등의 방법으로 조리한다.
4. 튀김이나 전을 하는 경우 재료의 수분을 닦아 내고 조리한다. 튀김용 식재료에 물기가 많으면 많은 양의 튀김가루가 붙고, 기름이 많이 흡수된다.
5. 튀김이나 전을 하는 경우 조리 후 종이를 이용하여 표면에 묻은 기름을 충분히 제거한다.
6. 볶음이나 부침류를 조리할 때에는 우선 팬을 뜨겁게 달구고 나서 기름을 두르면 소량의 기름으로도 조리할 수 있다.
7. 볶음이나 탕에 넣을 고기는 일단 끓는 물에 데쳐 기름기를 뺀다.
8. 수지 가공된 프라이팬을 사용한다. 볶음 요리에는 기름을 적게 넣고 조리할 수 있는 코팅된 프라이팬을 쓴다.
9. 볶음을 할 때 우선 팬을 뜨겁게 달군 후 물을 약간 넣고 재료를 넣어 볶으면, 기름 없이 혹은 소량의 기름으로 조리를 할 수 있다.
10. 생선구이는 팬을 이용하기보다는 그릴이나 오븐을 이용한다.
11. 샐러드를 먹을 때는 마요네즈 등의 기름진 소스보다는 겨자장, 마늘소스, 간장소스 등의 담백한 것을 이용한다.
12. 조리할 때에는 자주 맛을 보지 않는다.
13. 음식은 자극적이지 않게 조리한다. 자극적인 음식은 밥을 많이 먹게 할 수 있다.
14. 조리 시 설탕 등의 감미료를 많이 사용하지 않는다.
15. 유지 통조림을 이용할 때에는 기름을 완전히 제거한 후 사용한다.

출처: 비만 진료지침 2022(8판). 대한비만학회(2022).

마. 간식 선택 시 고려사항

일반적으로 많이 섭취하는 간식류는 에너지 함유량이 높은 경우가 많다. 따라서 가능한 세 끼 식사를 제때에 적당한 양으로 하여 간식이나 음료로 섭취하는 에너지를 줄이는 것이 좋다.

표 13-6 간식의 열량

분류기준	종류	분량	에너지(kcal)
과자류	스낵과자(새우)	30 g	150
	스낵과자(감자)	30 g	165
	초코쿠키(칙촉)	30 g(2개)	145
	초코파이	39 g(1개)	171
빵류	생크림케이크	200 g	498
	치즈케이크	90 g	289
	팥빵	100 g	295
	도넛,링	72 g	306
	머핀	100 g	296
	카스텔라	100 g	324
아이스크림	아이스크림, 소프트	100 g	196
	빙과류	100 g	95
탄산음료류	콜라	355 mL	150
	사이다	355 mL	155
	포카리스웨트	240 mL	60
커피류	아메리카노	355 mL	10
	카페라테	355 mL	180
	캐러멜마키아토	355 mL	200
	카페모카	355 mL	290
	화이트 초콜릿 모카	355 mL	345
	프렌치카페(카페오레)	200 mL	133
	레쓰비(마일드 커피)	175 mL	55
	맥심(믹스커피)	12 g	50

제로 칼로리 음료수, 많이 마셔도 될까?

제로 칼로리 음료는 과도한 당은 피하고 에너지 섭취에 대한 부담이 없이 건강하게 즐기고자 하는 소비자들의 요구가 반영되어, 최근 섭취량이 증가하고 있다. 제로 칼로리 음료는 설탕 대신 열량이 거의 없는 인공감미료를 사용한 것으로, 감미료의 일일섭취허용량에 비해 미미한 양을 사용하기 때문에 직접적으로 인체에 미치는 영향은 거의 없다. 그러나 인공감미료를 장기적으로 섭취할 경우 단맛이 식욕을 자극해 다른 음식의 섭취량을 늘릴 수 있으며, 인공감미료를 계속 섭취할 경우 심리적으로 자신이 좋아하는 음식을 마음껏 즐겨도 된다고 생각해 전반적인 당 섭취를 줄이지 않는 경우도 있다고 한다. 따라서 제로 칼로리 음료수라고 해서 마음껏 마시는 것보다는 건강한 다른 음료를 선택하여 마시는 것이 좋다.

바. 외식 시 고려사항

외식으로 주로 섭취하는 음식은 주로 에너지, 지방, 나트륨 및 당류의 함량이 높으며, 식욕을 돋우어 과식을 하게 될 수 있으므로 외식을 줄이는 것이 좋다. 또한, 가능한 한 기름지지 않은 음식을 선택하며, 일반적으로 중식이나 양식에 비해 1인분의 에너지 함량이 낮고 다양한 채소류를 포함한 한식을 선택하는 것이 바람직하다. 이때, 한식에서도 일품요리보다는 밥과 반찬으로 구성된 백반류의 에너지 함량이 낮으므로 외식 음식별 에너지 함량을 평소 알아두는 것이 좋다. 또한, 같은 외식 메뉴 안에서도 선택하는 사이드 음식, 소스 등의 에너지 함량에 따라 섭취 에너지에 큰 차이를 보일 수 있으므로 에너지 함량이 낮은 음식을 선택한다.

표 13-7 외식 메뉴 선택 변경에 따른 에너지 및 영양소 함량 변화

 햄버거(1개)+후렌치후라이(S)+콜라(200 mL)				 햄버거(1개)+샐러드+우유(200 mL)			
에너지(kcal)	지방(g)	식이섬유(g)	칼슘(mg)	에너지(kcal)	지방(g)	식이섬유(g)	칼슘(mg)
603	34.8	3.3	65.6	535	35.2	5.1	289.3

사. 회식 시 고려사항

회식 시에는 술을 섭취하게 되는 경우가 많다. 술에 들어 있는 알코올은 1 g당 7 kcal를 내어 에너지는 높지만 다른 영양소는 거의 없으며, 술과 함께 먹는 안주 역시 대체로 에너지가 높고, 음주 시 음식 섭취량이 증가하게 된다. 따라서 회식을 할 때 최대한 술을 제한하며, 술을 마시게 되더라도 에너지 함량이 적은 안주를 선택하도록 한다.

대사증후군의 관리 요령

대사증후군의 관리에는 식사 개선 및 생활습관 교정이 필수적이다. 일반적으로 대사증후군 개선을 위하여 포화지방산, 트랜스지방산, 콜레스테롤, 단순당 섭취를 줄이고 불포화지방산의 섭취를 권장하며, 고혈압, 이상지질혈증, 당뇨병 개선을 위한 식사도 도움이 된다. 신체활동 증가 역시 대사증후군의 위험을 줄이고 심혈관 기능 개선에 도움이 되는데, 신체활동은 한 번에 30분 이상의 중강도 운동을 일주일의 대부분 날에 시행하도록 권장되고 있다.

(2) 운동요법

운동은 과체중과 비만인의 체중 감량을 위한 필수적인 요소이다. 운동은 그 자체로 에너지 소모량을 비교적 쉽게 증가시켜 체지방 감소의 효과가 있으며, 운동을 통해 증가하는 근육량은 기초대사량 증가를 유도하기 때문에 체중 관리에 매우 효과적이다. 또한, 운동요법을 식사요법과 병행하면 식사량의 감소 폭을 줄일 수 있어 장기적인 식사 제한에 도움이 되며, 인슐린 저항성 개선의 효과도 있다.

① 운동 유형

가. 유산소 운동

유산소 운동은 대근육을 사용하여 몸 전체를 움직이는 운동으로, 유산소 대사과정을 통하여 운동에 필요한 에너지를 공급받는다. 유산소 운동을 오래 지속하면 지방을 에너지로 많이 소비하기 때문에 체중 감량에 효과적이다. 유산소 운동 종목으로는 걷기, 조깅, 줄넘기, 사이클링, 계단 오르내리기, 수영, 에어로빅댄스 등이 있다.

나. 근력 운동

근력 운동은 근력 향상을 위한 운동으로, 근육량 증가가 기초대사량 증가 및 총 에너지 소비량 증가로 이어지기 때문에 비만치료에 효과적이다. 근력 운동 종목으로는 체중부하를 이용한 운동, 덤벨 및 머신 등 무게부하를 이용한 운동 등이 포함된다.

② 운동 방법

체중 감량을 위해서는 유산소 운동을 최소 주당 150분 이상, 주당 3~5회로 시작하여 점차적으로 늘려, 주당 250~300분으로 증가시키는 것을 고려할 수 있다. 체지방으로부터 에너지를 얻으려면 운동의 강도는 최대 산소 소모량의 60~80 % 수준이 적당하며, 체지방은 운동한 지 약 20분 후부터 연소되어 에너지를 내기 때문에 적어도 20분 이상 지속해야 한다. 체지방의 경우 유산소 운동과 근력 운동을 병행한 운동이 유산소나 근력 운동을 단독으로 시행하는 것에 비해 감량 효과가 크므로, 체중과 체지방의 효과적인 감량을 위해 유산소 운동과 근력 운동을 병행하는 것이 바람직하다.

WHO에서 권고하는 운동수준

세계보건기구(WHO)는 2020년에 질병, 비만 여부와 관계없이 주당 최소 150~300분의 중강도 유산소 운동이나 주당 75~150분의 고강도 운동을 권고하였다. 더 많은 건강상의 이득을 위해서는 운동시간을 중강도 유산소 운동의 경우 주당 300분 이상, 고강도 운동의 경우 주당 150분 이상으로 늘릴 것을 권고하였다.

출처: Bull et al.(2020).

(3) 행동수정요법

비만의 원인은 일차적으로 개인의 생활습관(예: 식사, 활동량, 스트레스 관리 등)과 관련되어 있으므로 행동의 변화를 목표로 하는 행동수정요법은 비만 관리에 핵심이다. 비만인의 체중 감량과 유지를 위한 생활습관 수정 시 사용할 수 있는 기법은 다음과 같다.

① 자기관찰기법

자기관찰기법은 자신을 관찰하여 비만의 원인이 되는 문제행동이 어떻게 나타나고 진행되는지 파악하는 것이다. 대표적인 자기관찰기법은 일기를 쓰는 것으로, 체중에 대한 기록과 더불어 식사행동 일기, 활동일기, 감정일기 등을 작성한다. 일기를 쓰면 스스로 본인의 식사 행동, 활동, 감정패턴 및 관련 문제점을 파악하고, 체중 조절을 위해 수정이 필요한 행동 요소를 발견할 수 있다.

식사일기

일자: 년 월 일(요일)

<table>
<tr><th>시간</th><th>장소</th><th>음식명</th><th>섭취량</th><th>재료</th><th>배고픈 정도</th><th>식사 상황</th><th>기분</th></tr>
<tr><td rowspan="3">8:40
~
8:55</td><td rowspan="3">편의점</td><td>삼각김밥
(참치
마요네즈)</td><td>1개</td><td>밥, 김,
참치통조림,
마요네즈</td><td rowspan="3">매우
배고팠음</td><td rowspan="3">수업 시작에
쫓겨 급하게
먹었음</td><td rowspan="3">급하게 먹어
체할 것 같아
기분이 나빴음</td></tr>
<tr><td>소시지</td><td>1개
(23 g)</td><td>-</td></tr>
<tr><td>커피우유</td><td>1개
(200 mL)</td><td>-</td></tr>
</table>

그림 13-7 식사일기의 예

② 자극조절기법

자극조절기법은 비만을 가져오는 식습관과 신체활동 습관에 관한 자극을 조절하여 적절한 행동이 발생하게 만들어 주는 것이다. 예를 들어, 음식의 냄새나 음식의 섭취와 관련된 장소 등에 대한 노출을 줄이면 실제 음식 섭취를 줄일 수 있다.

표 13-8 체중 감량을 위한 자극조절방법

행동 상황	개선방법
일상	• 음식을 보이지 않는 곳에 보관 • 간식 섭취 대신 다른 활동(운동, 취미생활)하기
식품 구입	• 배가 부를 때 음식을 구입함 • 충동구매를 막기 위해 미리 작성한 목록에 따라 식품을 구입함
식사	• 적은 양의 밥그릇, 국그릇, 숟가락 및 음식 식기를 사용함 • 에너지 함량이 높은 음식은 자신의 자리에서 되도록 멀리 놓음 • 식사를 한 후에는 식탁 위에 음식물이나 그릇을 놓아두지 않음 • 식사 후에는 바로 식탁을 떠남 • 남은 음식을 보관하지 말고 과감히 버림
외식	• 외식이 예정되었을 경우, 외식 시 어떤 음식을 먹을지 미리 계획함 • 외식 시 일품요리보다는 정식요리(예: 순두부 백반)를 택하도록 하고 일품요리의 경우 여러 가지 재료가 섞인 것을 선택함 • 한 번에 많이 주문하지 말고 부족하면 주문 • 가능하면 작은 사이즈로 주문 • 후식은 미리 주문하지 말고 식사 후 주문 • 음료수는 가능한 주문하지 않고 물을 마심

출처: 비만 진료지침 2022(8판). 대한비만학회(2022).

③ 강화기법

자기관찰기법으로 식사, 활동, 감정패턴 등과 관련된 강화물을 파악한 후 비만 치료에 도움이 되는 행동의 빈도를 높이는 강화기법을 사용한다. 자기관찰기록을 바탕으로 체중 감량에 도움이 되는 행동을 할 경우, 주변인의 칭찬이나 자기 자신이 보상을 주도록 하는 방법이 있다.

비만의 약물치료

비만치료는 우선 식사, 운동 및 생활습관의 변화를 통하여 체중 감량을 시도하는 것이 기본이다. 그러나 체질량지수 25 kg/m^2 이상인 환자에서 비약물치료로 체중 감량에 실패한 경우 약물치료가 고려될 수 있다. 현재 국내에서 장기간 투여에 대하여 허가를 받은 비만 치료제인 오르리스타트(Orlistat)는 섭취된 음식물에 들어 있는 지방을 분해하는 효소의 활성을 억제함으로써 섭취한 지방의 인체 내 흡수를 차단하는 기전으로, 체중 감량 효과가 있다. 그러나 이러한 약물은 생활습관 교정과 함께 투여될 때 체중 감량을 유도할 수 있다.

3. 저체중

저체중은 영양불량의 증세 중 하나로 표준체중보다 15~20 % 이상 적은 경우를 말한다.

1) 원인 및 증상

저체중은 식품 섭취량이 부족하거나 섭취한 식품의 흡수와 이용이 떨어지는 경우 나타날 수 있다. 그 외에도 대사를 증가시키는 암, 결핵, 내분비계 이상인 갑상선기능저하증, 정신적 긴장, 심리적 불안감 등으로 인한 신경성 식욕부진증 등이 원인이 될 수 있다. 또 과도한 활동 등에서도 나타날 수 있고, 마른 몸매를 선호하는 사회 분위기로 인해 잘못된 신체상을 가진 여성에서 나타나기도 한다.

저체중의 경우 병에 대한 저항력 감소 및 성장지연 등의 증상을 보인다. 빈혈, 폐질환 등이 나타나며, 여성의 경우 호르몬 분비 감소로 무월경 상태가 되며, 골다공증 등과 같은 건강 문제를 야기시킬 수 있기 때문에 건강체중 수준으로 체중을 증량시킬 필요가 있다. 이를 위해서는 저체중의 원인을 찾고 이에 맞는 방법을 적용하는 것이 좋다.

2) 영양 관리

체지방의 축적을 위하여 에너지 필요추정량에 500~1,000 kcal를 추가 공급하여 에너지 섭취량을 증가시키는 것이 필요하다. 체중을 증가시키기 위해서는 농축된 탄수화물이나 지질과 같은 고열량 식품의 섭취가 필요하다. 적당량의 지질은 음식의 맛과 영양가를 증진시키고, 탄수화물은 쉽게 소화되어 체지방으로 전환되므로 충분히 공급한다. 비타민과 무기질은 권장섭취량 수준을 유지하여야 하며, 에너지 섭취 증가에 따라 비타민 B군의 필요량이 증가하므로 섭취에 신경 써야 한다. 또한, 갑작스러운 에너지 섭취 증가로 구토, 위장관 장애 증상을 느낄 수 있으므로 세심한 주의 및 점진적인 에너지 섭취 증가가 필요하다. 위의 부담이 적은 농축음식(크림수프, 밀크셰이크 등)을 이용할 수도 있다.

에너지 섭취 증가를 위한 식사 요령

- 과일에 설탕과 진한 크림을 첨가하여 섭취한다.
- 밥은 기름이나 버터에 섞어 볶아 먹는다.
- 빵에 버터, 잼 등을 발라 먹는다.
- 우유에 크림이나 아이스크림을 섞어 셰이크를 만들어 먹는다.
- 음식 조리 시 기름에 무치거나 볶거나 튀긴다.
- 맑은 고깃국보다 크림수프를 먹는다.
- 샐러드를 먹을 때는 샐러드드레싱을 충분히 뿌려 먹는다.

4. 식사장애

식사장애는 먹는 것이나 식행동에 이상을 보이는 현상으로, 신경성 식욕부진증, 신경성 폭식증, 폭식장애 등이 있다. 대부분의 식사장애를 겪는 사람은 체중이나 체형에 대해 지나친 집착을 가지고 있으며, 자신을 평가하는 데 체중이나 체형을 중요한 기준으로 생각하여 지나친 단식, 폭식 후의 구토, 하제 사용 등의 식사 관련 이상행동을 보인다.

1) 신경성 식욕부진증

신경성 식욕부진증(anorexia nervosa)은 체중 증가와 비만에 대한 두려움으로 음식 섭취를 거부하는 질환이다. 초기에는 저체중 증세로만 보이나 계속적인 식사 섭취 부족으로 체중이 더 감소하면서 솜털 같은 체모, 건조한 피부, 추위를 견디지 못하고, 부종, 무월경 등이 나타나며, 부정맥, 기립성 저혈압 등의 심혈관계 합병증이 생기기도 한다.

2) 신경성 폭식증

신경성 폭식증(bulimia nervosa)은 짧은 시간 내에 많은 음식을 한꺼번에 섭취하고 체중 증가를 막기 위해 구토, 하제 복용 등의 보상행동을 하는 경우를 말한다. 보상행동으로는 구토, 이뇨제, 설사제 등 약물 복용, 금식, 지나친 운동 등이 있다. 신경성 폭식증 환자의 체중은 보통 정상이기 때문에 식사장애 증상을 가지고 있다는 점을 알아차리기 어렵지만, 구토할 때 입안으로 위산이 자주 넘어와서 생기는 치아 부식, 식도 파열 증상과 함께 전해질 불균형 등으로 인한 대사적 교란이 나타날 수 있다.

3) 폭식장애

폭식장애(binge eating disorder)는 조절능력이 상실된 채 일정 시간 동안 지나치게 많이 먹지만, 구토 등의 보상행동은 하지 않는 경우를 말한다. 폭식장애 환자는 한 번에 많은 양을 섭취하여 위장에 부담을 주기 때문에 복통, 포만감, 위산역류 등이 발생하며, 과체중이거나 비만인 경우가 많다.

4) 식사장애 치료

식사장애를 치료하기 위해서는 단순히 식사 습관만 바꾸는 것이 아니라 정신적 · 심리학적 · 영양적 관리를 모두 포함하는 치료가 필요하다. 신경성 식욕부진은 체형에 대한 올바른 인식을 바탕으로 점진적으로 음식 섭취를 증가시켜 정상적인 체중으로 돌아오도록 관리해야 한다. 또한, 신경성 식욕부진증 환자의 치료 초기에는 음식 섭취 자체가 부담스러울 수 있으므로 환자의 위장관 부담을 최소화하는 식품을 선택한다. 신경성 폭식증 환자는 외모나 체중에 대한 잘못된 신념을 변화시키면서 폭식-강제배설의 순환을 끊기 위해 정상식사패턴을 회복하는 것이 필요하다.

단원정리

▪ 건강체중

건강체중은 만성질환 등 각종 질환에 대한 건강 위험도가 가장 낮은 범위의 체중으로, 신장에 대한 체중의 비율을 의미하는 체질량지수 18.5~22.9 kg/m^2 범위에 속하는 경우이다.

▪ 비만

비만은 지방조직이 과도하게 축적된 상태를 의미하며, 생애주기 요인, 유전 요인, 생활 요인, 내분비계 이상 및 약물복용 등의 다양한 원인에 의해 발생한다.

▪ 상체비만

상체비만은 복부에 지방이 축적된 상태로 여성보다 남성에서 좀 더 흔하며, 만성질환 발생과 밀접한 관련성이 있다.

▪ 비만 관련 질병

비만은 제2형 당뇨병, 고혈압, 이상지질혈증, 관상동맥질환 및 대사증후군의 발생 위험을 높이며, 그 외 골관절염, 허리 통증, 수면무호흡증과 같은 체중 관련 질환의 발생 위험을 높일 수 있다.

▪ 체중 감량 방법

체중을 감량하려면 에너지 섭취량이 에너지 소비량보다 적은 음의 에너지 균형을 이루어야 하며, 이를 위해 섭취 에너지를 줄이고, 신체활동량을 늘려 소비 에너지를 줄여야 한다. 체중 감량은 1주일에 0.5 kg, 즉 한 달에 2 kg 정도의 감량이 바람직하다.

■ 체중 감량을 위한 식사요법

체중 감량을 위해 에너지 섭취를 제한함과 더불어, 에너지 섭취에 기여하는 탄수화물과 지방의 총 에너지 섭취 기여율은 조금 낮추고, 또한 에너지 섭취 제한에 따른 체단백 손실을 방지하기 위해 단백질은 충분히 섭취하는 것이 좋다. 체중 감량을 위하여 식품은 에너지 함량이 낮으면서도 미량영양소를 포함하고 있는 다양한 식품군을 이용한다.

■ 체중 감량을 위한 운동요법

운동은 그 자체로 에너지 소모량을 비교적 쉽게 증가시켜 체지방 감소의 효과가 있으며, 운동을 통해 증가하는 근육량은 기초대사량 증가를 유도하기 때문에 체중 관리에 매우 효과적이다.

■ 대사증후군

대사증후군은 인슐린 저항성 증가로 인하여 복부비만, 고혈당, 고혈압, 이상지질혈증 등 여러 대사적 이상이 동반된 상태를 의미한다.

■ 저체중

저체중은 영양불량의 증세 중 하나로 표준체중보다 15~20 % 이상 적은 상태로, 농축된 형태로 고열량을 섭취해야 한다.

■ 식사장애

식사장애는 먹는 것이나 식행동에 이상을 보이는 현상으로, 신경성 식욕부진증, 신경성 폭식증, 폭식장애 등이 있다. 식사장애를 치료하기 위해서는 단순히 식사습관만 바꾸는 것이 아니라 정신적 · 심리학적 · 영양적 관리를 모두 포함하는 치료가 필요하다.

제14장

골다공증과 식생활

1. 골다공증

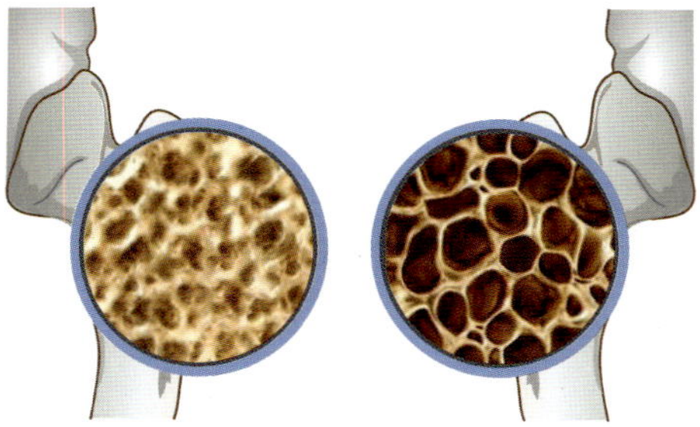
그림 14-1 정상인(좌)과 골다공증 환자(우)의 뼈

골다공증(osteoporosis)은 뼈 양의 감소와 미세구조의 변화로 뼈의 강도가 약해져서 일상생활 중 가벼운 충격에도 쉽게 골절이 발생하는 질환이다(그림 14-1). 뼈는 단백질인 콜라겐이 모양을 이루고, 그 사이에 칼슘과 인을 주성분으로 한 하이드록시아파타이트(hydroxyapatite)가 축적된 단단한 조직이다. 뼈는 외형적으로 볼 때 큰 변화가 없는 것처럼 보이지만, 실제로는 끊임없이 뼈조직을 형성하고 분해하는 대사를 활발하게 진행한다. 이때 골 형성에 관여하는 세포(조골세포)와 골 흡수에 관여하는 세포(파골세포)가 균형을 이루며 골질량이 유지된다. 성장기부터 30대 중반까지는 계속적으로 조골세포가 파골세포보다 활성이 커서 골량이 증가하지만, 그 이후에는 연령이 증가함에 따라 파골세포의 활성이 커져 골량이 감소하게 된다. 골다공증은 연령에 따라 위험률이 점차 커지며, 골절이 함께 증가할 수 있으므로 노년기 삶의 질 유지를 위해 뼈 건강 관리는 매우 필요하다.

골밀도란?

골밀도(bone mineral density)는 뼈조직에 있는 뼈 무기질의 양을 의미한다. 뼈의 무기질은 칼슘과 인을 주성분으로 한 하이드록시아파타이트(hydroxyapatite)의 형태로 존재하며, 뼈의 부피당 무기질의 질량으로 나타낸다. 골밀도는 골다공증을 진단할 때 측정하는 지표로서, 골밀도가 낮을수록 뼈에 존재하는 무기질의 함량이 적어서 골절의 위험이 높다. 따라서 골밀도를 높이기 위해 칼슘의 충분한 섭취와 함께 체내 칼슘 흡수가 감소하거나 뼈의 칼슘이 용출되는 일을 막아야 한다.

1) 분류

(1) 폐경 후 골다공증

폐경 후 골다공증(postmenopausal osteoporosis)은 폐경에 따른 여성호르몬(에스트로겐) 분비의 저하로 인하여 뼈에서 칼슘이 손실되어 나타나는 증상을 말한다. 폐경 후 골다공증은 갱년기 이후 여성의 약 10 % 정도에서 발생하며, 주로 척추뼈의 골손실이 커져 척추뼈 골절의 위험이 클 수 있다.

(2) 노인성 골다공증

노인성 골다공증은 노화로 인하여 조골세포의 활성이 떨어지고 파골세포의 자극이 커지면서 골질량이 낮아지는 증상을 말한다. 노인성 골다공증은 척추뼈 및 엉덩이뼈에 골절이 나타나기 쉬우며, 지속적인 신장 감소가 나타난다.

그림 14-2 골다공증에서 나타나는 신장 감소

(3) 이차성 골다공증

이차성 골다공증은 질병이나 약제 사용으로 인해 발생하는 골다공증이다. 뼈의 골질량을 유지하기 위해서는 소장에서의 칼슘 흡수, 신장에서의 칼슘 재흡수를 증가시켜 뼈에 축적되는 칼슘을 확보하는 것이 중요하다. 따라서 소장이나 신장 질환, 그 외에 체내 칼슘 항상성 유지에 관여하는 부갑상선 호르몬 문제, 비타민 D의 부적절한 농도 등으로 인하여 골다공증이 나타날 수 있다. 또한, 칼슘의 흡수를 방해하는 약제(알루미늄 함유 제산제), 비타민 D 작용을 억제하는 부신피질호르몬 약제 등은 이차성 골다공증을 초래할 수 있다.

2) 위험인자

(1) 유전

골밀도는 유전적 요인의 영향을 많이 받아 가족 중에 골다공증이 있는 경우 골다공증에 걸릴 위험이 높다.

(2) 체격 및 체중 상태

체격이 작은 사람이 큰 사람보다 노화에 따른 골량의 손실이 많아 골다공증의 위험이 높다. 또한, 체중은 그 자체로 뼈에 무게를 가해 골밀도를 증가시키는 역할을 하기 때문에 저체중인 경우 골다공증의 위험이 있다.

(3) 연령과 성

골질량은 성장기에 직선적으로 증가하여 20대 초반부터 30대 초반의 청장년기에 최대를 이루고, 그 이후 나이가 들어가면서 점차 감소한다(그림 14-3). 따라서 20대에서 30대 초반에 완성되는 최대 골량이 높게 형성되면, 나이가 들어서 골손실이 일어나더라도 골다공증까지 발생할 위험은 줄어들 수 있다.

골다공증은 남성보다 여성에서 발병률이 높은데, 이는 여성이 남성보다 최대 골질량이 낮고, 폐경기 에스트로겐의 감소로 골손실이 가속화되기 때문이다. 폐경 후 5년 이상 동안 1년에 2~3 % 정도의 골손실이 나타나므로, 폐경 후 여성은 골다공증의 위험이 높다.

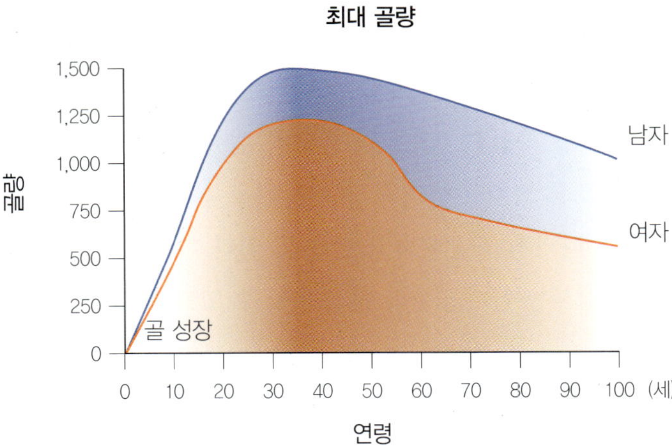

그림 14-3 연령 증가에 따른 최대 골량의 변화

뼈 건강에서 에스트로겐의 역할

에스트로겐은 조골세포에서 에스트로겐 수용체와 결합하여 직접적으로 골교체에 영향을 미치며, 장기로부터 칼슘 흡수율을 높여 주므로 폐경기 이후의 여성에게는 에스트로겐 분비 감소로 인하여 골손실이 크게 일어난다. 여성의 폐경은 누구도 피해 갈 수 없으므로, 폐경 이후 골격 건강을 위해 칼슘 급원 식품의 충분한 섭취, 신체활동 증가, 칼슘 배설을 증가시키는 흡연 · 음주 등을 하지 않아야 한다.

(4) 신체활동

신체활동은 뼈 성장기에 최대 골량을 향상시키는 데 중요한 역할을 하며, 성인기에도 골량을 증가시키거나 골손실을 감소시킨다. 골격 건강을 위해서는 운동 시 뼈에 미치는 부하의 정도가 중요한데, 에어로빅, 조깅, 점핑, 배구 등과 같은 체중부하 운동은 골격에 미세한 충격을 주어 골격의 재형성을 촉진시키는 장점이 있으며, 수영과 같이 체중의 부하를 받지 않는 운동의 경우 골격 건강에 미치는 영향이 크지 않다. 운동은 뼈를 튼튼하게 하는 효과 이외에도 근력 강화 및 신체의 균형감을 향상시킴으로써 골절 예방에 도움이 될 수 있으므로 골다공증의 예방과 관리를 위해 꾸준한 운동이 필요하다.

(5) 부적절한 식사

골격 건강을 위한 식이인자로는 칼슘, 비타민 D의 섭취가 중요하며, 그 외 칼륨, 마그네슘, 비타민 C 등 다양한 영양소를 골고루 섭취하는 것이 필요하다. 반면, 짜게 먹는 식사는 나트륨 섭취를 증가시키는데, 나트륨의 과다 섭취 시 골손실이 크게 일어날 수 있다. 따라서 불균형되고 칼슘 및 기타 미량영양소가 적절량 포함되지 않은 부적절한 식사는 골다공증의 원인이 될 수 있다.

(6) 부적절한 생활습관

카페인, 음주, 흡연 등 부적절한 생활습관은 소변으로의 칼슘 배설을 증가시키거나, 골형성을 감소시켜 골다공증의 원인이 될 수 있다.

3) 증상

골다공증 환자는 골질량 감소로 뼈에 작은 구멍이 생겨 작은 충격에도 견디지 못하고 골절이 쉽게 발생한다. 골절이 주로 나타나는 부위는 척추뼈, 요골의 하단, 엉덩이뼈 등이다(그림 14-4). 또한, 골다공증 환자는 장기간 척추뼈가 눌려 등이 굽고 키가 작아진다(그림 14-2).

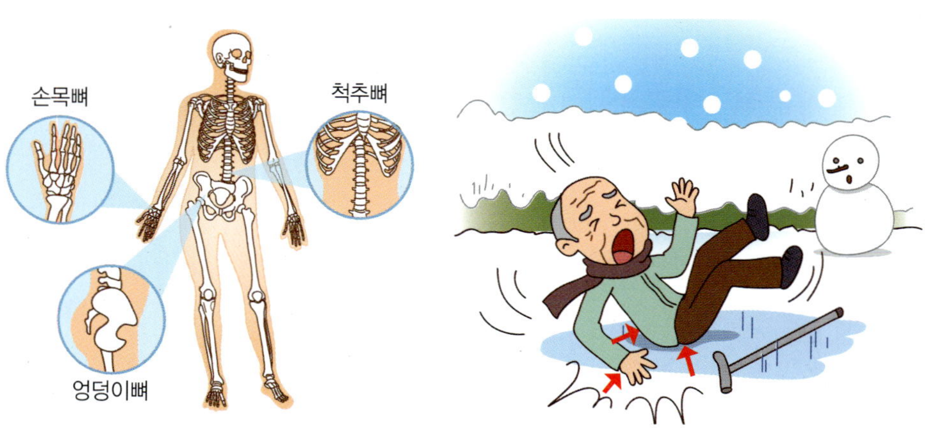

그림 14-4 골다공증에서 골절이 쉽게 일어나는 부위

4) 진단

골다공증은 척추뼈와 엉덩이뼈의 밀도(골밀도)를 측정하여 진단한다. 골밀도 검사는 이중에너지 X선 흡수 계측법(Dual-energy x-ray absorptiometry, DEXA)을 사용하며, 동일한 성별에서 젊은 성인 집단의 평균 골밀도와 비교하여 표준편차로 나눈 값인 T-score로 판단하는데 -2.5 이하를 골다공증으로 진단한다(표 14-1).

표 14-1 골다공증 진단기준

상태	T-score
정상(normal)	-1.0 이상
골감소증(osteopenia)	-1.0 ~ -2.5
골다공증(osteoporosis)	-2.5 이하

출처: International Osteoporosis Foundation (https://www.osteoporosis.foundation/health-professionals/diagnosis).

5) 예방 및 관리

(1) 영양 관리

① 칼슘

칼슘의 섭취 부족은 최대 골량을 감소시키고, 골손실을 증가시킬 수 있다. 따라서 칼슘을 적절량 섭취하고, 체내 칼슘 흡수를 감소시키는 요인을 없애야 한다(표 14-2). 65세 이상 노인의 1일 칼슘의 권장섭취량은 남성 700 mg, 여성 800 mg으로 설정되어 있으나(표 14-3), 우리나라 국민의 대부분은 칼슘 섭취량이 매우 저조한 편이다. 칼슘이 풍부한 식품으로는 멸치 · 건새우 · 뱅어포 · 미역, 우유 · 치즈 · 요거트, 두부 · 두유 · 콩 등이 있으며, 음식 섭취만으로 칼슘 섭취가 부족한 경우 칼슘 보충제를 먹는 방법도 있다. 우유 및 유제품은 칼슘뿐만 아니라 유당과 같은 칼슘 흡수 증진인자를 함유하고 있어 체내 이용성이 높은 이상적인 칼슘 급원이다.

표 14-2 칼슘 흡수에 영향을 주는 인자

	흡수 증가	흡수 저하
식이요인	비타민 D	과량의 식이섬유
	유당	피틴산, 옥살산, 탄닌
		과량의 2가 무기질(아연, 마그네슘 등)
		흡수되지 않은 지방산
		카페인, 흡연, 알코올
생리적 요인	높은 에스트로겐 수준	낮은 에스트로겐 수준
	높은 $1,25(OH)_2D$ 수준	낮은 $1,25(OH)_2D$ 수준
	높은 부갑상선 호르몬 수준	낮은 부갑상선 호르몬 수준
	성장기, 임신기	위산 분비 감소, 노령

표 14-3 생애주기별 칼슘 권장섭취량

연령(세)	남자의 칼슘 권장섭취량(mg/일)	연령(세)	여자의 칼슘 권장섭취량(mg/일)
6~8	700	6~8	700
9~11	800	9~11	800
12~14	1,000	12~14	900
15~18	900	15~18	800
19~29	800	19~29	700
30~49	800	30~49	700
50~64	750	50~64	800
65~74	700	65~74	800
75 이상	700	75 이상	800

출처: 2020 한국인 영양소 섭취기준. 보건복지부 · 한국영양학회(2020).

② 비타민 D

비타민 D는 소장에서 칼슘 흡수 촉진, 신장에서 칼슘 재흡수를 촉진시키므로 비타민 D가 결핍되면 칼슘 흡수 저하로 인해 골다공증이 유발될 수 있다. 따라서 골격 건강을 위해 비타민 D를 충분히 섭취하고 야외 활동을 통해 피부를 자외선에 노출시켜 비타민 D가 합성될 수 있도록 한다. 비타민 D를 많이 함유하고 있는 식품은 버섯, 동물의 피부조직, 고등어 · 참치 · 꽁치 등 등푸른생선류 등이 있으며, 시리얼 등 비타민 D 강화식품도 좋은 급원이 될 수 있다.

③ 과량 섭취가 문제 되는 영양소

인은 칼슘과 함께 골격의 주요 성분인 하이드록시아파타이트를 구성하는데, 인의 섭취량은 칼슘 섭취량과의 비가 1:1일 때 흡수 및 이용 상태가 가장 바람직하다. 나트륨은 과잉 섭취 시 소변으로의 칼슘 배설을 증가시키며, 과도한 동물성 단백질의 섭취는 골손실을 유도할 수 있으므로 주의가 필요하다. 식이섬유소 역시 과량으로 섭취했을 때 골격 건강에 도움이 되는 칼슘, 마그네슘 등의 2가 무기질과 흡착하여 배설됨으로써 칼슘의 흡수를 저해하게 된다.

④ 골격에 도움이 되는 미량영양소

마그네슘은 인체 저장량의 반 이상이 뼈조직에 함유되어 있으므로, 견과류, 두류, 곡류 등을 통해 적정량의 마그네슘을 섭취한다. 또한, 비타민 C, 비타민 K 등은 뼈조직을 구성하고 있는 물질의 합성을 자극할 수 있으므로 부족하게 섭취하지 않도록 한다.

⑤ 식물성 에스트로겐

콩, 특히 대두에 함유되어 있는 이소플라본은 여성호르몬인 에스트로겐과 유사한 구조를 가진 식물성 에스트로겐으로써, 폐경 후 여성에서 뼈의 보호 작용을 하는 장점이 있다(그림 14-5). 이소플라본을 함유하고 있는 식품으로는 대두, 두부, 두유 등이 있다.

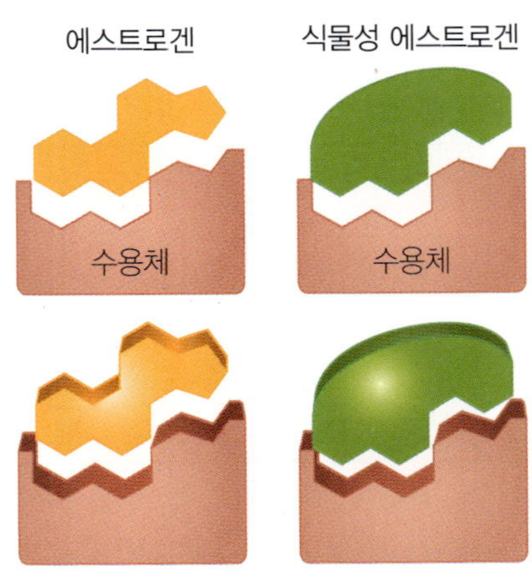

그림 14-5 에스트로겐과 식물성 에스트로겐

(2) 생활습관 관리

흡연은 장에서의 칼슘 흡수율을 감소시키며, 여성호르몬 분비를 감소시켜 골밀도를 낮출 수 있다. 술은 조골세포의 기능을 저하시키고, 칼슘의 흡수를 저해하고 배설을 촉진시킨다. 또한, 음주 시 판단력과 운동 기능이 떨어지면 낙상을 유발하고, 이는 골절의 원인이 될 수 있다. 카페인 역시 장에서 칼슘이 흡수되는 것을 방해하고, 소변으로 칼슘이 배설되는 것을 증가시켜 뼈에 나쁜 영향을 줄 수 있다. 따라서 뼈 건강을 위해 음주와 카페인 섭취는 가능한 줄이고 금연해야 한다.

(3) 운동 관리

규칙적인 운동은 뼈에 물리적인 자극을 주어 뼈 대사를 활성화시키고, 근력 향상 및 유연성을 증가시켜 골절을 예방할 수 있다. 골다공증의 예방과 치료에 효과적인 운동으로는 체중에 의해 뼈에 자극을 줄 수 있는 체중부하 운동, 근력 강화 및 중력 저하 운동이 바람직하며, 균형을 잡고 자세를 바로 하는 운동은 균형 · 유연성 · 근력을 강화하여 낙상과 골절을 줄여 주는 효과가 있다. 골다공증이 있는 경우 척추에 압박을 가하는 윗몸 일으키기, 허리 구부리기 등의 운동은 피하는 것이 좋다.

표 14-4 골다공증 예방 · 관리를 위한 운동 관리 방안

구분	운동 종류	횟수
체중부하 운동	조깅, 줄넘기, 계단 오르기, 테니스, 걷기, 춤추기, 에어로빅 등	일주일에 5일 이상 하루 총 30분 이상
근력 강화, 중력 저항 운동	아령, 역기, 기구를 활용한 웨이트 트레이닝, 자신의 체중을 이용한 운동	일주일에 2~3회
균형 및 자세를 바로 하는 운동	요가, 체조 등	매일

출처: 골다공증 예방과 관리를 위한 7대 생활수칙. 대한가정의학회 · 보건복지부 · 질병관리본부(2013).

(4) 골다공증의 예방 및 관리 방안

- 균형 있는 식사로 정상체중을 유지한다.
- 칼슘을 충분히 섭취한다.
- 과다한 단백질의 섭취를 피하고 콩 종류의 식물성 단백질을 충분히 섭취한다.
- 짠 음식을 제한하고 음식을 가능한 한 싱겁게 섭취한다.
- 콩 및 콩 제품을 충분히 섭취한다.
- 카페인의 섭취를 제한한다.
- 과다한 알코올 섭취를 피한다.

골다공증 예방·관리를 위한 7대 생활수칙

1. 하루 30분 이상 적절한 운동을 한다.
2. 적정량의 칼슘과 비타민 D를 섭취한다.
3. 담배는 반드시 끊는다.
4. 술은 하루에 한두 잔 이하로 줄인다.
5. 카페인 섭취는 줄이고 음식은 가능한 한 싱겁게 먹는다.
6. 넘어지지 않도록 주의한다.
7. 골밀도 검사 필요 여부에 대해서 의사와 상의한다.

출처: 골다공증 예방과 관리를 위한 7대 생활수칙. 대한가정의학회 · 보건복지부 · 질병관리본부(2013).

2. 관절질환

관절은 뼈와 뼈 사이가 서로 맞닿아 연결되어 있는 부위로, 뼈가 연결될 때 마찰을 방지하고 자연스럽게 움직일 수 있도록 도와주는 구조물이다. 관절은 전신의 뼈와 뼈 사이에 존재하며, 근육, 힘줄, 인대, 활막 등에 둘러싸여 있다(그림 14-6).

대표적인 관절질환으로는 관절염이 있는데, 관절염은 관절에 염증이 생겨 부은 것을 말하며, 관절염의 종류로는 주로 노화에 의해 나타나는 골관절염이나, 원인을 알 수 없는 만성 염증으로 유발되는 류마티스 관절염이 있다. 또한, 요산의 축적으로 인해 관절에 통증과 부종이 나타나는 통풍도 최근 증가 추세를 보이는 관절질환이다.

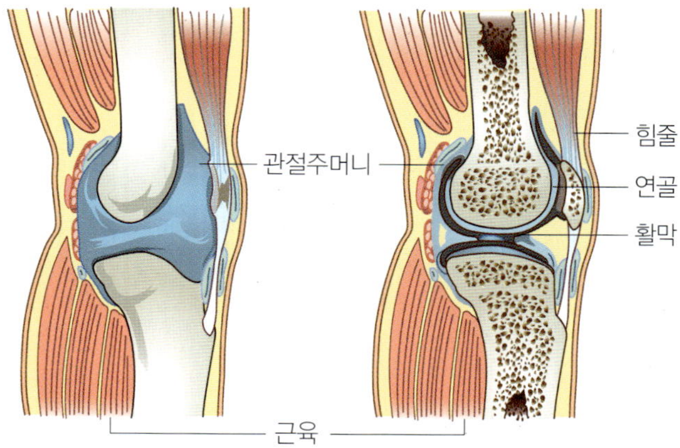

그림 14-6 관절의 구조

1) 골관절염

(1) 위험인자 및 증상

골관절염은 나이가 들어감에 따라 관절 내의 뼈와 뼈 사이의 완충작용을 하는 연골이 퇴행되어 나타나는 병으로, 퇴행성 관절염으로 불리기도 한다. 관절의 통증과 경직 증상을 보이며, 주로 고관절(hip), 슬관절(knee)이나 손가락 관절에 염증이 나타난다(그림 14-7). 고관절염은 남성에서, 손이나 무릎 관절염은 여성에서 더 많이 나타나는 경향을 보인다. 골관절염의 원인은 노화, 비만, 지속적인 관절 연골의 마찰, 외상 등인데, 부위별로 어느 정도 차이를 보여 고관절염은 외상, 무릎 관절염은 비만으로 인한 하중으로 관절의 손상, 연령, 성별(여성) 등이 주요 위험인자로 작용한다.

(2) 예방 및 관리

골관절염은 관절 연골의 퇴행성 변화에 의해 일어나므로 진행을 완전히 막을 수는 없지만, 적정 체중의 유지, 관절염이 잘 생기는 부위(예: 손가락)의 과다 사용 방지, 균형된 식사, 관절에 도움이 되는 영양소의 보충 등으로 어느 정도 예방할 수 있다. 또한, 골관절염에 걸린 후에는 다음과 같은 식사 관리 및 생활습관 관리가 필요하다.

- 체중 조절을 통해 정상체중을 유지한다.
- 산화에 의한 세포 손상을 막기 위해 항산화 영양소를 충분히 섭취한다.
- 적당량의 칼슘과 비타민 D를 섭취한다.
- 칼슘 흡수를 저해하는 인자는 되도록 피한다.

관절 건강에 도움이 되는 보충제는?

글루코사민(glucosamine)과 콘드로이틴(chondroitin)은 골관절염 치료를 위해 널리 사용되고 있는 영양보충제이다. 글루코사민은 연골의 중요한 구성성분(예: 글리코사미노글리칸)을 합성하는 데 쓰이는 아미노당이며, 콘드로이틴은 연골에서 발견되는 특정 글리코사미노글리칸이다. 영양보충제의 사용이 모든 사람에게 효과적인 것은 아니므로 주의해서 섭취해야 한다.

2) 류마티스 관절염

(1) 위험인자 및 증상

류마티스 관절염은 관절의 활막에 원인이 잘 알려지지 않은 만성 염증이 나타나는 것으로, 단순히 특정 부위의 관절에만 보이지 않고, 전신으로 퍼져 나간다. 발병 초기에는 전신 피로감, 손과 발 관절의 쑤심, 뻣뻣함과 통증 등이 나타나며, 시간이 지나면서 손가락, 손목, 팔꿈치 등에 관절이 변형되기도 한다(그림 14-7).

남성보다는 여성에서, 30~40대 연령대에서 위험이 크다. 류마티스 관절염은 자가면역질환으로, 원인은 정확히 알려져 있지 않지만, 외부 자극에 대해 인체 내 면역체계가 자신의 몸을 비정상적으로 공격하여 염증이 발생하는 것으로 보인다.

(2) 예방 및 관리

류마티스 관절염은 자가면역질환으로 예방은 힘들지만, 발병되고 난 후 적극적인 관리로 질병의 진행을 막을 수 있다. 류마티스 관절염의 관리를 위해서는 균형되고 올바른 식생활, 금연, 규칙적 운동, 충분한 수면과 스트레스 줄이기 등의 생활습관 수정이 필요하다. 특히, 항염증 작용을 할 수 있는 오메가-3 지방산을 충분히 섭취하고, 양질의 단백질, 비타민과 무기질을 충분히 섭취하여 면역기능을 강화하는 것도 도움이 된다.

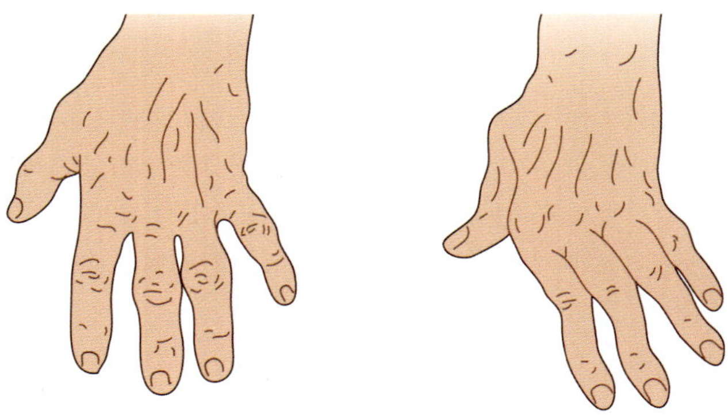

그림 14-7 골관절염과 류마티스 관절염의 증상

3) 통풍

(1) 위험인자 및 증상

통풍은 퓨린(purine) 대사 이상으로 인하여 과다 생성된 요산(uric acid)이 관절 내 과도하게 축적되는 질환이다. 초기에는 고요산혈증 및 관절염 증상과 비슷한 발작 증세가 나타나는데, 과도하게 많아진 요산이 연골 관절 주위 조직(발가락, 손가락, 귓바퀴 등)에 침착되어 붉게 변하여 부어오르며 발열이 나타나기도 한다(그림 14-8). 여성보다는 남성에서, 40~50대 연령대에서 위험이 더 크다. 통풍의 위험 인자로는 과체중, 과도한 음주, 퓨린이 많이 함유된 식품의 섭취 등이 있다.

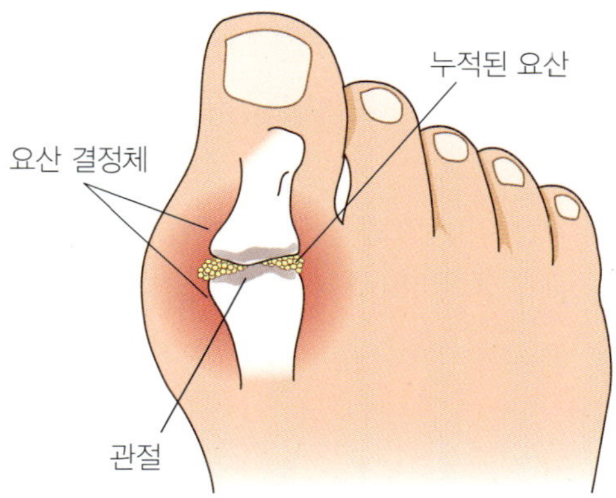

그림 14-8 통풍의 증상

(2) 예방 및 관리

요산을 줄이기 위해서는 퓨린 함량이 높은 식품을 제한하고, 소변으로 요산 배설을 증가시키는 것이 중요하다. 퓨린 함량이 높은 식품으로는 동물의 내장 부위, 육즙, 거위, 생선류(정어리, 청어, 멸치, 고등어, 가리비, 조개 등)가 있다. 특히, 식품의 퓨린체는 끓인 국물에 용출해 나오므로 퓨린체가 많이 함유되어 있는 식품을 끓인 국물의 섭취는 제한하는 것이 필요하다. 또한, 혈중 요산 농도의 희석 및 요산 배설을 촉진시키기 위하여 수분을 충분히 섭취한다. 통풍 환자는 비만인 경우가 많기 때문에 정상체중을 유지하는 것이 바람직하며, 요산 배설을 억제하는 고지방식은 피하도록 한다. 퓨린 함량이 적은 곡류(오트밀, 전곡 제외), 빵, 떡, 국수, 달걀, 치즈, 우유, 채소류(시금치, 버섯 제외)로 식사를 구성하여 혈중 요산 농도를 관리해야 한다.

단원정리

■ 골다공증

골다공증은 뼈의 양 감소와 미세구조의 변화로 뼈의 강도가 약해져서 일상생활 중 가벼운 충격에도 쉽게 골절이 발생하는 질환으로, 유전적 요인, 작은 체격 및 저체중, 연령 증가, 폐경, 부적절한 식사 및 신체활동 저하 등으로 나타날 수 있다.

■ 골다공증 관리에서 칼슘과 비타민 D의 섭취

골다공증의 예방 및 관리를 위해 칼슘을 적절량 섭취하고, 체내 칼슘 흡수를 감소시키는 요인을 없애야 한다. 또한, 체내에서 칼슘 흡수 관련 기능을 하는 비타민 D의 충분한 섭취도 필요하다.

■ 골다공증 관리에서 과량섭취가 문제 되는 영양소

인, 나트륨, 과도한 동물성 단백질과 식이섬유의 섭취는 칼슘 흡수를 저해하거나 소변 중 칼슘 배설을 증가시켜 골다공증의 위험요인이 될 수 있다.

■ 골다공증 관리에서 섭취가 권장되는 영양소

마그네슘, 비타민 C, 비타민 K 등 뼈조직을 구성하는 물질을 충분히 섭취하고, 특히 폐경 후 여성은 여성호르몬인 에스트로겐과 유사한 구조를 가진 식물성 에스트로겐인 이소플라본을 충분히 섭취한다.

■ 골관절염

골관절염은 나이가 들어감에 따라 관절 내의 뼈와 뼈 사이의 완충작용을 하는 연골이 퇴행되어 나타나는 병으로, 노화, 비만, 지속적인 관절 연골의 마찰, 외상 등에 의해 나타날 수 있다.

■ 류마티스 관절염

류마티스 관절염은 관절의 활막에 원인이 잘 알려지지 않은 만성 염증이 나타나는 것으로, 단순히 특정 부위의 관절에만 보이지 않고, 전신으로 퍼져 나가는 증상을 보인다.

■ 관절염 식사 관리 요령

관절염의 예방 및 관리를 위해서는 적정체중의 유지, 균형된 식사, 관절에 도움이 되는 영양소 및 염증 완화에 도움이 항산화 영양소 등을 충분히 섭취하는 것이 좋다.

■ 통풍

통풍은 퓨린 대사 이상으로 인하여 과다 생성된 요산이 관절 내 과도하게 축적되는 질환으로, 과체중, 과도한 음주, 퓨린이 많이 함유된 식품의 섭취 등으로 나타날 수 있다.

제15장

소화기계 질환과 식생활

1. 소화기계 구조와 기능

소화기계는 입, 식도, 위, 소장, 대장, 항문으로 연결되는 소화기관과 소화효소 및 소화액을 만들어 분비하는 타액선, 간, 담낭, 췌장 등의 부속기관으로 구성된다(그림 15-1). 구강에서는 치아의 저작운동을 통해 섭취한 음식물을 분쇄하고, 이를 타액선에서 분비된 타액과 잘 혼합하여 소화액이 작용하게 된다. 하루 1~1.5 L 정도의 타액이 분비되는데, 타액은 수분, 전해질, 탄수화물의 소화효소인 아밀라아제와 함께 점액을 포함하고 있다. 입에서 잘게 부수어지고 타액과 함께 부드럽게 만들어진 음식물은 탄수화물이 일부 분해된 상태로 식도를 통해 위로 이동한다.

위는 섭취한 음식물을 저장하고, 위액을 분비하여 위 내용물 중 단백질 성분을 소화시킨다. 위는 하루 약 2 L 정도의 위액을 분비하는데, 위액에는 소화효소인 펩시노겐 및 소화효소를 활성화시키는 염산, 비타민 B_{12}의 흡수를 도와주는 내적인자 등이 포함되어 있다. 또한, 산도가 높은 위액은 칼슘과 철 등 무기질의 흡수를 도와주기 때문에 위를 절제하는 상황이 발생하면 철과 비타민 B_{12}의 흡수 불량으로 인하여 빈혈이 발생할 수 있으며, 단백질 소화에 어려움을 겪을 수 있다.

위와 연결된 소장은 약 7 m 정도의 길이에 십이지장, 공장, 회장의 세 부위로 구성되어 있으며, 십이지장에는 총담관, 췌장관이 연결되어 있어 필요한 경우 담즙이나 췌장액이 십이지장으로 분비된다. 또한, 소장 점막은 무수히 많은 주름이 잡혀 있고 미세융모로 덮여 있는데, 이는 음식물과 접촉면을 넓혀 소화와 흡수에 큰 도움이 된다. 소장은 하루 약 2 L 정도의 소장액을 분비하는데, 소장액은 이당류의 분해효소인 말타제(maltase), 수크라제(sucrase), 락타제(lactase), 단백질을 아미노산으로 분해하는 펩티다제(peptidase), 지방을 분해하는 리파제(lipase) 등 여러 소화효소를 포함하고 있다. 따라서 소장 질환에 걸리거나 소장을 절제해야 하는 상황이 발생하면 탄수화물, 단백질 및 지방의 소화가 어려워지고, 기타 미량영양소의 흡수가 저해되어 영양불량의 위험이 있다.

췌장은 위와 십이지장 사이의 뒤편에 있는데, 아밀라제, 리파제, 트립신과 같은 열량 영양소의 소화효소를 다량 함유하는 췌장액을 분비하여 소화에 매우 중요한 역할을 한다. 담낭도 췌장과 함께 십이지장에 연결되어 있으며, 간에서 만들어진 담즙을 저장 · 농축하였다가 지질을 섭취할 때 십이지장으로 분비되어 지질의 소화가 용이하도록 유화시켜 주는 기능을 가지고 있다. 따라서 췌장염, 담석증, 담낭염 등 췌장과 담낭에 질병이 발생하면 영양소의 소화 · 흡수가 어려워질 수 있다.

대장은 약 1.5~2 m 정도의 길이에 소장의 끝부분인 회장에 연결된 맹장, 결장, 직장의 세 부위로 구성되어 있다. 결장은 상행, 횡행, 하행, S상 결장으로 나누어지고 이어서 직장에서 항문으로 연결된다. 대장의 주요 기능은 대변의 생성과 저장 이외에 수분, 전해질, 일부 비타민의 재흡수 등이 있다. 또한, 소장에서 넘어온 장내용물 중 탄수화물은 대장 내 세균에 의해 발효되고, 단백질과 지방은 대장에서 부패되어 대변 특유의 냄새가 나게 된다.

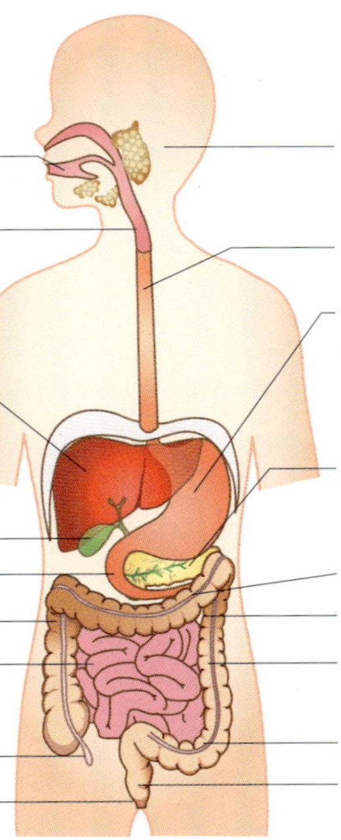

그림 15-1 소화기계의 구조와 기능

2. 식도위질환

1) 위염

(1) 분류

위염은 위 점막에 염증이 나타나는 질환으로, 위질환 중 가장 흔하게 발생한다. 위에 자극을 주는 식사성 요인, 스트레스 등으로 인하여 갑자기 발생하는 급성위염과 위점막의 염증이 장기화된 만성위염으로 분류한다. 만성위염은 위산의 분비 정도에 따라 위산의 분비가 저하된 무산성 또는 저산성 만성위염과 위산의 분비가 과도한 과산성 만성위염으로 구분된다.

(2) 위험인자 및 증상

급성위염의 원인으로는 과식, 과음이나 자극성이 강한 식품, 특정한 식품의 알레르기, 스트레스, 헬리코박터 파이로리균(*Helicobacter pylori*)의 급성 감염 등의 원인에 의해 발생한다. 만성위염은 종류에 따라 그 원인은 다른데, 무산성 또는 저산성 만성위염은 노화에 따라 위점막이 위축되고 이에 위산 분비가 저해되어 나타난다. 과산성 만성위염은 급성위염으로 발생한 위점막의 염증이 장기화되서 나타나기도 하지만 가장 흔한 원인으로는 *H. pylori*균의 감염을 들 수 있다.

급성위염은 위 점막이 붓고 충혈되어 상복부 통증, 복부팽만감, 메스꺼움, 구토 등의 증상을 나타낸다. 만성위염의 증상으로는 보통 급성위염에서 보이는 증상 중 일부가 나타나기도 하며, 전혀 증상이 없는 경우도 많다. 그러나 무산성 또는 저산성 만성위염은 위산 분비가 잘 안 되기 때문에 소화가 잘 되지 않으며, 음식물의 살균 작용이 불충분하여 설사가 나타나기도 하고, 철이나 비타민 B_{12}의 흡수 저하로 인하여 빈혈 증상이 나타날 수 있다.

헬리코박터 파이로리균(*H. pylori*)

*H. pylori*균은 요소(urea)를 분해하는 우레아제(urease)를 생산하는 균이다. 원래 강한 산성을 띄고 있는 위 내부는 세균이 살 수 없지만, 위 점막에서 군집을 이루고 사는 *H. pylori*균은 요소를 암모니아(NH_3)로 분해함으로써 위산을 중화시키고, 산성 환경에 저항하며 생존하게 된다. *H. pylori*균에 감염되면 만성 염증 상태가 유발되며, 독소에 의하여 손상이 나타날 수 있다. *H. pylori*균의 정확한 감염 경로는 아직 알려지지 않았으나 사람에서 사람으로 전파되는 것으로 추정되며, 특히 우리나라는 음식을 한 그릇에 놓고 함께 먹는 습관 때문에 전염의 가능성이 큰 편이다. *H. pylori*균에 감염되면 위염뿐만 아니라 위궤양, 위암의 위험에 노출될 수 있으므로 감염되지 않도록 주의해야 한다.

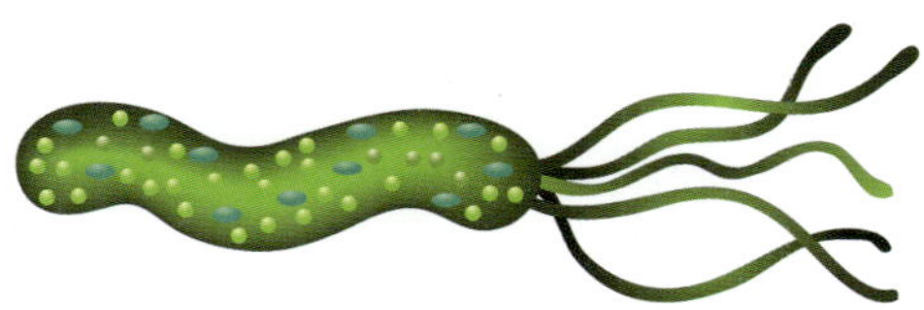

(3) 예방 및 관리

위염의 예방을 위해서는 과음, 과식 등 위에 자극을 줄 수 있는 식사성 요인을 절제하고, 스트레스 관리 등에 힘써야 하며, *H. pylori*균에 감염되지 않도록 음식을 개인 그릇에 덜어 먹기 등 식사 습관을 바꾸는 것이 좋다. 위염의 관리를 위해서는 급성위염 및 만성위염의 종류에 따라 아래와 같이 식사 관리를 한다.

① 급성위염

- 증상이 심할 경우 1~2일 정도 수분만 섭취하면서 절식한다.
- 음식 섭취를 금한 후 보리차, 자극적이지 않은 주스, 맑은국 등을 조금씩 섭취하면서 수분을 공급한다.
- 증상이 완화되면 미음, 죽, 진밥, 밥으로 식사를 이행한다.

② 저산성 또는 무산성 만성위염

- 위산 분비를 촉진시키는 음식(예: 고기 국물, 유자차, 레몬차, 토마토주스 등)을 섭취한다.
- 어느 정도 자극성이 있는 양념(예: 파, 마늘, 생강 등)을 사용하여 위액 분비와 식욕을 촉진시킨다.
- 단백질은 소화가 잘 안 되므로 적당량 공급하며, 부드러운 고기, 흰살생선, 달걀, 두부 등을 사용한다.
- 부족하기 쉬운 영양소인 철을 충분히 공급하는 식품을 섭취한다(예: 쇠고기, 달걀 등).

③ 과산성 만성위염

- 위산 분비를 촉진하는 식사(저산성 또는 무산성 만성위염의 식사)를 피한다.
- 위점막에 물리적 · 화학적 자극을 주는 음식을 피한다.
- 커피, 술, 산미가 강한 음식, 탄산음료를 제한한다.
- 염증의 회복을 위해 단백질을 적절히 섭취한다.

2) 위식도역류

(1) 위험인자 및 증상

위식도역류는 위 내용물이 식도로 역류하여 불편감을 느끼게 하고 위 내용물과 위산에 의해 식도 점막이 손상되어 합병증을 야기할 수 있는 질환이다. 식도와 위를 연결하는 하부식도 괄약근은 정상적인 상태에서 위 내용물이 역류하지 않도록 수축을 잘 하고 있는데, 흡연, 비만, 과식, 과다한 위산 분비, 임신 등으로 인해 위의 내압이 커지거나 하부식도 괄약근의 힘이 약화되면, 위 내용물의 역류가 일어난다(그림 15-2).

위식도역류의 증상으로 가슴 중앙 부위에서 목을 따라 타는 듯한 느낌의 가슴쓰림이 있고, 위산 역류로 인하여 신물이 올라오거나 메스꺼움, 인후통 등이 나타난다. 위식도역류가 계속되면 위산이 식도 점막에 염증을 일으키고 식도염을 유발할 수도 있다.

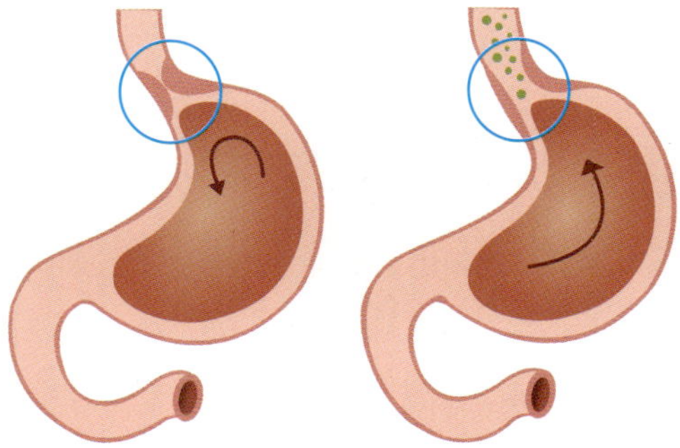

그림 15-2 정상 위와 위식도역류의 위

(2) 예방 및 관리

위식도역류의 예방을 위해서는 적정체중의 유지와 함께 위산 분비를 증가시키거나, 하부식도 괄약근을 이완시키는 식사요인들을 제한한다. 과체중과 비만은 복강 내 압력을 증가시켜 위식도역류를 발생시키므로, 표준체중을 유지하는 것이 중요하다. 위식도역류의 관리를 위한 식사 관리 방안은 아래와 같다.

- 표준체중을 유지할 수 있을 정도의 적정 에너지를 섭취한다.
- 하부식도 괄약근의 강화를 위해 단백질을 충분히 섭취한다.
- 위산 분비를 촉진하고 점막을 자극하는 식품(예: 커피, 알코올 등)을 피한다.
- 위산 분비를 자극하고 위배출을 지연시키는 과식을 피하고, 소량씩 자주 먹는다.
- 위식도역류를 막기 위해 식후 최소 30분 정도는 앉아서 휴식한다.

위식도역류 설문

위식도역류 질환(gastroesophageal reflux disease, GERD)은 설문지를 통하여 진단하고 증상의 호전 정도를 평가할 수 있다. 다음은 한국형 위식도역류 질환의 설문지이며, 총 점수가 8점 이상일 때 위식도역류로 진단한다.

질문	증상의 빈도			
	0일	1일	2~3일	4~7일
얼마나 자주 가슴뼈(흉골) 안쪽의 가슴쓰림이나 타는 듯한 느낌이 있었습니까?	0	1	2	3
얼마나 자주 위 내용물(위산이나 음식물)이 목구멍이나 입까지 역류하는 증상(산 역류)이 있었습니까?	0	1	2	3
얼마나 자주 상복부 중앙(명치)에 통증이 있었습니까?	3	2	1	0
얼마나 자주 메스꺼움(구역)이 났습니까?	3	2	1	0
얼마나 자주 가슴쓰림이나 산 역류로 인하여 숙면을 취하기 어려웠습니까?	0	1	2	3
얼마나 자주 가슴쓰림이나 역류로 인하여 의사 처방 없이 추가적인 약물(예, 미란타, 알마겔과 같은 제산제)을 복용하였습니까?	0	1	2	3

출처: 대한소화기학회지. 김현진(2019).

3. 장질환

1) 변비

(1) 분류

변비는 대장의 연동운동 저하로 수분이 과다하게 흡수되어 배변이 원활하지 않은 질환이다. 대변이 지나치게 굳어 있어 배출되기 힘들거나 배변 횟수가 줄어들고 배변 후에도 잔변감이 있는 상태를 말한다. 일반적으로는 식사 후 1~3일 이내에 배변을 하는데, 여러 가지 이유로 대장에 장 내용물이 오랜 시간 머물면 대장벽에서 수분을 과다하게 흡수하고, 이로 인해 대변이 굳어 배변이 어려워진다.

변비는 이완성 변비와 과민성 변비로 나눠질 수 있는데, 이완성 변비는 대장운동이 저하되어 장내 체류시간이 길어져 발생한다. 과민성 변비는 스트레스 등으로 대장 내 움직임이 과도하여 장이 경련성 수축을 하게 되면서 발생한다.

(2) 위험인자 및 증상

변비의 원인은 장이나 항문의 막힘 같은 소화기계 문제, 신경계 및 근육계 질환, 약물의 부작용 등이 있지만, 주로 부적절한 식습관과 변의를 참는 습관, 운동 부족 등에 의해 발생한다. 특히, 이완성 변비는 식이섬유 및 수분 섭취 부족, 식사량 감소, 불규칙한 배변습관, 운동 부족 등의 원인으로 나타나며, 과민성 변비는 스트레스, 환경 변화와 같은 심리적 요인, 식품 알레르기 등에 의해 나타난다.

변비의 증상으로는 배변 시 힘이 과도하게 들어가거나 항문 부위의 통증을 느끼게 된다. 그 외에 복부팽만감, 복통, 배변 후 잔변감이 주로 나타난다. 변비가 만성화되면 치질이나 게실증이 나타날 수 있다.

(3) 예방 및 관리

변비의 유형에 따라 식사 관리 방안이 다르다. 이완성 변비는 장의 연동운동을 자극하기 위해 식이섬유와 물을 충분히 섭취하도록 한다. 식이섬유는 장을 통과할 때 물을 흡수해 보유하는 성질이 있어 충분한 양의 물과 함께 식이섬유를 섭취하면 대장 내 내용물이 배변되기 좋은 형태로 변한다. 반면, 과민성 변비는 과도한 장의 자극을 피하기 위하여 부드럽고 자극이 없는 식사를 하고, 어느 정도 증상이 나아지면 식이섬유의 양을 점차 증가시키도록 한다(표 15-1). 또한, 적당한 운동은 장운동을 증가시켜 변비 예방에 도움이 될 수 있으며, 과민성 변비의 경우 정서적 안정을 취하도록 한다. 프리바이오틱스(prebiotics)와 프로바이오틱스(probiotics) 등의 섭취도 장 건강에 도움이 된다.

표 15-1 식품별 식이섬유 함량(100 g 당)

구분	1 g 이하	1.1~3.0 g	3.1~5.0 g	5.1~7.0 g	7.1~10.0 g	10.1 g 이상
곡류	백미, 백설기, 전분, 찹쌀가루	감자, 고구마, 곤약, 국수, 마, 메밀국수, 밀, 토란, 모닝빵, 바게트빵, 당면, 멥쌀	곰보빵, 기장, 식빵, 옥수수, 시루떡, 시리얼	메밀(생것), 조, 팥빵, 건빵	메밀(가루), 퀴노아, 현미	귀리, 보리, 수수, 통밀
콩류		두부, 두유 등			녹두, 병아리콩, 서리태, 완두	강낭콩, 동부, 렌틸콩, 작두, 쥐눈이콩, 흑태
해조류		파래		매생이, 미역		미역튀각
채소류	돌나무, 오이, 무	고춧잎, 달래, 셀러리, 순무, 고구마 줄기, 가지, 겨자, 근대, 당근, 두릅, 머위, 배추, 상추, 숙주나물 등	마늘, 시금치, 고비, 고사리, 도라지, 부추, 아욱, 마늘종, 미나리, 비름, 꽈리고추, 브로콜리 등	풋고추, 냉이, 고구마잎, 쑥	더덕, 잔대, 뽕잎	무말랭이
버섯류		양송이버섯, 새송이버섯	느타리버섯, 목이버섯, 송이버섯, 팽이버섯, 표고버섯			목이버섯(건), 표고버섯(건)
과일	레몬, 수박, 자두	사과, 배, 귤, 오렌지, 딸기, 바나나, 라임, 멜론, 무화과, 복숭아, 살구, 망고	건포도, 크랜베리	석류, 산딸기, 라즈베리, 단감, 아보카도	곶감, 복분자, 블랙베리	감말랭이
견과, 종실류			은행	마카다미아, 캐슈너트, 밤, 목화씨, 호두	브라질너트, 헤이즐넛, 피칸	아몬드, 땅콩, 피스타치오넛, 치아씨, 들깨, 참깨

출처: 국가표준식품성분표(제10개정판). 농촌진흥청(2021).

게실증이란?

식이섬유가 충분하지 않은 식사를 하고, 만성적인 변비가 있으면 게실증이 나타날 수 있다. 게실은 장 점막에 생긴 비정상적인 작은 주머니 모양의 돌기를 말하며, 게실에 박테리아가 들어가서 염증을 유발하면 게실염이 된다. 게실염은 복부팽만감, 아랫배의 통증, 발열 등의 증상을 보이며, 장폐색, 복막염으로 이행될 수 있다. 따라서 게실증과 게실염을 예방하기 위해서는 식이섬유와 수분을 충분히 섭취하고, 변비를 치료하는 것이 필요하다.

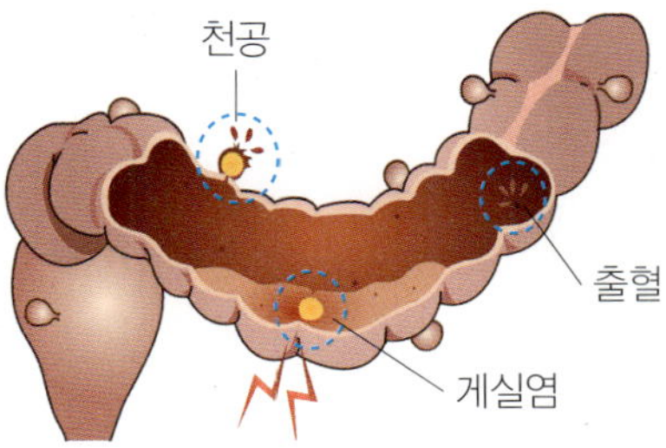

프리바이오틱스(prebiotics)와 프로바이오틱스(probiotics)

프리바이오틱스는 대장 내 유용 미생물에 의해 이용되어 미생물의 생육이나 활성을 촉진하며, 장내 건강에 좋은 효과를 나타낼 수 있다. 프리바오틱스로는 라피노스, 올리고당, 락툴로스 등이 있다. 프로바이오틱스는 섭취하여 장에 도달하였을 때 장내 환경에 유익한 작용을 하는 살아 있는 균으로, 대부분의 프로바이오틱스는 유산균이다. 프로바이오틱스는 면역기능 개선, 유해한 세균 성장 방지, 결장암 예방 등의 기능을 가지고 있다.

2) 설사

(1) 위험인자 및 증상

설사는 대변 중 수분이 많이 함유되어 있고 잦은 횟수로 배설하는 것으로, 하루 3회 이상 묽은 변 또는 물변을 보이는 경우 설사로 정의된다. 설사는 병원성 미생물에 의한 감염, 제산제, 항생제 등의 약물, 장염과 같은 대장질환 등 다양한 원인에 의해 나타난다. 설사는 복통, 발열이 수반되는 경우가 많고, 설사가 계속되면 탈수, 전해질 불균형 및 체중 감소가 일어난다. 특히, 설사가 계속되는 만성설사의 경우 탈수와 전해질 불균형 이외에도 영양결핍이 동반되기도 한다.

(2) 예방 및 관리

설사의 치료는 수분과 전해질의 손실을 보충하는 것이 가장 우선이다. 설사가 심하지 않은 경우는 너무 차거나 뜨겁지 않은 음식을 경구로 섭취하게 하고, 설사 증상이 심한 경우 장에 잔사(찌꺼기)를 많이 남기는 식이섬유, 우유, 결체조직이 많은 육류 등의 섭취를 제한해야 한다. 또한, 장운동을 진정시키기 위해 심한 운동과 스트레스를 피하고 안정을 취하는 것이 좋다.

설사감염병의 원인 및 예방수칙

설사감염병(수인성 및 식품매개감염병)은 병원성 세균, 바이러스, 원충에 오염된 물 또는 식품 섭취로 인해 구토, 설사, 복통 등의 위장관 증상이 주로 발생하는 질환이다. 수인성 및 식품매개감염병은 2군 감염병으로 장티푸스, 파라티푸스, 세균성이질, 장출혈성대장균감염증, A형간염이 있으며, 우리나라는 노로바이러스, 살모넬라, 캄필로박터균 감염으로 설사감염병이 많이 나타난다.

특히, 여름철에 어패류를 섭취할 경우에는 장염비브리오균을, 배추 겉절이나 샐러드 등 채소류를 섭취할 경우에는 병원성대장균이 발생할 수 있다. 또한, 오염된 달걀이나 김밥 등 복합조리식품을 섭취할 경우에는 살모넬라균이 발생하기 쉽고, 삼계탕, 채소류 등의 교차오염일 경우에는 캄필로박터균이 발생할 수 있으므로 주의해야 한다.

설사감염병을 예방하려면 손은 비누로 흐르는 물에 씻어야 한다. 물은 꼭 끓여서 마시고, 특히 육류 섭취 시에는 반드시 익혀 먹는다. 채소를 세척할 때는 흐르는 물에 3회 이상 세척해서 먹는 것이 좋으며, 설사, 구토 등의 증상이나 손에 상처가 있을 시에는 조리를 하지 않아야 한다.

출처: 여름철 설사감염병 예방수칙. 질병관리본부(2020).

소화성 설사란?

위나 소장에서 소화를 충분히 시키지 못한 내용물이 대장에 도달하면 대장의 세균에 의해 발효 또는 부패가 일어나 설사가 나타날 수 있다. 과식, 과음, 소화가 안 되는 다당류의 과다 섭취 등에 의해 탄수화물 소화 흡수 장애가 나타나면 발효성 설사가 일어난다. 소화되지 못한 탄수화물이 대장 내 세균에 의해 발효가 되고, 이때 가스가 발생하여 장점막을 자극하면 설사가 일어난다. 소화 흡수가 잘 되지 않은 단백질이 대장에 들어가면 장내 세균에 의해 부패되어 심한 악취가 나는 대변을 배설하는 부패성 설사가 나타난다. 발효성과 부패성 설사 모두 원인 식품을 제한하면 설사 증상이 호전될 수 있다.

3) 과민성 대장증후군

(1) 위험인자 및 증상

과민성 대장증후군은 명백한 원인이 없으면서 만성적인 복통과 변비 증상을 특징으로 하는 위장 장애 질환이다. 아직까지 원인이 정확하게 밝혀지지 않았으나 유전적 요인, 장내 미생물의 변화, 심리 사회적 스트레스 등의 여러 인자가 복합적으로 작용하여 발병한다고 알려져 있다. 과민성 대장증후군은 복통, 변비와 설사 등 배변 양상의 변화, 가스 생산, 복부팽만감 등의 증상을 보인다.

(2) 예방 및 관리

과민성 대장증후군은 생명을 위협하는 질환은 아니지만 일상생활에 심각한 악영향을 끼쳐 삶의 질을 저하시킬 수 있다. 특히, 과민성 대장증후군에 걸리면 증상 악화를 염려하여 불필요하게 음식을 제한함으로써 영양상태가 불량하게 되기도 한다. 따라서 과민성 대장증후군의 식사 관리를 위해 장을 예민하게 만드는 음식을 피하면서 균형 잡힌 영양식으로 적절한 영양상태를 유지해야 한다. 과민성 대장증후군의 관리를 위한 식사 관리 방안은 다음과 같다.

- 장운동을 자극하는 원인식품을 제한한다.
- 변비와 설사 시 증상에 맞게 식사요법을 한다.
- 장을 자극하는 찬 음식과 탄산음료, 카페인, 알코올, 유당, 당알코올 등의 섭취를 제한한다.
- 배변 습관의 정상화를 위해 식이섬유는 충분히 섭취한다.
- 과식을 피하고 소량씩 자주 먹는다.

저포드맵 식사

최근 과민성 대장증후군 환자를 위해 저포드맵 식사가 관심을 받고 있다. 저포드맵 식사는 과민성 대장증후군 환자의 증상을 개선시키기 위해 포드맵 고함유 식품을 피하고, 포드맵이 적게 함유된 식품들로 구성하는 식사요법이다.

포드맵(fermentable, oligosaccharides, disaccharides, monosaccharides, and polyols, FODMAP)은 식이 탄수화물의 일종으로, 장에서 잘 흡수되지 않고 남아서 발효되는 올리고당, 이당류(유당), 단당류(과당), 폴리올(당알코올)을 말한다. 이러한 탄수화물들은 소장에서 잘 흡수되지 않고 대장에서 박테리아에 의해 빠르게 발효되어 민감한 사람들에게는 가스, 통증 및 설사를 유발한다. 따라서 과민성 대장증후군의 경우 올리고당, 이당류(유당), 단당류(과당), 폴리올(당알코올) 함유 식품들이 적게 함유된 저포드맵 식사를 하면 증상이 완화되는 효과를 기대할 수 있다.

4) 흡수불량증

(1) 글루텐과민성장질환

① 위험인자 및 증상

글루텐과민성장질환은 밀, 귀리, 오트밀, 보리 등 글루텐 단백질에 대한 알레르기 반응으로 소장 점막 내 융모가 평평하게 변형되어 영양소의 흡수 장애가 생기는 질환이다. 대부분 유전적 요인을 가진 사람에게 나타나며, 류마티스 관절염 등 자가면역질환에 동반되어 나타나기도 한다.

글루텐과민성장질환의 증상으로는 복통, 복부팽만감, 가스 등이 있으며, 영양소 흡수불량으로 인해 설사, 지방변이 나타난다. 특히, 단백질, 지질, 탄수화물, 칼슘, 철, 지용성 비타민 등 대부분의 영양소 흡수불량으로 인해 체중 감소, 골다공증, 빈혈 등이 동반될 수 있다.

② 관리

글루텐과민성장질환의 관리방법은 글루텐이 함유된 식품을 철저히 제한하는 것이다. 글루텐 제한식을 하면 글루텐과민성장질환의 증세는 나아질 수 있지만, 글루텐 제한식은 평생 동안 지속해야 한다. 글루텐과민성장질환의 관리를 위한 식사 관리 방안은 아래와 같다.

- 글루텐이 함유된 밀, 보리, 호밀, 귀리, 기장 등을 제한한다(표 15-2).
- 글루텐 함유 식품을 제거했을 때, 이를 대체할 수 있는 식품(예: 옥수수, 쌀, 대두, 감자전분 등)을 이용한다.
- 질병의 정도가 심하여 빈혈, 출혈, 골연화증 등이 있으면 해당 증상에 도움이 되는 영양소를 보충한다.
- 상업용 시판 제품을 사용할 경우 성분표시를 자세히 살펴본 후 선택한다.

표 15-2 글루텐 함유 식품

식품군	글루텐 함유 식품
곡류	빵, 호밀빵, 보리빵, 보리, 귀리, 국수, 마카로니, 크래커, 비스킷
육류	햄버거, 돈가스, 탕수육, 소시지, 핫도그
어류	어묵
채소류	밀가루 반죽을 입힌 채소류
과자류	케이크, 파이, 푸딩, 약과
음료류	맥주, 보리음료, 보리미숫가루

(2) 유당불내증

① 위험인자 및 증상

유당불내증은 장내에서 유당을 분해하는 효소의 활성 저하로 유당을 섭취하면 설사, 복통, 경련, 복부팽만이 나타나는 증상을 말한다. 유당은 이당류로 단당류인 포도당과 갈락토오스로 가수분해되어야 흡수될 수 있으며, 가수분해는 소장에서 분비되는 유당분해효소에 의해 일어난다. 이 과정에서 유당분해효소의 활성이 낮으면 유당이 소화되지 않은 채로 대장까지 들어가게 된다. 대장의 박테리아는 유당을 단쇄지방산, 가스 등으로 발효시키고 이로 인한 복부 경련이나 팽만감과 함께 유당의 삼투압 작용으로 설사가 나타나기도 한다.

② 관리

유당불내증의 경우 유당의 소화능력에 따라 우유나 유당을 포함한 음식을 감소시키거나 제한한다. 그러나 유당 흡수 불량인 경우에도 일정량의 우유를 점차 증량하면서 섭취시키면, 어느 정도 유당 처리에 적응할 수 있다. 유당 처리에 적응이 안 되는 경우에는 유당이 함유된 식품 섭취를 조절하여야 한다. 유당불내증의 관리를 위한 식사 관리 방안은 아래와 같다.

- 치즈나 요거트와 같은 유제품은 부분적으로 가수분해된 상태이므로 섭취할 수 있다.
- 유제품을 한꺼번에 먹는 것보다 여러 번 걸쳐 소량씩 나누어 먹는 것이 좋다.
- 우유를 단독으로 마시는 것보다 다른 식품에 첨가하여 조리된 음식으로 먹으면 적응이 쉽다.
- 찬 우유보다 따뜻한 우유로 소량씩 섭취하면 유당 처리 능력이 증가된다.

단원정리

■ 소화기계

소화기계는 입, 식도, 위, 소장, 대장, 항문으로 연결되는 소화기관과 소화효소 및 소화액을 만들어 분비하는 타액선, 간, 담낭, 췌장 등의 부속기관으로 구성된다.

■ 위염

위염은 위 점막에 염증이 나타나는 질환으로, 위에 자극을 주는 식사성 요인, 스트레스 등으로 인하여 갑자기 발생하는 급성위염과 위점막의 염증이 장기화된 만성위염으로 분류된다. 따라서 위염의 예방 및 관리를 위해서는 과음, 과식 등 위에 자극을 줄 수 있는 식사성 요인을 절제하고 스트레스 관리 등에 힘써야 한다.

■ 위식도역류

위식도역류는 위 내용물이 식도로 역류하여 불편감을 느끼게 하고 위 내용물과 위산에 의해 식도 점막이 손상되어 합병증을 야기할 수 있는 질환으로, 과식, 비만, 흡연, 과다한 위산 분비 등으로 나타난다. 따라서 위식도역류의 예방 및 관리를 위해서는 적정체중의 유지와 함께 위산 분비를 증가시키거나, 하부식도괄약근을 이완시키는 식사요인들을 제한한다.

■ 변비

변비는 대장의 연동운동 저하로 수분이 과다하게 흡수되어 배변이 원활하지 않은 질환으로, 주로 부적절한 식습관과 변의를 참는 배변습관, 운동 부족 등에 의해 발생한다. 이완성 변비는 장의 연동운동을 자극하도록 하고, 과민성 변비는 과도한 장의 자극을 피해야 한다.

■ 설사

설사는 대변 중 수분이 많이 함유되어 있고 잦은 횟수로 배설하는 것으로, 병원성 미생물에 의한 감염, 제산제, 항생제 등의 약물, 장염과 같은 대장질환 등 다양한 원인에 의해 나타난다. 설사의 치료는 수분과 전해질의 손실을 보충하는 것이 가장 우선이다.

■ 과민성 대장증후군

과민성 대장증후군은 만성적인 복통과 변비 증상을 특징으로 하는 위장 장애 질환으로, 유전적 요인, 장내 미생물의 변화, 심리 사회적 스트레스 등의 여러 인자가 복합적으로 작용하여 발병한다. 따라서 식사 관리를 위해 장을 예민하게 만드는 음식을 피하면서 균형 잡힌 영양식으로 적절한 영양상태를 유지해야 한다.

■ 글루텐과민성장질환

글루텐과민성장질환은 밀, 귀리, 오트밀, 보리 등에 함유되어 있는 글루텐 단백질에 대한 알레르기 반응으로 소장 점막 내 융모가 평평하게 변형되어 영양소의 흡수 장애가 생기는 질환으로, 글루텐이 함유된 밀, 보리, 호밀, 귀리, 기장 등을 제한해야 한다.

■ 유당불내증

유당불내증은 장내에서 유당을 분해하는 효소의 활성 저하로 유당을 섭취하면 설사, 복통, 경련, 복부팽만이 나타나는 증상으로, 유당의 소화능력에 따라 우유나 유당을 포함한 음식을 감소시키거나 제한한다.

제16장

알레르기 질환과 식생활

1. 면역 반응의 개념

면역은 체내에 들어온 이물질을 면역세포가 인지하고, 이물질과 반응하여 파괴하거나 제거하는 과정을 말한다. 이물질(항원)은 각종 바이러스, 박테리아, 곰팡이, 알레르기 유발물질 등과 같이 사람의 인체에 침입하여 질병을 유발하는 공격물질이며, 따라서 면역은 신체를 보호하기 위한 일종의 방어체계로 작용할 수 있다.

우리 몸에서 외부의 이물질에 대항하기 위해 면역기능을 담당하는 것은 림프계 기관과 면역세포로서, 편도선, 간, 점막, 골수, 흉선, 비장, 림프절, 피부 등 체내 여러 기관 및 조직들이 면역기능을 감당하게 된다(그림 16-1). 면역능을 향상시키기 위해서는 면역세포의 적극적인 활동 이외에도 유전적인 인자, 영양요인, 운동, 휴식 등 여러 보호인자의 상호 작용이 필요하다. 면역기능의 저하는 감염성 질환의 발생뿐만 아니라 퇴행성 질환의 발생과도 밀접한 관련이 있다.

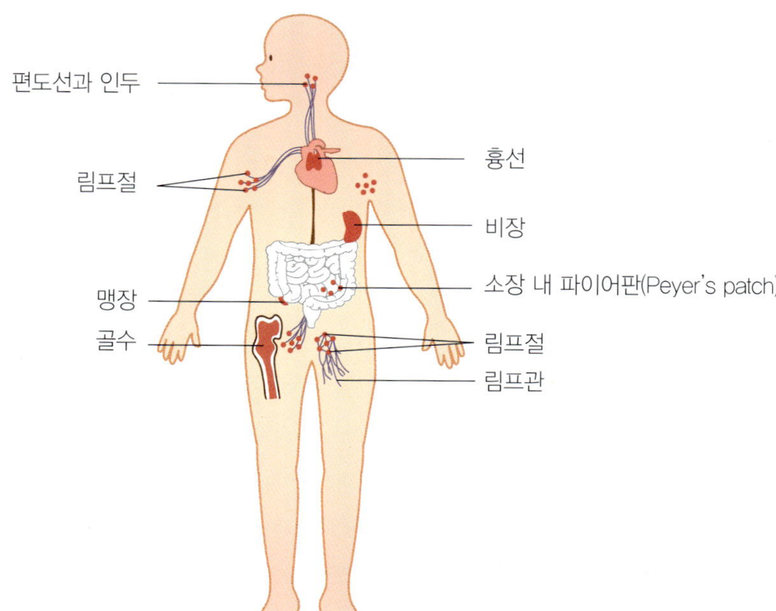

그림 16-1 면역계

1) 면역세포

면역세포로는 대식세포(macrophage), 호중구, 호산구, 호염구, 비만세포(mast cell), 자연살해세포(natural killer cell), T림프구, B림프구가 있다. 면역세포들은 식균 작용을 하거나 침입한 기생충이나 미생물에 대한 방어기전을 제공함으로써 면역 기능을 수행한다.

표 16-1 면역 관련 세포의 종류 및 기능

세포 종류	기능
대식세포(macrophage)	식균작용을 하며, 사이토카인을 분비하여 면역 염증 반응을 조절함
호중구	식세포 작용을 함
호산구	기생충을 제거함
호염구	알레르기 반응에 관여함
비만세포(mast cell)	히스타민을 분비하고, 과민반응(알레르기 반응)에 관여함
자연살해세포(natural killer cell)	감염된 세포를 직접 살해하여 제거함
T림프구	대식세포를 활성화시켜 세포 내 존재하는 미생물을 파괴함
B림프구	특정 병원체에 대한 항체를 생성함

사이토카인(cytokine)이란?

사이토카인은 면역과 염증 반응에 관련하여 세포들이 분비하는 단백질로 면역 과정에서 중요한 역할을 한다. 사이토카인은 면역계 세포가 다른 유형으로 분화하는 데도 관여하며, 구조적으로 매우 다양한 특성이 있다. 그러나 인체에 바이러스가 침투하였을 때 면역물질인 사이토카인이 과다하게 분비되면, 오히려 정상세포를 공격하는 현상이 나타나기도 하는데, 이를 사이토카인 폭풍(cytokine storm)이라고 한다. 사이토카인 폭풍은 면역활동이 왕성한 젊은 층에서 더 많이 나타날 수 있으므로 평소 체내 면역능력을 올리기 위한 노력이 필요하다.

2) 면역의 종류

(1) 선천면역

선천면역은 태어나면서부터 가지게 되는 선천적 능력으로, 인체의 물리적 방어체계인 피부, 점막 상피세포, 점액 등이 침입하는 감염원에 신속하게 반응하게 된다. 체표면 및 상피세포는 물리적 · 화학적 장벽의 역할을 하는데, 세균을 체내에 들어오지 못하게 하고, 땀샘은 pH를 낮춰 세균이 증식하기 어려운 환경을 만들기도 한다. 또한, 타액이나 콧물 등의 점액은 세균이 점막에 흡착하는 것을 막아 주는 면역 기능이 있다. 호중구, 대식세포, 자연살해세포 등의 면역세포 기능도 선천면역에 속한다.

(2) 적응면역

적응면역은 림프구와 항체가 관여하며, 특정 항원에 대한 장기적인 보호체계를 뜻한다. 특정 항원에만 반응하는 특이성을 가지고 있으며, 항원에 대한 특이성을 가지는 림프구들은 매우 다양하다. 적응면역은 구성 요소의 종류에 따라 세포매개성 면역과 체액성 면역이 있는데, 세포매개성 면역에서는 T림프구가 대식세포를 활성화시켜 이물질을 파괴하거나, B림프구의 활성화에 도움을 주어 항체 생성을 촉진시킨다. 체액성 면역이란 이물질(항원)의 침입에 항체가 작용하여 제거하는 것을 말한다.

표 16-2 항체의 종류 및 특징

항체 개별형	특징 및 기능
IgA	눈물, 콧물, 기관지점막 등에서 분비되며, 점막면역에 관여함
IgD	B림프구의 항원 수용체 역할을 함
IgE	즉시형 과민반응 및 기생충에 대한 방어에 관여함
IgG	태아 면역에 관여함
IgM	B림프구의 항원 수용체 역할을 함

2. 면역과 영양

영양상태가 불량하면 면역기능이 저하되어 질병의 이환율이 증가한다. 따라서 규칙적이면서도 균형되게 먹는 식습관을 통해 영양상태를 증진시키고, 면역능을 키우는 것이 중요하다.

1) 단백질

단백질은 체내 조직을 구성하고 있을 뿐만 아니라 항체, 호르몬, 효소 등의 구성성분으로써 체내에서 작용한다. 따라서 단백질 섭취가 부족하면 외부 병원균에 대항하는 항체가 부족하여 병에 걸리기 쉽다.

2) 에너지

에너지 섭취가 부족하면 전체적인 영양불량 상태가 되어 체내 면역능이 낮아진다. 반면, 에너지 섭취가 과다하여 비만이 되는 경우에도 면역기관의 기능이 저하되는 문제가 생기므로 자신의 신체 및 생리적 상태에 적절한 에너지를 섭취해야 한다. 특히, 단백질-에너지 섭취 부족 시 필수 영양소의 이용 저하로 인하여 면역능이 약해진다.

3) 지질

지질의 종류와 양은 면역능에 영향을 미치는데, 일반적으로 고지질 식이는 체내에서 산화질소를 다량 생성하여 면역능을 감소시킨다. 어유에 많이 함유되어 있는 오메가-3 지방산은 백혈구의 기능을 향상시켜 면역 체계를 강화하는 데 도움이 되기도 한다.

4) 비타민

비타민 A는 점막면역에 중요한 역할을 하며, 대식세포, 자연살해세포의 성숙 및 기능을 조절하면서 면역의 기능을 한다. 비타민 E는 세포막에 있는 불안정한 지방산의 산화를 대신 막아 주는 항산화제의 기능을 통해 세포막의 안정성을 유지시켜 주는 효과가 있다. 비타민 C는 감염 초기에 항바이러스 역할을 하는 사이토카인의 생성에 중요한 역할을 한다.

5) 무기질

면역기능과 관련 있는 무기질로는 아연과 철이 있다. 아연이 부족하면 면역기관 및 면역세포의 증식과 기능이 억제되고 상처 회복이 지연되며, 세포분열과 단백질 합성이 잘 되지 않고, T림프구의 생성과 기능이 저하되어 질병에 걸리기 쉽다. 철 부족으로 빈혈에 걸리면 저항력의 약화로 감염에 취약하다.

코로나와 면역

2020년 전 세계적으로 유행하고 있는 코로나19는 sars-cov-2 virus에 의한 것으로 호흡기계 이외에도 신장, 간, 위장관, 피부, 내분비계, 심장, 신경계 등 다양한 조직에 영향을 미치고 있다. 코로나19의 예방을 위해서는 적절한 면역반응이 중요한데, 건강한 면역반응은 감염된 세포를 빠르게 제거시키고, 바이러스를 불활성화시키며, 염증반응과 폐의 손상이 적은 장점이 있다. 따라서 비타민 D, 아연, 셀레늄 등 면역기능을 하는 영양소를 충분히 섭취하여 면역능을 키우면 코로나19로 인한 신체 증상 악화를 막을 수 있다.

3. 식품 알레르기

알레르기는 생물체가 외부 물질과 접할 때 항원항체반응에 의해 발생하는 변화를 말하며, 과민반응에 속한다. 알레르기를 일으키는 항원물질을 알레르겐이라고 하며, 흡입성 알레르겐, 접촉성 알레르겐, 약물 알레르겐, 신경성 알레르겐 등 많이 있으나, 특히 식품 중의 성분 또는 음식물의 소화산물이 알레르겐이 되는 것을 식품 알레르기라고 한다.

1) 위험인자 및 증상

알레르기 반응은 항원이나 항체의 종류, 개인별로 일정하지 않으며, 환경요인에 의해서도 복합적으로 영향을 받는다. 특히, 알레르기 발생이 높은 항원에 노출이 많이 되는 것을 위험인자 중 하나로 보고 있다.

식품 알레르기는 식품 중의 성분이 항원이 되어 발병하는 알레르기 반응으로, 식품성분 중 당단백질이나 단백질이 주요 유발물질로 알려져 있다. 식품 알레르기를 유발하는 대표적인 식품으로는 우유, 달걀, 생선, 조개류, 대두, 과일, 육류, 초콜릿, 견과류 등이 있다(표 16-3). 식품 알레르기의 증상은 해당 알레르겐이 포함된 음식을 섭취하거나 혹은 접촉하였을 때 피부, 호흡기, 순환기 등을 통해 나타난다(그림 16-2). 섭취량과는 관계없이 극소량을 먹더라도 증상이 심할 경우 생명에 위협이 될 수 있으며, 식품 알레르기의 증상은 다음과 같다.

- 피부: 두드러기, 혈관부종, 아토피 피부염, 소양성 피부염
- 위장관: 설사, 구토, 복통
- 호흡기: 천식, 비염
- 전신적 및 기타: 심혈관계, 구강 알레르기 증후군, 신경계

피부	위장관	호흡기	전신적 및 기타
두드러기 아토피 피부염 혈관부종 소양성 피부염	구토 설사 복통	천식 비염	심혈관계 신경계 아나필락시스 구강 알레르기 증후군

그림 16-2 식품 알레르기 증상

표 16-3 식품 알레르겐의 종류

식품군	식품 알레르겐
곡류군	• 메주콩, 옥수수, 빵, 메밀, 밀, 국수, 토란, 밤
어육류군	• 돼지고기, 쇠고기, 햄, 소시지, 베이컨, 달걀, 대두 • 고등어, 가다랑어, 전갱이, 청어, 연어, 새우, 오징어, 낙지, 조개류, 굴, 홍합
채소군	• 가지, 죽순, 시금치, 버섯, 양파, 고사리
지방군	• 땅콩, 호두, 아몬드
우유군	• 우유, 아이스크림
과일군	• 딸기, 귤, 바나나, 토마토, 복숭아, 키위, 파인애플

2) 식품 알레르기 유발 식품

식품의약품안전처 「식품 등의 표시 · 광고에 관한 법률 시행규칙」에 따르면 식품 등에 알레르기를 유발할 수 있는 원재료가 포함된 경우 그 원재료명을 표시해야 하며, 알레르기 유발물질은 알류(가금류에 한함), 우유, 메밀, 땅콩, 대두, 밀, 잣, 호두, 게, 새우, 오징어, 고등어, 조개류(굴, 전복, 홍합), 복숭아, 토마토, 닭고기, 돼지고기, 쇠고기, 아황산류(이를 첨가하여 최종 제품에 이산화황이 10 mg/kg 이상 함유된 경우만 해당)의 총 19개 식품이다.

그림 16-3 식품 알레르기 유발물질 표시 대상 식품

(1) 난류

난류는 알레르기 원인 식품 중 가장 흔하며, 특히 영유아에게서 나타나는 경우가 많다. 난류에 대한 알레르기는 피부 발진, 두드러기 같은 피부 증상, 기침, 호흡곤란 등 호흡기 증상, 구토, 복통 등의 위장관 증상이 보인다. 식품과민성을 일으킬 수 있는 알레르기원은 달걀흰자에 포함되어 있으나, 노른자의 단백질에 있는 IgE 항체에 의해 상호 작용이 이루어지므로 달걀 알레르기가 있는 경우 흰자와 노른자 모두 제외할 필요가 있다. 또한, 달걀은 마요네즈, 튀김, 전 등 많은 조리과정에서 이용되는 경우가 많으므로 조리 시나 음식을 먹을 때 주의해야 한다.

달걀을 포함하는 가공품의 표시 내용은 어떠할까요?

달걀은 가공품에도 흔히 사용되므로 달걀 알레르기가 있는 경우 가공품의 영양표시를 주의 깊게 살펴야 한다. 달걀을 포함하는 가공품에는 알부민, 달걀/달걀흰자/달걀노른자, 글로불린, 리베틴, 오브알부민, 오보글로불린, 오보뮤신, 오보뮤코이드, 오보비텔린 등으로 표기되어 있으므로 달걀 알레르기를 가진 자는 해당 표시가 있는 가공품의 주의가 필요하다.

(2) 우유

우유 알레르기는 영유아 및 아동에서 흔히 발생하는 식품 알레르기이다. 징후 및 증상은 경미한 것에서부터 심각한 것까지 있는데 피부 발진, 두드러기 같은 피부 증상과 기침과 호흡곤란 등 호흡기 증상, 구토, 복통 등의 위장관 증상이 포함된다. 우유 알레르기가 있는 경우 우유 단백질의 섭취를 완전히 금해야 하는데, 우유뿐만 아니라 치즈, 버터, 카제인, 유청 등의 섭취도 금한다.

(3) 땅콩 및 대두

땅콩과 대두는 콩과 식품의 대표적인 식품으로, 대부분의 두류 알레르기는 땅콩이나 대두에 의해 발생한다. 땅콩 알레르기가 있는 경우 무조건 호두, 잣, 아몬드 등의 견과류 알레르기를 일으키는 것은 아니기 때문에 조리 시 땅콩 대신 다른 견과류를 이용할 수 있다. 땅콩 알레르기는 성인이 되어도 없어지지 않으므로 지속적인 주의가 필요하다.

(4) 어패류

생선은 성인의 알레르기원으로 가장 흔한 식품으로, 생선 알레르기가 있는 경우 모든 종류의 뼈 있는 생선을 제외하도록 한다. 또한, 패류에 의한 알레르기는 흔히 갑각류(새우, 게, 가재 등)와 연체동물(대합조개, 굴, 가리비 등)이 원인이다.

3) 진단 방법

식품 알레르기는 특정 식품에 소량만 노출이 되어도 발생할 수 있으므로 철저한 예방 및 관리가 필요하다. 식품 알레르기를 예방하기 위해서는 어떠한 식품에 알레르기가 있는지 진단하는 것이 가장 좋다.

(1) 병력 및 과거의 명백한 증상

식사력, 임상증상, 가족력으로 알레르기의 원인이 될 만한 것을 찾을 수 있다. 또한, 과거에 특정 식품을 섭취한 다음 명백하게 알레르기 증상이 나타났던 사례를 식품 알레르기 진단의 근거로 본다.

(2) 피부반응 검사

피부반응 검사는 소량의 원인 식품 항원을 피부에 떨어뜨리고, 바늘로 살짝 찔러 피부 안으로 항원이 들어가게 한 후 피부가 팽창된 부위와 상태를 측정하여 평가하는 방법이다. 일부 아나필락시스 반응을 보일 수도 있기 때문에 검사 시 조심해야 한다.

(3) 혈액 검사

피부반응 검사로 확인이 어려운 경우 혈액 검사를 통해 혈액 내 특정 식품과 반응하는 특이 IgE 항체(specific IgE)를 측정하는 방법이다.

(4) 항원 식품 시험 검사

항원 식품 시험 검사에는 의심되는 식품을 제거 후 알레르기 반응이 나타나지 않는지 조사하는 제거 식이법, 의심되는 음식을 직접 섭취 후 알레르기 반응 증상 여부 및 정도 등을 관찰하는 음식물 유발 검사법이 있다. 음식물 유발 검사법은 시간과 노력이 많이 들고 아나필락시스의 위험이 있어 소아에게는 시행을 자제한다.

4) 관리

식품 알레르기 증상은 개인차가 심하며, 치료를 위해 알레르기를 유발하는 음식을 제외하면 결국 영양결핍이 나타날 수 있다. 따라서 어떤 식품이 알레르기를 유발하는지 잘 알아 이를 제거하고, 유사한 영양소가 함유되어 있는 식품으로 대체한다.

(1) 식품 제거 식사

식품 알레르기 관리의 중요한 점은 먼저 항원이 되는 식품의 섭취를 중단하는 것이다. 중단 후 일정 시간이 지나 소량씩 다시 섭취하게 해 본 후 알레르기 증상이 없으면 점차 섭취량을 증가시키면 된다.

(2) 식품의 대체

알레르기로 인하여 섭취가 제한되는 식품이 많아지고 장기화되면 결국 영양불량이 나타날 수 있다. 따라서 알레르기 원인 식품의 제외로 인하여 결핍될 수 있는 영양소를 함유한 대체식품의 섭취가 필요하다. 또한, 알레르기 유발 식품의 경우 같은 식품군의 음식에서도 알레르기 반응이 나타날 수 있으므로 교차반응을 조심해야 한다. 예를 들어, 새우 알레르기가 있는 경우 게나 바닷가재와 같은 갑각류를 제외하는 것이 좋다.

(3) 조리법 변경

조리법에 따라 알레르기 반응이 달라질 수 있으므로 조리법을 변경하는 것도 알레르기 관리 방법 중 하나이다. 음식을 생것 그대로 섭취하거나 혹은 차게 하여 섭취하였을 경우 알레르기 반응이 더 가속화될 수 있으며, 가열조리한 식품이 생것보다 좀 더 안전한 경우가 많다.

단원정리

■ 면역

면역은 체내에 들어온 이물질을 면역세포가 인지하고 이물질과 반응하여 파괴하거나 제거하는 과정으로, 면역능력을 올리기 위해서는 면역세포의 적극적인 활동 이외에도 유전적인 인자, 영양요인, 운동, 휴식 등 여러 보호인자의 상호 작용이 필요하다.

■ 면역과 영양

단백질 섭취 부족, 에너지의 섭취 부족이나 또는 섭취 과다, 고지질 식이 등은 면역능력에 부정적인 영향을 미친다. 반면, 비타민 A, 비타민 E, 비타민 K와 함께 아연과 철 등 면역기능과 관련 있는 무기질 등의 섭취는 면역능 향상에 도움이 된다.

■ 식품 알레르기

식품 알레르기는 식품 중의 성분이 항원이 되어 발병하는 알레르기 반응으로, 식품성분 중 당단백질이나 단백질이 주요 유발물질로 알려져 있다.

■ 식품 알레르기의 증상

식품 알레르기의 증상은 해당 알레르겐이 포함된 음식을 섭취하거나 혹은 접촉하였을 때 피부(두드러기, 아토피 피부염), 호흡기(천식, 비염), 순환기(심혈관계), 위장관(설사, 구토, 복통) 등을 통해 나타난다.

■ 식품 알레르기 유발 식품

알레르기 유발물질은 알류(가금류만 해당), 우유, 메밀, 땅콩, 대두, 밀, 고등어, 게, 새우, 돼지고기, 복숭아, 토마토, 아황산류(이를 첨가하여 최종 제품에 이산화황이 10 mg/kg 이상 함유된 경우만 해당), 호두, 닭고기, 쇠고기, 오징어, 조개류(굴, 전복, 홍합 포함), 잣의 총 19개 식품이다.

■ 식품 알레르기 진단방법

식품 알레르기를 예방하기 위해서는 어떠한 식품에 알레르기가 있는지 진단하는 것이 필요하다. 병력, 과거의 명백한 증상을 살펴보는 것 이외에 피부반응검사, 혈액 검사, 항원 식품 시험 검사를 통해 식품 알레르기를 진단한다.

■ 식품 알레르기 관리

식품 알레르기 증상은 개인차가 심하며, 치료를 위해 알레르기를 유발하는 음식을 제외하면 결국 영양결핍이 나타날 수 있다. 따라서 어떤 식품이 알레르기를 유발하는지 잘 알고 이를 제거해야 한다. 또한, 알레르기 원인 식품의 제외로 인하여 결핍될 수 있는 영양소를 함유한 대체식품의 섭취도 고려해야 한다.

부록

(2020 한국인 영양소 섭취기준)

2020 한국인 영양소 섭취기준 – 에너지와 다량영양소

보건복지부, 2020

성별	연령	에너지(kcal/일)				탄수화물(g/일)				식이섬유(g/일)			
		필요추정량	권장섭취량	충분섭취량	상한섭취량	평균필요량	권장섭취량	충분섭취량	상한섭취량	평균필요량	권장섭취량	충분섭취량	상한섭취량
영아	0-5(개월)	500						60					
	6-11	600						90					
유아	1-2(세)	900				100	130					15	
	3-5	1,400				100	130					20	
남자	6-8(세)	1,700				100	130					25	
	9-11	2,000				100	130					25	
	12-14	2,500				100	130					30	
	15-18	2,700				100	130					30	
	19-29	2,600				100	130					30	
	30-49	2,500				100	130					30	
	50-64	2,200				100	130					30	
	65-74	2,000				100	130					25	
	75 이상	1,900				100	130					25	
여자	6-8(세)	1,500				100	130					20	
	9-11	1,800				100	130					25	
	12-14	2,000				100	130					25	
	15-18	2,000				100	130					25	
	19-29	2,000				100	130					20	
	30-49	1,900				100	130					20	
	50-64	1,700				100	130					20	
	65-74	1,600				100	130					20	
	75 이상	1,500				100	130					20	
임신부[1]		+0 +340 +450				+35	+45					+5	
수유부		+340				+60	+80					+5	

성별	연령	지방(g/일)				리놀레산(g/일)				알파-리놀렌산(g/일)				EPA+DHA(mg/일)			
		평균필요량	권장섭취량	충분섭취량	상한섭취량	평균필요량	권장섭취량	충분섭취량	상한섭취량	평균필요량	권장섭취량	충분섭취량	상한섭취량	평균필요량	권장섭취량	충분섭취량	상한섭취량
영아	0-5(개월)			25				5.0				0.6				200[2]	
	6-11			25				7.0				0.8				300[2]	
유아	1-2(세)							4.5				0.6					
	3-5							7.0				0.9					
남자	6-8(세)							9.0				1.1				200	
	9-11							9.5				1.3				220	
	12-14							12.0				1.5				230	
	15-18							14.0				1.7				230	
	19-29							13.0				1.6				210	
	30-49							11.5				1.4				400	
	50-64							9.0				1.4				500	
	65-74							7.0				1.2				310	
	75 이상							5.0				0.9				280	
여자	6-8(세)							7.0				0.8				200	
	9-11							9.0				1.1				150	
	12-14							9.0				1.2				210	
	15-18							10.0				1.1				100	
	19-29							10.0				1.2				150	
	30-49							8.5				1.2				260	
	50-64							7.0				1.2				240	
	65-74							4.5				1.0				150	
	75 이상							3.0				0.4				140	
임신부								+0				+0				+0	
수유부								+0				+0				+0	

1) 1,2,3 분기별 부가량
2) DHA

보건복지부, 2020

성별	연령	단백질(g/일)				메티오닌(g/일)				류신(g/일)			
		평균 필요량	권장 섭취량	충분 섭취량	상한 섭취량	평균 필요량	권장 섭취량	충분 섭취량	상한 섭취량	평균 필요량	권장 섭취량	충분 섭취량	상한 섭취량
영아	0-5(개월)			10				0.4				1.0	
	6-11	12	15			0.3	0.4			0.6	0.8		
유아	1-2(세)	15	20			0.3	0.4			0.6	0.8		
	3-5	20	25			0.3	0.4			0.7	1.0		
남자	6-8(세)	30	35			0.5	0.6			1.1	1.3		
	9-11	40	50			0.7	0.8			1.5	1.9		
	12-14	50	60			1.0	1.2			2.2	2.7		
	15-18	55	65			1.2	1.4			2.6	3.2		
	19-29	50	65			1.0	1.4			2.4	3.1		
	30-49	50	65			1.1	1.3			2.4	3.1		
	50-64	50	60			1.1	1.3			2.3	2.8		
	65-74	50	60			1.0	1.3			2.2	2.8		
	75 이상	50	60			0.9	1.1			2.1	2.7		
여자	6-8(세)	30	35			0.5	0.6			1.0	1.3		
	9-11	40	45			0.6	0.7			1.5	1.8		
	12-14	45	55			0.8	1.0			1.9	2.4		
	15-18	45	55			0.8	1.1			2.0	2.4		
	19-29	45	55			0.8	1.0			2.0	2.5		
	30-49	40	50			0.8	1.0			1.9	2.4		
	50-64	40	50			0.8	1.1			1.9	2.3		
	65-74	40	50			0.7	0.9			1.8	2.2		
	75 이상	40	50			0.7	0.9			1.7	2.1		
임신부[1]		+12 +25	+15 +30			1.1	1.4			2.5	3.1		
수유부		+20	+25			1.1	1.5			2.8	3.5		

성별	연령	이소류신(g/일)				발린(g/일)				라이신(g/일)			
		평균 필요량	권장 섭취량	충분 섭취량	상한 섭취량	평균 필요량	권장 섭취량	충분 섭취량	상한 섭취량	평균 필요량	권장 섭취량	충분 섭취량	상한 섭취량
영아	0-5(개월)			0.6				0.6				0.7	
	6-11	0.3	0.4			0.3	0.5			0.6	0.8		
유아	1-2(세)	0.3	0.4			0.4	0.5			0.6	0.7		
	3-5	0.3	0.4			0.4	0.5			0.6	0.8		
남자	6-8(세)	0.5	0.6			0.6	0.7			1.0	1.2		
	9-11	0.7	0.8			0.9	1.1			1.4	1.8		
	12-14	1.0	1.2			1.2	1.6			2.1	2.5		
	15-18	1.2	1.4			1.5	1.8			2.3	2.9		
	19-29	1.0	1.4			1.4	1.7			2.5	3.1		
	30-49	1.1	1.4			1.4	1.7			2.4	3.1		
	50-64	1.1	1.3			1.3	1.6			2.3	2.9		
	65-74	1.0	1.3			1.3	1.6			2.2	2.9		
	75 이상	0.9	1.1			1.1	1.5			2.2	2.7		
여자	6-8(세)	0.5	0.6			0.6	0.7			0.9	1.3		
	9-11	0.6	0.7			0.9	1.1			1.3	1.6		
	12-14	0.8	1.0			1.2	1.4			1.8	2.2		
	15-18	0.8	1.1			1.2	1.4			1.8	2.2		
	19-29	0.8	1.1			1.1	1.3			2.1	2.6		
	30-49	0.8	1.0			1.0	1.4			2.0	2.5		
	50-64	0.8	1.1			1.1	1.3			1.9	2.4		
	65-74	0.7	0.9			0.9	1.3			1.8	2.3		
	75 이상	0.7	0.9			0.9	1.1			1.7	2.1		
임신부		1.1	1.4			1.4	1.7			2.3	2.9		
수유부		1.3	1.7			1.6	1.9			2.5	3.1		

[1] 2,3 분기별 부가량

보건복지부, 2020

성별	연령	페닐알라닌+티로신(g/일)				트레오닌(g/일)				트립토판(g/일)			
		평균 필요량	권장 섭취량	충분 섭취량	상한 섭취량	평균 필요량	권장 섭취량	충분 섭취량	상한 섭취량	평균 필요량	권장 섭취량	충분 섭취량	상한 섭취량
영아	0-5(개월)			0.9				0.5				0.2	
	6-11	0.5	0.7			0.3	0.4			0.1	0.1		
유아	1-2(세)	0.5	0.7			0.3	0.4			0.1	0.1		
	3-5	0.6	0.7			0.3	0.4			0.1	0.1		
남자	6-8(세)	0.9	1.0			0.5	0.6			0.1	0.2		
	9-11	1.3	1.6			0.7	0.9			0.2	0.2		
	12-14	1.8	2.3			1.0	1.3			0.3	0.3		
	15-18	2.1	2.6			1.2	1.5			0.3	0.4		
	19-29	2.8	3.6			1.1	1.5			0.3	0.3		
	30-49	2.9	3.5			1.2	1.5			0.3	0.3		
	50-64	2.7	3.4			1.1	1.4			0.3	0.3		
	65-74	2.5	3.3			1.1	1.3			0.2	0.3		
	75 이상	2.5	3.1			1.0	1.3			0.2	0.3		
여자	6-8(세)	0.8	1.0			0.5	0.6			0.1	0.2		
	9-11	1.2	1.5			0.6	0.9			0.2	0.2		
	12-14	1.6	1.9			0.9	1.2			0.2	0.3		
	15-18	1.6	2.0			0.9	1.2			0.2	0.3		
	19-29	2.3	2.9			0.9	1.1			0.2	0.3		
	30-49	2.3	2.8			0.9	1.2			0.2	0.3		
	50-64	2.2	2.7			0.8	1.1			0.2	0.3		
	65-74	2.1	2.6			0.8	1.0			0.2	0.2		
	75 이상	2.0	2.4			0.7	0.9			0.2	0.2		
임신부		0.8	1.0			3.0	3.8			0.3	0.4		
수유부		0.8	1.1			3.7	4.7			0.4	0.5		

성별	연령	히스티딘(g/일)				수분(mL/일)					
		평균 필요량	권장 섭취량	충분 섭취량	상한 섭취량	음식	물	음료	충분섭취량		상한 섭취량
									액체	총수분	
영아	0-5(개월)			0.1					700	700	
	6-11	0.2	0.3			300			500	800	
유아	1-2(세)	0.2	0.3			300	362	0	700	1,000	
	3-5	0.2	0.3			400	491	0	1,100	1,500	
남자	6-8(세)	0.3	0.4			900	589	0	800	1,700	
	9-11	0.5	0.6			1,100	686	1.2	900	2,000	
	12-14	0.7	0.9			1,300	911	1.9	1,100	2,400	
	15-18	0.9	1.0			1,400	920	6.4	1,200	2,600	
	19-29	0.8	1.0			1,400	981	262	1,200	2,600	
	30-49	0.7	1.0			1,300	957	289	1,200	2,500	
	50-64	0.7	0.9			1,200	940	75	1,000	2,200	
	65-74	0.7	1.0			1,100	904	20	1,000	2,100	
	75 이상	0.7	0.8			1,000	662	12	1,100	2,100	
여자	6-8(세)	0.3	0.4			800	514	0	800	1,600	
	9-11	0.4	0.5			1,000	643	0	900	1,900	
	12-14	0.6	0.7			1,100	610	0	900	2,000	
	15-18	0.6	0.7			1,100	659	7.3	900	2,000	
	19-29	0.6	0.8			1,100	709	126	1,000	2,100	
	30-49	0.6	0.8			1,000	772	124	1,000	2,000	
	50-64	0.6	0.7			900	784	27	1,000	1,900	
	65-74	0.5	0.7			900	624	9	900	1,800	
	75 이상	0.5	0.7			800	552	5	1,000	1,800	
임신부		1.2	1.5							+200	
수유부		1.3	1.7						+500	+700	

2020 한국인 영양소 섭취기준 – 지용성비타민

보건복지부, 2020

성별	연령	비타민 A(μg RAE/일) 평균 필요량	권장 섭취량	충분 섭취량	상한 섭취량	비타민 D(μg/일) 평균 필요량	권장 섭취량	충분 섭취량	상한 섭취량
영아	0-5(개월)			350	600			5	25
	6-11			450	600			5	25
유아	1-2(세)	190	250		600			5	30
	3-5	230	300		750			5	35
남자	6-8(세)	310	450		1,100			5	40
	9-11	410	600		1,600			5	60
	12-14	530	750		2,300			10	100
	15-18	620	850		2,800			10	100
	19-29	570	800		3,000			10	100
	30-49	560	800		3,000			10	100
	50-64	530	750		3,000			10	100
	65-74	510	700		3,000			15	100
	75 이상	500	700		3,000			15	100
여자	6-8(세)	290	400		1,100			5	40
	9-11	390	550		1,600			5	60
	12-14	480	650		2,300			10	100
	15-18	450	650		2,800			10	100
	19-29	460	650		3,000			10	100
	30-49	450	650		3,000			10	100
	50-64	430	600		3,000			10	100
	65-74	410	600		3,000			15	100
	75 이상	410	600		3,000			15	100
임신부		+50	+70		3,000			+0	100
수유부		+350	+490		3,000			+0	100

성별	연령	비타민 E(mg α-TE/일) 평균 필요량	권장 섭취량	충분 섭취량	상한 섭취량	비타민 K(μg/일) 평균 필요량	권장 섭취량	충분 섭취량	상한 섭취량
영아	0-5(개월)			3				4	
	6-11			4				6	
유아	1-2(세)			5	100			25	
	3-5			6	150			30	
남자	6-8(세)			7	200			40	
	9-11			9	300			55	
	12-14			11	400			70	
	15-18			12	500			80	
	19-29			12	540			75	
	30-49			12	540			75	
	50-64			12	540			75	
	65-74			12	540			75	
	75 이상			12	540			75	
여자	6-8(세)			7	200			40	
	9-11			9	300			55	
	12-14			11	400			65	
	15-18			12	500			65	
	19-29			12	540			65	
	30-49			12	540			65	
	50-64			12	540			65	
	65-74			12	540			65	
	75 이상			12	540			65	
임신부				+0	540			+0	
수유부				+3	540			+0	

2020 한국인 영양소 섭취기준 – 수용성비타민

보건복지부, 2020

성별	연령	비타민 C(mg/일)				티아민(mg/일)			
		평균 필요량	권장 섭취량	충분 섭취량	상한 섭취량	평균 필요량	권장 섭취량	충분 섭취량	상한 섭취량
영아	0-5(개월)			40				0.2	
	6-11			55				0.3	
유아	1-2(세)	30	40		340	0.4	0.4		
	3-5	35	45		510	0.4	0.5		
남자	6-8(세)	40	50		750	0.5	0.7		
	9-11	55	70		1,100	0.7	0.9		
	12-14	70	90		1,400	0.9	1.1		
	15-18	80	100		1,600	1.1	1.3		
	19-29	75	100		2,000	1.0	1.2		
	30-49	75	100		2,000	1.0	1.2		
	50-64	75	100		2,000	1.0	1.2		
	65-74	75	100		2,000	0.9	1.1		
	75 이상	75	100		2,000	0.9	1.1		
여자	6-8(세)	40	50		750	0.6	0.7		
	9-11	55	70		1,100	0.8	0.9		
	12-14	70	90		1,400	0.9	1.1		
	15-18	80	100		1,600	0.9	1.1		
	19-29	75	100		2,000	0.9	1.1		
	30-49	75	100		2,000	0.9	1.1		
	50-64	75	100		2,000	0.9	1.1		
	65-74	75	100		2,000	0.8	1.0		
	75 이상	75	100		2,000	0.7	0.8		
임신부		+10	+10		2,000	+0.4	+0.4		
수유부		+35	+40		2,000	+0.3	+0.4		

성별	연령	리보플라빈(mg/일)				니아신(mg NE/일)[1]			
		평균 필요량	권장 섭취량	충분 섭취량	상한 섭취량	평균 필요량	권장 섭취량	충분 섭취량	상한섭취량 니코틴산/니코틴아미드
영아	0-5(개월)			0.3				2	
	6-11			0.4				3	
유아	1-2(세)	0.4	0.5			4	6		10/180
	3-5	0.5	0.6			5	7		10/250
남자	6-8(세)	0.7	0.9			7	9		15/350
	9-11	0.9	1.1			9	11		20/500
	12-14	1.2	1.5			11	15		25/700
	15-18	1.4	1.7			13	17		30/800
	19-29	1.3	1.5			12	16		35/1000
	30-49	1.3	1.5			12	16		35/1000
	50-64	1.3	1.5			12	16		35/1000
	65-74	1.2	1.4			11	14		35/1000
	75 이상	1.1	1.3			10	13		35/1000
여자	6-8(세)	0.6	0.8			7	9		15/350
	9-11	0.8	1.0			9	12		20/500
	12-14	1.0	1.2			11	15		25/700
	15-18	1.0	1.2			11	14		30/800
	19-29	1.0	1.2			11	14		35/1000
	30-49	1.0	1.2			11	14		35/1000
	50-64	1.0	1.2			11	14		35/1000
	65-74	0.9	1.1			10	13		35/1000
	75 이상	0.8	1.0			9	12		35/1000
임신부		+0.3	+0.4			+3	+4		35/1000
수유부		+0.4	+0.5			+2	+3		35/1000

[1] 1 mg NE(니아신 당량)=1 mg 니아신=60 mg 트립토판

보건복지부, 2020

성별	연령	비타민 B6(mg/일)				엽산(μg DFE/일)[1]			
		평균 필요량	권장 섭취량	충분 섭취량	상한 섭취량	평균 필요량	권장 섭취량	충분 섭취량	상한 섭취량[2]
영아	0-5(개월)			0.1				65	
	6-11			0.3				90	
유아	1-2(세)	0.5	0.6		20	120	150		300
	3-5	0.6	0.7		30	150	180		400
남자	6-8(세)	0.7	0.9		45	180	220		500
	9-11	0.9	1.1		60	250	300		600
	12-14	1.3	1.5		80	300	360		800
	15-18	1.3	1.5		95	330	400		900
	19-29	1.3	1.5		100	320	400		1,000
	30-49	1.3	1.5		100	320	400		1,000
	50-64	1.3	1.5		100	320	400		1,000
	65-74	1.3	1.5		100	320	400		1,000
	75 이상	1.3	1.5		100	320	400		1,000
여자	6-8(세)	0.7	0.9		45	180	220		500
	9-11	0.9	1.1		60	250	300		600
	12-14	1.2	1.4		80	300	360		800
	15-18	1.2	1.4		95	330	400		900
	19-29	1.2	1.4		100	320	400		1,000
	30-49	1.2	1.4		100	320	400		1,000
	50-64	1.2	1.4		100	320	400		1,000
	65-74	1.2	1.4		100	320	400		1,000
	75 이상	1.2	1.4		100	320	400		1,000
임신부		+0.7	+0.8		100	+200	+220		1,000
수유부		+0.7	+0.8		100	+130	+150		1,000

성별	연령	비타민 B12(μg/일)				판토텐산(mg/일)				비오틴(μg/일)			
		평균 필요량	권장 섭취량	충분 섭취량	상한 섭취량	평균 필요량	권장 섭취량	충분 섭취량	상한 섭취량	평균 필요량	권장 섭취량	충분 섭취량	상한 섭취량
영아	0-5(개월)			0.3				1.7				5	
	6-11			0.5				1.9				7	
유아	1-2(세)	0.8	0.9					2				9	
	3-5	0.9	1.1					2				12	
남자	6-8(세)	1.1	1.3					3				15	
	9-11	1.5	1.7					4				20	
	12-14	1.9	2.3					5				25	
	15-18	2.0	2.4					5				30	
	19-29	2.0	2.4					5				30	
	30-49	2.0	2.4					5				30	
	50-64	2.0	2.4					5				30	
	65-74	2.0	2.4					5				30	
	75 이상	2.0	2.4					5				30	
여자	6-8(세)	1.1	1.3					3				15	
	9-11	1.5	1.7					4				20	
	12-14	1.9	2.3					5				25	
	15-18	2.0	2.4					5				30	
	19-29	2.0	2.4					5				30	
	30-49	2.0	2.4					5				30	
	50-64	2.0	2.4					5				30	
	65-74	2.0	2.4					5				30	
	75 이상	2.0	2.4					5				30	
임신부		+0.2	+0.2					+1.0				+0	
수유부		+0.3	+0.4					+2.0				+5	

[1] Dietary Folate Equivalents, 가임기 여성의 경우 400 μg/일의 엽산보충제 섭취를 권장함.

[2] 엽산의 상한섭취량은 보충제 또는 강화식품의 형태로 섭취한 μg/일에 해당됨.

2020 한국인 영양소 섭취기준 - 다량무기질

보건복지부, 2020

성별	연령	칼슘(mg/일)				인(mg/일)				나트륨(mg/일)			
		평균 필요량	권장 섭취량	충분 섭취량	상한 섭취량	평균 필요량	권장 섭취량	충분 섭취량	상한 섭취량	필요 추정량	권장 섭취량	충분 섭취량	만성질환위험 감소섭취량
영아	0-5(개월)			250	1,000			100				110	
	6-11			300	1,500			300				370	
유아	1-2(세)	400	500		2,500	380	450		3,000			810	1,200
	3-5	500	600		2,500	480	550		3,000			1,000	1,600
남자	6-8(세)	600	700		2,500	500	600		3,000			1,200	1,900
	9-11	650	800		3,000	1,000	1,200		3,500			1,500	2,300
	12-14	800	1,000		3,000	1,000	1,200		3,500			1,500	2,300
	15-18	750	900		3,000	1,000	1,200		3,500			1,500	2,300
	19-29	650	800		2,500	580	700		3,500			1,500	2,300
	30-49	650	800		2,500	580	700		3,500			1,500	2,300
	50-64	600	750		2,000	580	700		3,500			1,500	2,300
	65-74	600	700		2,000	580	700		3,500			1,300	2,100
	75 이상	600	700		2,000	580	700		3,000			1,100	1,700
여자	6-8(세)	600	700		2,500	480	550		3,000			1,200	1,900
	9-11	650	800		3,000	1,000	1,200		3,500			1,500	2,300
	12-14	750	900		3,000	1,000	1,200		3,500			1,500	2,300
	15-18	700	800		3,000	1,000	1,200		3,500			1,500	2,300
	19-29	550	700		2,500	580	700		3,500			1,500	2,300
	30-49	550	700		2,500	580	700		3,500			1,500	2,300
	50-64	600	800		2,000	580	700		3,500			1,500	2,300
	65-74	600	800		2,000	580	700		3,500			1,300	2,100
	75 이상	600	800		2,000	580	700		3,000			1,100	1,700
임신부		+0	+0		2,500	+0	+0		3,000			1,500	2,300
수유부		+0	+0		2,500	+0	+0		3,500			1,500	2,300

성별	연령	염소(mg/일)				칼륨(mg/일)				마그네슘(mg/일)			
		평균 필요량	권장 섭취량	충분 섭취량	상한 섭취량	평균 필요량	권장 섭취량	충분 섭취량	상한 섭취량	평균 필요량	권장 섭취량	충분 섭취량	상한 섭취량[1]
영아	0-5(개월)			170				400				25	
	6-11			560				700				55	
유아	1-2(세)			1,200				1,900		60	70		60
	3-5			1,600				2,400		90	110		90
남자	6-8(세)			1,900				2,900		130	150		130
	9-11			2,300				3,400		190	220		190
	12-14			2,300				3,500		260	320		270
	15-18			2,300				3,500		340	410		350
	19-29			2,300				3,500		300	360		350
	30-49			2,300				3,500		310	370		350
	50-64			2,300				3,500		310	370		350
	65-74			2,100				3,500		310	370		350
	75 이상			1,700				3,500		310	370		350
여자	6-8(세)			1,900				2,900		130	150		130
	9-11			2,300				3,400		180	220		190
	12-14			2,300				3,500		240	290		270
	15-18			2,300				3,500		290	340		350
	19-29			2,300				3,500		230	280		350
	30-49			2,300				3,500		240	280		350
	50-64			2,300				3,500		240	280		350
	65-74			2,100				3,500		240	280		350
	75 이상			1,700				3,500		240	280		350
임신부				2,300				+0		+30	+40		350
수유부				2,300				+400		+0	+0		350

1) 식품외 급원의 마그네슘에만 해당

2020 한국인 영양소 섭취기준 - 미량무기질

보건복지부, 2020

성별	연령	철(mg/일)				아연(mg/일)				구리(μg/일)			
		평균필요량	권장섭취량	충분섭취량	상한섭취량	평균필요량	권장섭취량	충분섭취량	상한섭취량	평균필요량	권장섭취량	충분섭취량	상한섭취량
영아	0-5(개월)			0.3	40			2				240	
	6-11	4	6		40	2	3					330	
유아	1-2(세)	4.5	6		40	2	3		6	220	290		1,700
	3-5	5	7		40	3	4		9	270	350		2,600
남자	6-8(세)	7	9		40	5	5		13	360	470		3,700
	9-11	8	11		40	7	8		19	470	600		5,500
	12-14	11	14		40	7	8		27	600	800		7,500
	15-18	11	14		45	8	10		33	700	900		9,500
	19-29	8	10		45	9	10		35	650	850		10,000
	30-49	8	10		45	8	10		35	650	850		10,000
	50-64	8	10		45	8	10		35	650	850		10,000
	65-74	7	9		45	8	9		35	600	800		10,000
	75 이상	7	9		45	7	9		35	600	800		10,000
여자	6-8(세)	7	9		40	4	5		13	310	400		3,700
	9-11	8	10		40	7	8		19	420	550		5,500
	12-14	12	16		40	6	8		27	500	650		7,500
	15-18	11	14		45	7	9		33	550	700		9,500
	19-29	11	14		45	7	8		35	500	650		10,000
	30-49	11	14		45	7	8		35	500	650		10,000
	50-64	6	8		45	6	8		35	500	650		10,000
	65-74	6	8		45	6	7		35	460	600		10,000
	75 이상	5	7		45	6	7		35	460	600		10,000
임신부		+8	+10		45	+2.0	+2.5		35	+100	+130		10,000
수유부		+0	+0		45	+4.0	+5.0		35	+370	+480		10,000

성별	연령	불소(mg/일)				망간(mg/일)				요오드(μg/일)			
		평균필요량	권장섭취량	충분섭취량	상한섭취량	평균필요량	권장섭취량	충분섭취량	상한섭취량	평균필요량	권장섭취량	충분섭취량	상한섭취량
영아	0-5(개월)			0.01	0.6			0.01				130	250
	6-11			0.4	0.8			0.8				180	250
유아	1-2(세)			0.6	1.2			1.5	2.0	55	80		300
	3-5			0.9	1.8			2.0	3.0	65	90		300
남자	6-8(세)			1.3	2.6			2.5	4.0	75	100		500
	9-11			1.9	10.0			3.0	6.0	85	110		500
	12-14			2.6	10.0			4.0	8.0	90	130		1,900
	15-18			3.2	10.0			4.0	10.0	95	130		2,200
	19-29			3.4	10.0			4.0	11.0	95	150		2,400
	30-49			3.4	10.0			4.0	11.0	95	150		2,400
	50-64			3.2	10.0			4.0	11.0	95	150		2,400
	65-74			3.1	10.0			4.0	11.0	95	150		2,400
	75 이상			3.0	10.0			4.0	11.0	95	150		2,400
여자	6-8(세)			1.3	2.5			2.5	4.0	75	100		500
	9-11			1.8	10.0			3.0	6.0	80	110		500
	12-14			2.4	10.0			3.5	8.0	90	130		1,900
	15-18			2.7	10.0			3.5	10.0	95	130		2,200
	19-29			2.8	10.0			3.5	11.0	95	150		2,400
	30-49			2.7	10.0			3.5	11.0	95	150		2,400
	50-64			2.6	10.0			3.5	11.0	95	150		2,400
	65-74			2.5	10.0			3.5	11.0	95	150		2,400
	75 이상			2.3	10.0			3.5	11.0	95	150		2,400
임신부				+0	10.0			+0	11.0	+65	+90		
수유부				+0	10.0			+0	11.0	+130	+190		

보건복지부, 2020

성별	연령	셀레늄(μg/일)				몰리브덴(μg/일)				크롬(μg/일)			
		평균 필요량	권장 섭취량	충분 섭취량	상한 섭취량	평균 필요량	권장 섭취량	충분 섭취량	상한 섭취량	평균 필요량	권장 섭취량	충분 섭취량	상한 섭취량
영아	0-5(개월)			9	40							0.2	
	6-11			12	65							4.0	
유아	1-2(세)	19	23		70	8	10		100			10	
	3-5	22	25		100	10	12		150			10	
남자	6-8(세)	30	35		150	15	18		200			15	
	9-11	40	45		200	15	18		300			20	
	12-14	50	60		300	25	30		450			30	
	15-18	55	65		300	25	30		550			35	
	19-29	50	60		400	25	30		600			30	
	30-49	50	60		400	25	30		600			30	
	50-64	50	60		400	25	30		550			30	
	65-74	50	60		400	23	28		550			25	
	75 이상	50	60		400	23	28		550			25	
여자	6-8(세)	30	35		150	15	18		200			15	
	9-11	40	45		200	15	18		300			20	
	12-14	50	60		300	20	25		400			20	
	15-18	55	65		300	20	25		500			20	
	19-29	50	60		400	20	25		500			20	
	30-49	50	60		400	20	25		500			20	
	50-64	50	60		400	20	25		450			20	
	65-74	50	60		400	18	22		450			20	
	75 이상	50	60		400	18	22		450			20	
임신부		+3	+4		400	+0	+0		500			+5	
수유부		+9	+10		400	+3	+3		500			+20	

참고문헌

[1장]

교육부 (2020). 2019 학생건강검사 표본통계 발표 보도자료.

보건복지부 · 농림축산식품부 · 식품의약품안전처 (2021. 4. 15.). 한국인을 위한 식생활 지침.

질병관리청 (2020). 2019 국민건강통계.

질병관리청 (2021). 2021 국민건강통계 국민건강영양조사 제8기 3차년도.

통계청 (2022. 9. 27.). 2021년 사망원인통계 결과.

통계청 (2020). 2019년 사망원인통계연보.

[2장]

구재옥 · 임현숙 · 윤진숙 · 이애랑 · 이윤나 · 이종현 · 최경숙 (2022). 이해하기 쉬운 고급영양학. 파워북.

김덕희 · 김서현 · 김정연 · 박수진 · 백진경 · 오희경 · 조재선 · 한성희 (2016). 베이직 영양학(개정2판). 지구문화사.

보건복지부 · 한국영양학회 (2020). 2020 한국인 영양소 섭취기준.

현태선 · 한성림 · 김혜경 · 권영혜 · 정자용 (2022) 플러스 고급영양학. 파워북.

[3장]

보건복지부 · 한국영양학회 (2020). 한국인 영양소 섭취기준, 식사구성안 활용하기.

보건복지부 · 한국영양학회 (2020). 한국인 영양소 섭취기준.

[4장]

구재옥 · 김복희 · 손정민 · 이애랑 · 이윤나 · 이종현 · 최경숙 (2022). 이해하기 쉬운 고급영양학. 파워북.

권인숙 · 김은정 · 김혜영 · 박용순 · 박은주 · 백진경 · 이미경 · 진유리 · 차연수 · 최미자 · 허영란 · 황지윤 (2022). 식사요법을 포함한 임상영양학(제2판). 교문사.

김선효 · 이경애 · 이현숙 · 김미현 · 김지명 · 이옥희 (2023). 이해하기 쉬운 식생활과 건강. 파워북.

보건복지부 · 한국영양학회 (2020). 한국인 영양소 섭취기준.

식품의약품안전처 (2015. 8.). 열린마루. Sugar Holic? 달콤함에 빠진 대한민국 (https://www.mfds.go.kr/webzine/201508/01.jsp).

싱겁게먹기센터 (www.saltdown.com).

최혜미 · 김정희 · 이주희 · 김초일 · 송경희 · 장경자 · 민혜선 · 임경숙 · 변기원 · 여의주 · 이홍미 · 김경원 · 김희선 · 김창임 · 윤은영 · 김현아 · 곽충실 · 권상희 · 한영신 (2021). 21세기 영양학(제6판). 교문사.

현태선 · 한성림 · 김혜경 · 권영혜 · 정자용 (2022) 플러스 고급영양학. 파워북.

[5장]

최해연 · 김학연 · 윤혜려 · 성정민 · 김옥선 · 권수연 (2017). 식품위생학 및 법규. 파워북.

식품의약품안전처 (2015. 12.). 열린마루. 겨울철 배탈의 주범, 노로바이러스.

식품의약품안전처 (2017). 식품위해안내 (https://foodsafetykorea.go.kr/hazard/foodInjryInfo/searchFoodInjryInfoDetail.do?start_idx=1&show_cnt=5&lifecyc_meta_cd=ALL&kwrd_chrctr=&injry_info_nm=&food_injry_info_seq=709&type=A&search_keyword=).

식품의약품안전처 · 통합식품안전정보망 (2021). 식품통계로 알아보는 식중독 발생 현황.

[6장]

강창근 · 이승환 · 김의경 (2007). 내분비계 장애물질. 대한의사협회지, 50(4), 359-368.

국가법령정보센터.「어린이 식생활안전관리 특별법」제 11조(영양성분 표시).

김용수 · 박인숙 · 하상도 (2009). 식품위해미생물 제어를 위한 살균소독제의 활용. 식품과학과 산업, 42(2), 26-51.

김재환 (2010). 주목받는 기능성 감미료. 식품산업과 영양, 15(2), 26-28.

백형희 (2006) 식품과 식품첨가물의 기능. Safe Food, 1(2), 5-11.

식품안전나라. 영양표시, 바로알기! (https://www.foodsafetykorea.go.kr/upload/20181108/nutrition/content/manual/manual2.pdf).

식품안전나라. 외식영양표시정보 (https://www.foodsafetykorea.go.kr/portal/board/boardDetail.do).

식품의약품안전처. 고시 제2021-116호, 식품 등의 표시기준.

식품의약품안전처. 스마트건강지킴이영양표시 (https://www.foodsafetykorea.go.kr/upload/20180629/nutrition/content/5121.pdf).

식품의약품안전처. 영양표시를 보면 건강이 보입니다 (https://www.foodsafetykorea.go.kr/upload/20180629/nutrition/content/1024.pdf).

신재욱 (2014). 식품첨가물 안전성 평가연구. 식품의약품안전평가원.

이광원 · 전수현 · 김희은 (2017). 글루탐산의 생체이용률과 기능성. 식품과학과 산업, 50(3), 93-104.

이철우 · 최경희 · 정석원 · 김혜림 · 서영록 (2009). 내분비계장애물질에 대한 이해와 미래 연구방향. 대한내분비학회지, 24(1), 7-14.

정승혜 · 허명제 · 주정화 · 김경애 · 오성숙 · 고종명 · 김용희 · 임정수 (2006). 비가열 섭취 채소류의 미생물 오염도 조사. 한국식품위생안전성학회지, 21(4), 250-257.

조순덕 · 이다움 · 윤은경 · 김건희 (2012). 곡류의 안전섭취를 위한 방안 연구. Safe Food, 7(1), 3-8.

[7장]

건강기능식품 포털. 건강기능식품이란? (https://www.hffinfo.com/information/health-functional-food).

식품안전나라. https://www.foodsafetykorea.go.kr/portal/board/boardDetail.do

식품의약품안전처 (2022). 기능성 평가가이드.

티스토리. 노는 게 제일 좋아. 환경과 환경호르몬, Environmental Hormone. (https://militarystyle.tistory.com/161).

한국건강기능식품협회(2022). 2022 건강기능식품 시장현황 및 소비자 실태 조사.

[8장]

김수경 · 차윤지 · 김지윤 (2022). 미래먹거리로 주목받는 대체식품과 투자 동향. 삼정KPMG 경제연구원.

농촌진흥청 국립농업과학원 (2021). 로컬푸드 바로 알기.

Mengyu Li, Nanfei Jia, Manfred Lenzen, Arunima Malik, Liyuan Wei, Yutong Jin & David Raubenheimer (2022). Global food-miles account for nearly 20% of total food-systems emissions. *Nature Food, 3*(6), 445–453.

[9장]

문화체육관광부 (2022). 국민생활체력조사.

질병관리청 국가건강정보포털. 운동 (https://health.kdca.go.kr/healthinfo/biz/health/gnrlzHealthInfo/gnrlzHealthInfo/gnrlzHealthInfoView.do?cntnts_sn=5293).

한국운동영양학회 (2011). 운동영양학. 한미의학.

Andrew Grozenski & John Kiel (2020). Basic Nutrition for Sports Participation, Part 2: Vitamins and Minerals. *Current Sports Medicine Reports, 19*(12), 508-510.

Antonella Muscella, Erika Stefàno, Paola Lunetti, Loredana Capobianco, & Santo Marsigliante (2020).

The Regulation of Fat Metabolism During Aerobic Exercise. *Biomolecules*, *10*(12), 1699.

Lee M Margolis, Jillian T Allen, Adrienne Hatch-McChesney, & Stefan M Pasiakos (2021). Coingestion of Carbohydrate and Protein on Muscle Glycogen Synthesis after Exercise: A Meta-analysis. *Medicine and Science in Sports and Exercise*, *53*(2), 384-393.

Ralf Jäger, Chad M. Kerksick, Bill I. Campbell, Paul J. Cribb, Shawn D. Wells, Tim M. Skwiat, Martin Purpura, Tim N. Ziegenfuss, Arny A. Ferrando, Shawn M. Arent, Abbie E. Smith-Ryan, Jeffrey R. Stout, Paul J. Arciero, Michael J. Ormsbee, Lem W. Taylor, Colin D. Wilborn, Doug S. Kalman, Richard B. Kreider, Darryn S. Willoughby, Jay R. Hoffman, Jamie L. Krzykowski, & Jose Antonio (2017). International Society of Sports Nutrition Position Stand: protein and exercise. *Journal of the International Society of Sports Nutrition*, *14*, 20-44.

[10장]

국가암정보센터. http://www.cancer.go.kr.

대한간학회. https://www.kasl.org/.

대한치매학회. 99가지 치매 이야기. (https://www.dementia.or.kr/general/bbs/index.php?code=story&category=&gubun=&page=4&number=1003&mode=view&keyfield=&key=).

식품의약품안전처 (2020). 2020년 주류 소비 · 섭취 실태조사 결과.

질병관리청 (2020). 2020 국민건강통계.

질병관리청 (2022). 2022 청소년건강행태조사.

질병관리청 국가건강정보포털. 음주 (https://health.kdca.go.kr/healthinfo/biz/health/gnrlzHealthInfo/gnrlzHealthInfo/gnrlzHealthInfoView.do?cntnts_sn=5297).

이연숙 · 구재옥 · 임현숙 · 강영희 · 권종숙 (2019). 이해하기쉬운 인체생리학. 파워북.

한국건강증진개발원 (2021). 음주피해예방 교육자료.

National institute on alcohol abuse and alcoholism (2005). *Helping patients who drink too much: aclinician's guide*. NIAAA.

[11장]

대한폐암학회. 담배 및 담배연기의 구성성분 (https://lungca.or.kr/general/nosmoke/?doc=ingredient&dep_num=2).

식품의약품안전처 (2018). 궐련형 전자담배 니코틴 · 타르 함유량 비교분석.

약학정보원. 약물백과. 니코틴 (http://www.health.kr/Menu.PharmReview/_uploadfiles/%EB%8B%

88%EC%BD%94%ED%8B%B4(nicotine).pdf).

질병관리청 (2022). 국민건강영양조사.

통계청 (2020). 사망원인통계. (https://www.kostat.go.kr/portal/korea/kor_nw/1/6/2/index.board?bmode=read&bSeq=&aSeq=403046&pageNo=1&rowNum=10&navCount=10&currPg=&searchInfo=&sTarget=title&sTxt=).

한국건강관리협회. 자가건강 체크하기. 니코틴의존도검사. FTND－K(Fagerstrom Test for Nicotine Dependence) (https://www.kahp.or.kr/home/kahp_kor/rschYard/slfHlthChk.jsp).

Seulggie Choi, Kyuwoong Kim, Jooyoung Chang, Sung Min Kim, Hye-Yeon Koo, Ji-Hye Jun, Mi Hee Cho, Kiheon Lee, & Sang Min Park (2017). Effect of post-cessation hyperglycemia on cardiovascular disease and mortality among middle-aged men: an eight-year longitudinal study. *Scientific reports*. *7*(1), 16085.

Stamford BA, Matter S, Fell RD, Papanek P(1986). Effects of smoking cessation on weight gain, metabolic rate, caloric consumption, and blood lipids. *Am J Clin Nutr*, *43*(4), 486-94.

[12장]

김선효 · 이경애 · 이현숙 · 김미현 · 김지명 · 이옥희 (2023). 이해하기 쉬운 식생활과 건강. 파워북.

식품의약품안전처 (2015). 카페인 섭취량 평가 결과 보도자료.

식품의약품안전처 (2020). 식품위해안내 콘텐츠 (https://foodsafetykorea.go.kr/hazard/foodInjryInfo/searchFoodInjryInfoDetail.do?type=C&food_injry_info_seq=1847).

[13장]

대한비만학회 (2018). 비만 진료지침 2018.

대한비만학회 (2022). 비만 진료지침 2022(8판).

대한영양사협회 (2022). 임상영양관리지침서(제4판).

보건복지부 · 질병관리청 (2022). 2021 국민건강통계.

Fiona C. Bull, Salih S. Al-Ansari, Stuart Biddle, Katja Borodulin, Matthew P. Buman, Greet Cardon, Catherine Carty, Jean Philippe Chaput, Sebastien Chastin, Roger Chou, Paddy C. Dempsey, Loretta Dipietro, Ulf Ekelund, Joseph Firth, Christine M. Friedenreich, Leandro Garcia, Muthoni Gichu, Russell Jago, Peter T. Katzmarzyk, Estelle Lambert, Michael Leitzmann, Karen Milton, Francisco B. Ortega, Chathuranga Ranasinghe, Emmanuel Stamatakis, Anne Tiedemann, Richard P. Troiano, Hidde P. Van Der Ploeg, Vicky Wari, & Juana F. Willumsen (2020). World Health

Organization 2020 guidelines on physical activity and sedentary behaviour. *British Journal of Sports Medicine*, *54*(24), 1451-1462.

Ji Hye Huh, Dae Ryong Kang, Jang Young Kim, & Kwang Kon Koh (2021). Metabolic Syndrome Fact Sheet 2021: Executive Report. *Cardiometabolic syndrome journal*, *1*(2), 125-134.

Lee R, Nieman D (2013). Nutritional assessment(6th ed.). McGraw Hill.

[14장]

대한가정의학회 · 보건복지부 · 질병관리본부 (2013). 골다공증 예방과 관리를 위한 7대 생활수칙.

보건복지부 · 한국영양학회 (2020) 2020 한국인 영양소 섭취기준.

유재현 (2016). 골다공증의 예방과 관리를 위한 생활습관 및 운동 전략. 한국엔터테인먼트산업학회논문지, 10(1), 137-146.

전윤경 · 김보현 · 김인주 (2016). 골다공증의 진단. 대한의사협회지, 59(11), 842-846.

International Osteoporosis Foundation. https://www.osteoporosis.foundation/health-professionals/diagnosis.

[15장]

김현진 (2019). 한국형 위식도역류 질환 설문지(GerdQ)의 유효성 확인 연구를 통한 한국의 위식도역류 질환의 진단 설문지 유용성 확인. 대한소화기학회지, 74(3), 187-190.

농촌진흥청 (2021). 국가표준식품성분표(제10개정판).

대한영양사협회 (2022). 임상영양관리지침서(제4판).

한성림 · 주달래 · 장유경 · 김혜경 · 김경민 · 권종숙 (2021). 사례로 이해를 돕는 임상영양학. 교문사.

[16장]

이보경 · 변기원 · 이종현 · 이홍미 · 김소영 (2023). 이해하기 쉬운 임상영양관리 및 실습(개정3판). 파워북.

한성림 · 주달래 · 장유경 · 김혜경 · 김경민 · 권종숙 (2021). 사례로 이해를 돕는 임상영양학. 교문사.

저자소개

한정아 상명대학교 식품영양학과

박희정 상명대학교 식품영양학과

김범식 연성대학교 식품영양학과

배윤정 한국교통대학교 식품영양학과

백진경 을지대학교 식품영양학과

식생활과 건강

초 판 1쇄 인쇄 2024년 2월 19일
초 판 1쇄 발행 2024년 2월 23일

지 은 이 | 한정아 · 박희정 · 김범식 · 배윤정 · 백진경
펴 낸 이 | 김기섭
편 집 인 | 이혜란
펴 낸 곳 | 창지사 www.changjisa.com
08589 서울시 금천구 가산디지털 1로 83 파트너스타워 1차 9층
전화 (02)719-2211~3
팩스 (02)701-9386
등 록 | 1977년 4월 28일 · 제1-421호

ISBN 978-89-426-1857-6 (93590)

값 25,000원